기하학연구서 시리즈 • 3

Complex Analytic Geometry Multidimensional Complex Analysis

복소해석기하학

– 다변복소함수론 –

김 강 태 지음

KYOWOO

책 머리에

지금으로부터 30년 쯤 전, 다변복소함수론과 복소기하학 분야에 학위 논문을 쓰고 수학 박사가 된 저자는, 미국 아이비 리그에 속하는 브라운 대학교 수학과의 조교수가 되었다. 그곳에서 내 선임 교수셨던, 복소함수론 세계의 거장인 존 워머 (John Wermer) 교수께서 물으셨다.

"김 박사. 학사과정 때 복소함수론을 배웠겠지? 성적은 뭘 받았는지 기억하시는가?"

그걸 왜 묻는지 이해할 수 없었으나 솔직히 대답했다.

"두 학기를 수강했는데, 두 번 다 C0를 받았습니다."

워머 교수님은 60대 교수의 권위에 어울리지 않게 손뼉까지 치시며 천진난만하다고 할 수밖에는 달리 묘사할 수 없는, 어린애 같이 기쁜 표정으로 말씀하셨다.

"하하, 내가 이겼네. 이겼어! 난 C+였다구! (Ha ha, I beat you! I beat you; I got C+ !)"

그랬다. 복소함수론계의 아이콘으로 여겨지는 이들에게도, 어느 한 때 만은, 복소함수론이라는 것이 마냥 혼동스럽고 도무지 파악할 수 없는 수수께끼 같은 대상이었던 게다.

돌아보면, 그 이유가 복소함수론만이 가지는 독특함—가장 처음 만나는 복소해석함수라는 개념이 무려 다섯 가지 이상의 서로 다른 모습으로 다가오는—때문이 아니었나 싶다. 3-4주 동안 이들 사이의 관계를 지루할 정도로 다루다가, 어느 순간

갑자기 본론인 함수론을 시작하는 독특함은 순수 이론 수학 중에서도 유례를 찾기 어려운 정도이지만, 이런 독특한 "시작" 부분이 소용돌이같은 역동성을 지니고 있기에 깊이 있고 멋진 이론을 여럿 탄생시킬 수 있었는지도 모른다. (저자는 그랬으리라고 믿는다.) 이런 과정을 이해하고 나면, 이런 특성이 복소함수론을 배우려는 학자에게는 오히려 "치명적인 매력 (fatal attraction)"으로 다가온다. 워머 교수와 저자를 복소함수론의 세계에 평생동안 빠져(!) 살게 했으니 말이다. (사족: 독자는, "난 학자는 아니야. 학생이지."라고 말할지 모른다. 하지만 학생도 학자이다. '학자'란 배우는/공부하는 사람을 가리키는 말이니까.)

다변복소함수론도 그 시작이 하톡스 복소해석정리와 레비 문제라는 "광풍과 소용돌이"같은 모습으로 이 분야를 공부하려는 학생에게 다가온다. 아무리 이게 사실이라도 이런 말을 하다니... 수학 자체에 두려움을 좀 가지고 있을 학생에게는... 저자가... 다변복소함수론을 판매(!)하기에는... 그리 인기 있는 영업사원은 못 되는 것 같다. 하지만 처음만 견뎌내면 그 다음에는 그 아름다움과 깊이와 무한한 가능성에 빠지게 된다고 강변하고 있으니 조금은 영업(!)을 잘 해보려 하고 있는지도...

이 책도 시작은 일변수 복소함수론에서 다룬 주제를 다룬다. 다만, 고차원에서 새롭게 다루게 되는데, 함수의 영역의 차원이 높기 때문에 (즉, 변수가 여러개이기 때문에) 일변수의 경우에는 보이지 않던 여러 현상이 고찰되는 것은 당연하겠다. 어떤 건 무척 놀랍기도 하지만, 가능한 한 단순한 것부터 다루며 시작하려고 노력하였다.

그리고는 "레비 문제"로 들어간다. 다변수 복소함수—이 책에서 저자는 이름을 조금이라도 짧게, 한 글자라도 줄여 "다변복소함수"로 쓰고 싶어 한다—는 묘하게도 고립된 특이점을 허용하지 않는다. 고립된 점이 있으면 그 점에 함수값이 거의 자동적으로 주어지며, 이렇게 확장된 함수는 그 점에서도 해석함수가 된다. 그러면 이로부터, 당연히 연구되어야 할 과제가 생겨난다. 그 위에서는 복소 해석적이지만 더 큰 영역의 해석함수로 확장될 수 없는 함수를 반드시 보유하는 그런 영역을—이런 영역을 해석영역(domain of holomorphy)이라 부른다—모두 찾아내고 분류하라는, 수학적으로는 매우 자연스럽고도 의미심장한 문제가 그것이다.

이런 난제를 푸는 열쇠는 해석영역 개념을 거의 직관적(!)인 수준까지 이해하게 되면 얻어지는 법이다. 이 연구 과제가 한 때 굉장히 유명했던 "레비 문제(Levi problem)"이며, 1930년대에 제기된 이 과제는 1960년대에 와서야 비교적 만족스런 수준으로 해결되었다. 최고의 수학자들이 30여년 이상 엄청난 노력을 기울인 덕분에 드디어 결론에 이르렀던 이 과제 연구는 그 파급효과도 대단했다. 직·간접적인 결과로, 해석함수의 확장정리, $\bar{\partial}$ 편미분방정식 이론, 코시-리만 사슬복체와 돌보(Dolbeault) 코호몰로지, 복소함수싹 쉬프(sheaf)를 계수로 가지는 쉬프 코호몰로지 이론을 비롯한 여러 이론이 개발되었고, 이들 이론은 다변복소함수론 자체는 물론 수학 전반의 연구를 더욱 풍성하게 성장시켰다.

광풍과 소용돌이와도 같은 레비 문제가 결론에 어느 정도 성공적인 수준으로 해결되고 나자, 그 동안 다른 방향에서 개발되어 오던 다른 기법과 이론들이 다변복소함수론에서 고개를 들기 시작했던 것은 당연한 일이었다. 전통적인 함수론, 적분작용소 이론, 근사 이론, 불변거리계와 복소기하학, 기하학적 함수론, 미분기하학, 복소 대수기하학 등등 그 자체로도 상당한 무게와 폭과 깊이를 지닌 분야들이 일변수 및 다변복소함수론—이쯤 되면, "일변"이나 "다변"을 다 떼어버리고 단순히 "복소함수론(Complex Analysis)"이라 불러야 하는 것 아닌가?—과 함께 섞이며 서로 '시너지'를 발휘하며 복소함수론 연구를 발전시키기 시작했다.

이런 눈부신 발전은 여러모로 유익하지만, 이런 분야에 대한 입문서를 쓰려는 저자는 무척 힘들어지게 마련이다. 어쩔 수 없이 저자는, 결국 이 엄청난 규모와 깊이를 가진 이론 중에서 그나마 자신이 이해할 만한 (극히) 일부분을 꺼내고 정리하여 "기하학적 함수론과 복소미분기하학" 방향을 중심으로 이 책을 구성하게 되었고... 그러면서 독자가 복소함수론의 세계에 들어가려는 데에 조금이라도 도움이 되기를 바라는 조그만 소망을 유지하는 수준에서 스스로를 위로할 수밖에 없었다.

초고를 탈고하고 나니, 쓸 수도 있었고, 또 쓰고 싶었으나 원고를 써내려가는 과정에서 (의도적이었든 아니든) 빠뜨린 내용들이 눈앞에 아롱거린다. 하지만 이미 300쪽을 넘어버린 책에 무엇을 더하기보다는 여기에서 멈추는 것이 여러모로 현명할 것이라 생각하여 참기로 했다. 어차피 "완벽한 입문서"라는 것은 존재할 수 없는 것이라고 생각하기 때문이다. 독자 제현의 양해를 바란다.

이 책은 한글TeX 프로그램으로 작성하였다. 폰트는 KoPub를 사용하였고, 한자는 hcr-lvt를 사용하였다. 책 저술과 텍 파일 준비 및 출판에 필요한 다방면의 정보와 많은 도움을 기꺼이 베풀어 주신 고려대학교 수학과 김영욱 교수께 감사드린다. 많이 팔리지 않을 책이 될 것이라고 말씀드렸음에도 “수학계에 기여할 책이라면 기꺼이 출판하는 것을 사명으로” 삼으시노라며 저자에게 격려를 아끼지 않으신 교우사 오판근 사장님과 직원 여러분께 깊은 감사의 뜻을 표하며 두서없는 머릿말을 맺는다.

2018년 봄, 포항에서 저자 드림

차 례

1

복소함수론의 기초

1.1 복소미분가능 함수

복소수들이 이루는 복소평면(complex plane)은 사칙연산이 가능한 복소수체(field of complex numbers)를 이룬다. 따라서 복소평면은 복소수체를 바탕으로 하는 복소 1차원 벡터공간이며, 전통적으로 기호 $\mathbb{C}$로 표시한다. 이제 복소수 n개를 늘어 쓴 순서쌍들의 집합 즉, 복소수 평면의 복제(copy) 공간 n개를 데카르트 곱(Cartesian product)을 적용하여 구성한 복소 n차원 공간을 기호 $\mathbb{C}^n$으로 표시하기로 한다. 집합 기호 표현

$$\mathbb{C}^n := \{(z_1, \ldots, z_n) : z_j \in \mathbb{C}, \forall j \in \{1, \ldots, n\}\}$$

가 적절하며, 이 책에서도 이 기호를 예외 없이 사용할 것이다.

이 공간의 점들을 표현하는 순서쌍의 각 복소수 좌표값을 읽어내는 좌표계 함수들 역시 전통을 따라 $\mathbb{C}$의 경우에는 z로 쓰고, $\mathbb{C}^n$의 경우에는 $z_1, \ldots, z_n$을 사용하며, 이 좌표들의 실수부(real part)와 허수부(imaginary part) 및 허수단위 $i = \sqrt{-1}$를 써서 각각

$$z = x + iy, \quad z_j = x_j + iy_j \qquad (j = 1, \ldots, n)$$

로 쓰기로 하며, 켤레(공액)복소수 기호 역시 전통방식을 따라

$$\bar{z} = x - iy, \quad \bar{z}_j = x_j - iy_j$$

등으로 쓰기로 한다.

계속해서 미분 1형식 dx, dy를 이용하여 복소미분형식

$$dz := dx + i\,dy, \quad d\bar{z} := dx - i\,dy$$

를 생각하고 이들의 쌍대 벡터장인

$$\frac{\partial}{\partial z} := \frac{1}{2}\Big(\frac{\partial}{\partial x} - i\frac{\partial}{\partial y}\Big), \quad \frac{\partial}{\partial \bar{z}} := \frac{1}{2}\Big(\frac{\partial}{\partial x} + i\frac{\partial}{\partial y}\Big)$$

등과, 다변수의 경우에는 물론

$$dz_k := dx_k + i\,dy_k, \quad d\bar{z} := dx_k - i\,dy_k$$

와 이들에 대응하는 쌍대 벡터장

$$\frac{\partial}{\partial z_k} := \frac{1}{2}\Big(\frac{\partial}{\partial x_k} - i\frac{\partial}{\partial y_k}\Big), \quad \frac{\partial}{\partial \bar{z}_k} := \frac{1}{2}\Big(\frac{\partial}{\partial x_k} + i\frac{\partial}{\partial y_k}\Big)$$

들을 사용할 것이다.[1]

[1] 등식 $dz(\frac{\partial}{\partial z}) = 1 = d\bar{z}(\frac{\partial}{\partial \bar{z}})$와 $dz(\frac{\partial}{\partial \bar{z}}) = 0 = d\bar{z}(\frac{\partial}{\partial z})$가 성립함을 확인하여라.

정의 1.1.1 $\mathbb{C}^n$의 열린 부분집합 Ω 위에 정의된 복소수 값을 가지는 함수 $f\colon \Omega \to \mathbb{C}$가 $\mathcal{C}^1$급, 즉 편도함수 $\frac{\partial f}{\partial x_j}, \frac{\partial f}{\partial y_j}$가 임의의 $j \in \{1, \ldots, n\}$값에 대하여 모두 존재하고 연속함수일 조건을 만족하며, 그밖에 또 조건

$$\frac{\partial f}{\partial \bar{z}_j} = 0, \ \forall j \in \{1, \ldots, n\} \tag{1.1}$$

가 영역 Ω의 모든 점에서 성립하면, 이 함수 f를 **복소미분가능 함수(complex differentiable function)**라 부르기로 한다.

적절한 용어를 선정하는 것은 쉽지 않다. 영어를 상용하는 경우 복소기하학자들은, 보편적으로 복소미분가능함수 (complex differentiable function)라는 표현보다는 holomorphic function이라는 용어를 즐겨 사용한다. 하지만 그리스어 "holo"라는 접두어가 완전하다는 뜻이어서, "entire function"에 해당하는 완전함수라는 용어와 혼동 가능성이 있다는 나쁜 점이 있었다. 그래서 1930년대 이후 일부 학자들은 복소미분가능함수에 대해 integral function이라는 용어를 쓴 적도 있었다.

이 책에서는 좀 거추장스럽기는 하지만 **복소미분가능**이라는 용어를 쓰려고 한다.[2]

때로는, 함수가 "한 점에서 복소미분가능하다"는 표현을 사

[2]이론 전개가 더 진행된 후에는 **복소해석가능(complex analytic)**이라는 용어, 또는 해석함수, 복소해석함수 등의 용어를 모두 같은 뜻으로 사용할 수 있게 될 것이다.

용하는 경우도 있을 것이다, 이 표현은 독자께서 짐작하는 바와 같이 "그 점을 포함하는 열린 근방이 존재하고 그 근방 위에서 이 함수가 복소미분가능함수인 경우"를 말한다. 식 (1.1)은 **코시 리만 방정식**(Cauchy-Riemann equation)이라 부르는 것이 전통이며, 복소미분가능 함수는 **열린 영역**에 정의되어 있어야 하고, 모든 점에서 **실함수로서** $\mathcal{C}^1$ **급**이면서, 동시에 모든 변수에 대하여 **코시 리만 방정식**을 만족하는 것이라고 기억하면 되겠다.

1.2 코시 정리와 코시 적분공식

복소미분가능 함수는 실수함수로서 미분가능하다는 성질 외에 열린 영역 위에서 코시-리만 방정식이라는 미분방정식을 만족한다는 특수한 조건을 만족한다. 이 조건은 여러 가지 특성을 가지고 있는데, 이들 중 첫 번째로 복소함수론의 토대를 이루는 코시 정리를 소개한다.

정리 1.2.1 (코시 정리 Cauchy's theorem) 복소평면 위에 매끄러운 단순 폐곡선 $\gamma\colon [0,1] \to \mathbb{C}$가 주어졌다고 하자. 만일 Ω가 이 폐곡선의 궤적과 그 내부를 모두 포함하는 열린 집합이고 함수 $f\colon \Omega \to \mathbb{C}$가 복소미분가능하다면, 선적분에 대한 등식

$$\int_\gamma f(z)dz = 0$$

가 항상 성립한다.

이 정리는 실함수 적분에 관한 **그린의 정리 (Green's theorem)** 로부터 바로 도출된다. 이 정리로부터 파생되는 정리인 코시 적분 정리가 성립하는데, 일변수 복소함수론에서 많은 응용을 보여준 이 정리를 모든 차원으로 확장하는 것이 그리 어렵지 않다.

우선 $p = (p_1, \ldots, p_n) \in \mathbb{C}^n$와 각 좌표값이 양수인 순서쌍

$r = (r_1, \ldots, r_n)$에 대하여 두 집합

$$D^n(p, r) \\ = \{(z_1, \ldots, z_n) \in \mathbb{C}^n \colon |z_j - p_j| < r_j,\ j = 1, \ldots, n\}$$
$$\overline{D}^n(p, r) \\ = \{(z_1, \ldots, z_n) \in \mathbb{C}^n \colon |z_j - p_j| \le r_j,\ j = 1, \ldots, n\}$$

를 정의하자. 첫 번째 집합을 보통 **중심이** p**에 있고, 다중반경 (polyradius)이** $r = (r_1, \ldots, r_n)$**인 다중원반(polydisc)**이라 부르고, 두 번째 집합은 중심 p, 다중반경(polyradius) r인 **닫힌 다중원반(closed polydisc)**이라 부른다.

정리 1.2.2 (코시 적분공식 Cauchy's integral formula)
$\mathbb{C}^n$의 열린 부분집합 Ω가 닫힌 다중원반 $\overline{D}^n(p, r)$을 포함하고 있다고 하고, 임의의 $j \in \{1, \ldots, n\}$에 대하여 곡선 $\gamma_j(t) = p_j + r_j e^{it}$를 정의하자. 그러면, 임의의 복소미분가능 함수 $f\colon \Omega \to \mathbb{C}$에 대하여 등식

$$f(p) \\ = \frac{1}{(2\pi i)^n} \int_{\gamma_1} \frac{d\zeta_1}{\zeta_1 - p_1} \int_{\gamma_2} \cdots \int_{\gamma_n} f(\zeta_1, \ldots, \zeta_n) \frac{d\zeta_n}{\zeta_n - p_n}$$

가 성립한다.

증명은 물론 복소 1변수함수의 경우를 연속적으로 적용하여

얻어지므로, 자세히 확인하는 과정을 독자에게 연습문제로 남긴다.

보충 1.2.1 코시 적분공식 정리는 함수 f가 영역 Ω에서 전체적으로 C^1 급일 필요가 없고 다만 각 복소변수에 대하여 복소미분가능하기만 하면 성립함을 확인할 수 있다. 따라서 복소미분가능성보다 형식논리적으로는 조금 약한 조건인 "각 변수에 대하여 복소 미분가능(complex differentiable in each complex variable separately)"하다는 조건을 만족하는 함수에 대해 성립한다. 이 관찰이 상당한 의미를 가지는 경우가 있으므로 기억해 둘 필요가 있을 것이다.

1.3 코시 계측

함수 $f(z)$가 매끄러운 단순연결 폐곡선 $\gamma\colon [0,1] \to \mathbb{C}$로 둘러싸인 영역 U와 그 경계를 (즉, 곡선 γ 자신을) 포함하는 콤팩트 집합을 포함하는 열린 영역에서 복소해석함수라고 하자. 그러면 U에 포함되는 콤팩트 집합 K가 주어졌을 때, 임의의 점 $z \in K$에 대해서

$$\frac{\partial^m f}{\partial z^m}(z) = \frac{m!}{2\pi i}\int_\gamma \frac{f(\zeta)}{(\zeta - z)^{m+1}}d\zeta$$

가 성립한다. (일변수 복소함수론에서 공부했듯이 코시 적분공식을 m번 미분하면서, 소위 "적분 기호 아래에서 미분하는 방법론 (differentiation under the integral sign)"을 적용하면 된다.) K가 콤팩트이므로

$$r = \min\{|\zeta - z|\colon \zeta \in \partial U, z \in K\}$$

의 값이 양수이며, 따라서 단순 계산에 의해

$$\left|\frac{\partial^m f}{\partial z^m}(z)\right| \le \frac{m!}{2\pi r^{m+1}} \sup_{\zeta\in\partial U} |f(\zeta)| \cdot \text{Length}(\gamma)$$

가 성립하게 된다. 이렇게 얻은 계측도 유용하지만, 또 다른 계측을 얻을 수 있다. $z \in K$인 경우에는 임의의 $\rho \in [0,r]$에 대하여 $B(z,\rho) := \{\zeta \in \mathbb{C}\colon |\zeta - z| < \rho\}$가 U의 부분집합이므로

$$f^{(m)}(z) := \frac{\partial^m f}{\partial z^m}(z) = \frac{m!}{2\pi i}\int_{|\zeta - z|=\rho} \frac{f(\zeta)}{(\zeta - z)^{m+1}}d\zeta$$

도 성립하며, 이로부터

$$|f^{(m)}(z)| \leq \frac{m!}{2\pi\rho^{m+1}} \int_0^{2\pi} |f(z+\rho e^{i\theta})|\rho d\theta$$

를 얻고 계속해서

$$\int_0^r \rho^{m+1}|f^{(m)}(z)|d\rho \leq \frac{m!}{2\pi\rho^{m+1}} \int_{B(z,r)} 1 \cdot |f(\zeta)|dA_\zeta$$

를 얻는다. 여기에 휠더 (Hölder) 부등식을 적용하면

$$\frac{r^{m+2}}{m+2}|f^{(m)}(z)| \leq \frac{m!}{2\pi}\sqrt{\pi r^2}\|f\|_{L^2(B(z,r))}$$

를 얻고 계속해서

$$|f^{(m)}(z)| \leq \frac{m!(m+2)}{2\sqrt{\pi}r^{m+1}}\|f\|_{L^2(U)}$$

도 얻으며 이제는 우변이 $z \in K$ 에 무관하므로

$$\|f^{(m)}\|_{L^\infty(K)} \leq C(K,U,m)\|f\|_{L^2(U)}$$

라는 계측을 얻게 된다. 여기서 물론 상수 $C(K,U,m)$ 의 값은

$$C(K,U,m) = \frac{m!(m+2)}{2\sqrt{\pi}r^{m+1}}$$

이어서 f 의 선택과는 무관하게 결정되었는데, 이 점 또한 중요하게 쓰이게 된다. 이제 이 과정을 앞의 코시 적분정리와 각 변수에 반복 적용하면 아래 정리를 얻는다.

정리 1.3.1 (코시 계측 CauchyEstimates) $\mathbb{C}^n$ 안에 있는 유계 영역 U와 콤팩트 집합 K 사이에 포함관계 $K \subset U$가 성립한다고 하고

$$r_0 = \inf\{r > 0 \colon D^n(z, r) \subset U, \forall z \in K\}$$

라고 두면, 영역 U에 정의된 임의의 복소해석함수 $f \colon U \to \mathbb{C}$와 임의의 다중지수 $m = (m_1, \ldots, m_n)$에 대하여

$$\left\| \frac{\partial^{m_1 + \cdots + m_n} f}{\partial z_1^{m_1} \cdots \partial z_n^{m_n}} \right\|_{L^\infty(K)} \leq C(K, U, m) \|f\|_{L^2(U)}$$

가 성립하게 해 주는, K, U, m에만 의존하여 결정될 뿐 함수 f의 선택에 무관한 상수 $C(K, U, m)$이 존재한다.

위 정리를 성립하게 해 주는 상수 $C(K, U, m)$을 찾는 것이 이 정리의 증명의 열쇠이다. 앞의 1변수 경우를 반복 적용하면 되는데, 독자를 위한 연습문제로 남겨 둔다.

1.4 복소해석함수와 테일러 전개식

음이 아닌 정수들이 이루는 순서쌍인 **다중지수(multi-index)** $A = (\alpha_1, \ldots, \alpha_n)$에 대하여 기호 $|A| = \alpha_1 + \cdots, \alpha_n$를 정의하자. 그리고 다중원반의 다중반경들, 예를 들어 $r = (r_1, \ldots, r_n)$과 $r' = (r'_1, \ldots, r'_n)$의 경우, 사이의 대소 관계를 아래와 같이 정의하기로 하자.

- $r \leq r' \Leftrightarrow r_j \leq r'_j,\ \forall j.$
- $r < r' \Leftrightarrow r_j \leq r'_j,\ \forall j$, and $r_k < r'_k$ for some k.
- $r \ll r' \Leftrightarrow r_j < r'_j,\ \forall j.$

만일 다중원반 $D^n(p, r)$ 위에 정의된 함수 $f\colon D^n(p, r) \to \mathbb{C}^n$에 대하여 멱급수

$$\sum_{|A|=0}^{\infty} C_A(\zeta_1 - p_1)^{\alpha_1} \cdots (\zeta_n - p_n)^{\alpha_n}$$

가 절대수렴(absolutely convergent)하고 동시에, 조건 $\tilde{r} \ll r$를 만족하는 임의의 다중반경 $\tilde{r}$에 대하여 이 멱급수가 다중원반 $D^n(p, \tilde{r})$ 위에서 고르게 수렴(uniformly convergent)하고 또 등식

$$f(z) = \sum_{|A|=0}^{\infty} C_A(\zeta_1 - p_1)^{\alpha_1} \cdots (\zeta_n - p_n)^{\alpha_n}, \quad \forall z \in D^n(p, r)$$

가 성립한다면, 함수 f를 **복소해석가능(complex analytic)**하다고 정의한다. 함수 $f\colon \Omega \to \mathbb{C}$가 $\mathbb{C}^n$의 임의의 열린 부분집합 Ω 위

에 정의된 경우에는 임의의 점 $p \in \Omega$에 대하여 이를 중심으로 한 적절한 다중원반 위에서 f가 복소해석가능하면, 함수 $f : \Omega \to \mathbb{C}$를 **복소해석함수(complex analytic function)**라 부른다.

복소 1변수의 경우와 마찬가지로 코시 적분공식 정리를 응용하면 아래 정리를 바로 얻는다.

정리 1.4.1 **복소미분가능한 함수는 항상 복소해석함수이다.**

잘 알려진 **항별미분(term-by-term differentiation)** 방법론을 여기에 적용하면 즉시 위 정리의 역을 얻을 수 있으므로 위 정리는 아래와 같이 개선된다.

정리 1.4.2 **함수가 복소미분가능하다는 조건과 함수가 복소해석함수라는 조건은 논리적으로 동치관계에 있다.**

1.5 복소해석성에 관한 이론

이 절의 내용은 그 자체가 중요하지만, 이 책의 구성상 건너뛰어도 독자가 기본 지식을 얻는 데에 큰 지장이 없음을 먼저 얘기해 둔다.

복소미분가능성의 정의를 주의 깊게 들여다 보면 함수가 실함수로서 $\mathcal{C}^1$ 급에 속한다는 조건이 들어 있는데, 그게 꼭 필요하냐는 질문이 자연스레 나오게 된다.

특히 **정리** 1.4.1의 증명은 코시 적분공식 정리를 사용하는데, 함수가 각 복소변수에 관하여 복소미분가능하기만 하면, 함수가 $\mathcal{C}^1$ 이어야 한다는 강한 조건을 다 필요로 하지 않고, 임의의 콤팩트 부분집합에서 함수가 유계(bounded)라는 사실만 가정하여도, 같은 결론을 도출한다는 사실을 보여 준다.[3] 하지만 유계성 마저도 가정할 필요가 없다는 사실이 밝혀진다.

1.5.1 하톡스 복소해석성 정리

이 방향 연구에 정점을 찍은 유명한 정리를 소개한다.

> **정리 1.5.1 (하톡스 해석성 정리 [Hartogs 1906])** 함수 $f\colon D^n(p,1) \to \mathbb{C}$가 각각의 변수에 관하여 복소미분가능하면, $\mathcal{C}^1$ 급에 속한다. 결과적으로 복소미분가능함수가 된다.

[3] 오스군의 정리 **(Osgood's theorem):** 복소함수 $f(z_1,\ldots,z_n)$가 유계함수이고 각각의 변수에 대해 복소미분가능하면, f는 복소미분가능하다.

이 정리의 증명은 그리 어렵지 않으나 여기에는 싣지 않겠다. 정확한 증명을 보려는 독자에게는 [Narasimhan 1971]을 추천한다. 하톡스 해석성 정리와 증명을 보다 자세히 분석하고 그 확장을 연구한 논문도 여러 편 발표되어 있다. [Nguyen/Pflug 2010]과 그 안에 인용된 논문들이 도움이 될 것이다.

1.5.2 포렐리 정리

복소해석성에 관한 또 다른 유명한 정리는 포렐리의 정리이다. 이 정리의 내용을 소개하기 위하여 용어 정리가 조금 필요한데, **"임의의 양의 정수 k에 대하여 점 p를 포함하는 $\mathbb{C}^n$의 열린 근방 U_k가 존재하여 $f \in \mathcal{C}^k(U_k)$가 성립한다."** 라는 함수 f의 성질을 기호 $f \in \mathcal{C}^\infty(p)$로 표현하기로 하면 된다.

정리 1.5.2 (포렐리 정리 [Forelli 1977]) **원점 0을 중심으로 가지는 열린 단위구 영역 B^n에 정의된 함수 $f\colon B^n \to \mathbb{C}$가 아래 두 조건**

(1) $f \in \mathcal{C}^\infty(0)$.

(2) **임의의 단위벡터 $v \in \mathbb{C}^n$에 대하여, 단위원반에 정의되는 복소 일변수함수 $\zeta \to f(\zeta v)$가 복소미분가능하다.**

를 만족하면, 함수 $f\colon B^n \to \mathbb{C}$가 복소미분가능하다.

하톡스 정리가 함수의 미분가능 조건을 전혀 가정하지 않고 있으므로, 이 정리가 발표된 이후, 많은 이들의 첫 번째 시도가 가정 (1), 즉 조건 $f \in \mathcal{C}^\infty(0)$ 를 제거하거나, 또는 최소한 약화시키려는 것이었으나 그것은 아래의 반례 때문에 쉽지 않았다. 즉 함수

$$g(z_1, z_2) = \begin{cases} \dfrac{\bar{z}_1}{\bar{z}_2} \cdot z_2^{k+2}, & (z_2 \neq 0) \\ 0, & (z_2 - 0) \end{cases}$$

는 $B^2(= B^2(0;1))$ 즉, 복소 2차원 단위구 영역 전체에서 $\mathcal{C}^\infty$ 급은 아니지만 $\mathcal{C}^k$ 급인데, 조건 (2)를 항상 만족시키면서도 B^2 위에서 복소미분가능하지 않다! 그래서 어떤 저자는 아예 "포렐리의 정리는 일반화가 불가능함이 알려졌다." 와 같은 조금은 성급한 결론을 내리고 자신의 저술에 포함시키기도 하였다.

한 편, 조건 (2)의 일반화는 가능한 것이었음에도, 35년이 넘는 기간 동안 아무런 발전이 없다가 2005년 이후에야 일반화 연구가 이루어졌다. 이제는 상당한 완성도를 보이는 이 연구의 소개를 위해 기본 개념을 먼저 제시한다.

첫 번째 소개할 일반화는 원점 0을 통과하는 단위원반들을 원점을 통과하는 리만 곡면, 즉 1차원 복소 다양체들로 대치하는 데에서 출발한다. 즉 원점을 포함하는 열린 부분집합 $\Omega \subset \mathbb{C}^n$ 이 "두 첨수 μ, ν가 다르면 $L_\mu \cap L_\nu = \{0\}$" 라는 조건을 만족하는 리만 곡면들의 집합 $\mathcal{F} = \{L_\mu \colon \mu \in A\}$ 에 대하여 등식

$$\Omega = \bigcup_{\mu \in A} L_\mu$$

를 만족하고 또 적절한 음이 아닌 정수 k에 대하여 아래 조건

(1) 임의의 점 $p \in \Omega \setminus \{0\}$ 에 대하여 열린 근방 V와, $\mathbb{C}^{n-1}$ 안에

있는 원점의 열린 근방 U와 복소평면 안에 있는 단위 원반 D, 그리고 $\mathcal{C}^k$급 미분동형 $\psi\colon D \times U \to V$가 존재하되, $\psi|_{D\times\{q\}}$가 임의의 $q \in U$에 대하여 복소미분가능하며 등식 $\psi(D \times \{q\}) = L_\mu \cap V$를 만족하는 $\mu \in A$가 존재한다.

(2) $\mathbb{C}^n$ 안의 원점을 포함하는 열린 근방 $W \subset \Omega$가 존재하고, $\mathcal{C}^k$급 함수 $h\colon D \times S^{2n-1} \to W$가 부대 조건:

(a) 임의의 $v \in S^{2n-1}$에 대하여 $h(\cdot, v)$이 복소미분동형 (biholomorphism)이고, $h(D \times \{v\}) = L_\mu \cap W$가 적절한 $\mu \in A$에 대하여 성립하며, 또 임의의 $L \in \mathcal{F}$에 대하여 $h(D\times\{w\}) = L\cap W$를 만족하는 $w \in S^{2n-1}$가 존재한다.

(b) $h(0, v) = 0,\ \forall v \in S^{2n-1}$.

(c) 임의의 $v \in S^{2n-1}$에 대하여 $\left.\frac{\partial h}{\partial z}\right|_{(0,v)} = rv$를 만족하는 양수 r이 존재한다.

(d) $h(z, e^{it}v) = h(e^{it}z, v),\ \forall t \in \mathbb{R}$.

들을 모두 만족한다고 가정하자. 이런 경우에 $\mathcal{F}$를 영역 Ω의 **리만 곡면에 의한 $\mathcal{C}^k$급 방사형 엽층구조 ($\mathcal{C}^k$ radial foliation by Riemann surfaces)**라고 부르면 적절해 보인다.

이런 방사형 엽층구조가 존재하면 아래 일반화가 성립한다. 1차원 경우는 당연한 명제이며, 2차원의 경우는 E. Chirka의[4]

[4]치르카 교수는 조건 (1)도 약화시켜서, "함수 f가 원점을 중심으로 하는 형식적 테일러 급수—수렴성을 전혀 가정하지 않는 형식합—를 실변수 함수의 입장에서 보유하면 충분하다."는 조건으로 바꾸었다. 하지만 이는 포렐리의 원래 증명에서 쓰인 바가 이 조건 뿐이었으므로 이것까지 치르카의 업적이라고 하려는 것은 무리일 듯하다.

정리이고 [Chirka 2005], 모든 차원에서 성립하는 정리의 명제와 증명은 김강태/주재천/Schmalz에 의한 공동연구의 결과이다 [Joo/Kim/Schmalz 2013, Joo/Kim/Schmalz 2016].

정리 1.5.3 (Chirka//김강태/주재천/슈말츠 정리) 만일 복소함수 $f\colon B^n \to \mathbb{C}$가 아래 두 조건

(1) $f \in \mathcal{C}^\infty(0)$.

(2) 리만 곡면에 의한 $\mathcal{C}^k$ 급 방시형 엽층구조 $\mathcal{F}$가 존재하여, 임의의 리만 곡면 $L \in \mathcal{F}$에 대하여 $f\big|_L\colon L \to \mathbb{C}$가 복소미분가능하다.

를 만족하면, 이 함수 $f\colon B^n \to \mathbb{C}$는 복소미분가능하다.

한편, 또 다른 일반화도 발견되었다. 원점을 통과하는 리만 곡면들에 의한 엽층구조를 생성시키는 다른 방법이 또 있기 때문이다. 이는 복소미분가능한 벡터장에 의한 것인데, 복소 유클리드 공간 $\mathbb{C}^n$ 위에서는 복소미분가능함수 $A_1, \ldots, A_n$을 계수로 가지는 표현

$$X = \sum_{k=1}^{n} A_k(z_1, \ldots, z_n) \frac{\partial}{\partial z_k}$$

으로 나타나는 개념을 말하는 것이다. 특히 벡터장

$$E = \sum_{k=1}^{n} z_k \frac{\partial}{\partial z_k}$$

를 생각할 경우 이 벡터장의 적분 복소곡선(complex integral curve)인 $\zeta \mapsto (z_1(\zeta), \ldots, z_n(\zeta))$는 방정식

$$z'_k(\zeta) = z_k(\zeta), \quad k = 1, \ldots, n$$

를 만족하는 리만곡면들은 바로 원점을 통과하는 1차원 복소벡터평면에서 원점을 뺀 집합들이며, 따라서 원래 포렐리 정리 즉, **정리 1.5.2**의 (2) 번 가정은 식

$$\bar{E}f = 0$$

와 정확히 같다. 편의를 위해 지금부터는 "영역(domain)"이라는 용어를 "연결된 열린 부분집합(open and connected subset)"과 같은 의미로 사용하기로 하자. 그러면 포렐리 정리의 일반화를 위해서 구성된 아래의 질문이 적절하다.

질문 1.5.1 **"원점을 포함하는 $\mathbb{C}^n$의 영역 Ω 위에 정의된 복소함수 f가 두 조건**

(1) $f \in \mathcal{C}^\infty(0)$.

(2) $\bar{X}f = 0$

를 만족하면 항상 복소미분가능하다." 라는 명제가 항상 참이 되게 해 주는 복소미분가능한 벡터장 X는 어떤 것들인가? 편의를 위해, 이런 벡터장을 **포렐리 벡터장(Forelli vector field)**이라고 부르기로 하자.

이 질문도 심도 있게 연구되었으며, 완성도가 높은 답이 만들어졌다. 벡터장이 생성하는 흐름함수(flow map)가 원점을 고정하고 특히 축약함수(contraction map)가 아닌 경우에는 포렐리의 정리와 관계가 희박하고, 또한 위 질문의 명제가 참이 아니라는 사실을 보여주는 반례가 있으니, 일단 벡터장이 (사실은 벡터장의 실수부(real part)가) 축약 벡터장인 경우만 생각하는 것이 옳다. 그런데 축약 해석벡터장은 적절한 국소좌표계를 통하여

$$X = \sum_{j=1}^{n} (\lambda_j z_j + g_j(z_1, \ldots, z_{j-1})) \frac{\partial}{\partial z_j}$$

형태로 표현된다는 것이 유명한 포앙카레-뒬락(Poincare'-Dulac) 정리에 의해 알려져 있다. 뿐만 아니라, $g_1 = 0$을 비롯하여 $g_2, \ldots, g_n$들이 만족하는 특별한 조건들이 있고, 복소수 $\lambda_1, \ldots, \lambda_n$들이 열린 복소 반평면(open complex half-plane) 안에 있어야 한다는 부대 조건이 더불어 성립하는 것도 밝혀져 있다.

이제 이 방면으로 현 시점에서 가장 발전된 정리를 소개하기 위해 축약 벡터장 중에서도 특히 $\lambda_j > 0$인 경우를 따로 구분하여 **정렬된 벡터장(aligned vector field)**이라고 부르기로 하자. 그러면 아래 정리가 성립한다.

정리 1.5.4 (김강태, 주재천, E. Poletsky, G. Schmalz) 복소 미분가능 축약 벡터장이 포렐리 벡터장이라는 조건과 정렬된 벡터장이라는 조건은 서로 필요충분 관계에 있다.

증명은 크게 어렵지 않으나 자세한 증명을 여기에 소개하는 것은 오히려 독자를 이 책의 주요 흐름에서 우회시키게 할 것 같기에, 여기에 싣지는 않고, 관심 있는 독자들이 찾아 공부할 수 있도록 참고 문헌만 소개한다. [Kim/Poletsky/Schmalz 2009, Joo/Kim/Schmalz 2016]를 공부하면 된다.

보충 1.5.1 이 방향의 연구와 관계가 깊은 선행 연구가 있었다. 보크너(S. Bochner) 교수의 질문이었다고 하는데, "두 개의 복소 변수 z, w에 의해 정의된 형식적인 멱급수

$$S := \sum_{|(a_1,a_2)|=0}^{\infty} C_{a_1 a_2} z^{a_1} w^{a_2}$$

가 주어졌고, S가 각각의 복소 *1*차원 벡터공간 $L(a,b) = \{(z,w) \colon bz = aw\}$에 국한시켰을 때마다 양의 수렴반경을 가진다면, S가 그 위에서 고르게 절대수렴(converges absolutely and uniformly)하게 하는, 원점을 포함하는 열린 집합이 존재하겠는가?"가 연구되었다. 긍정적인 답이 Max Zorn[5] 교수에 의해 주어졌다 [Zorn 1947]. 실변수 급수의 경우는 또다른 문제이지만, 이것에 관하여도 Zorn의 방법론을 조금 변형시켜 긍정적인 답이 얻어졌다. 이는 1949년에 얻어진 이임학(리림학) 교수의 정리인데[6] [Ree 1949], 모든 차원의 모든 경우에 대한 완전한 답은 Lelong 교수가 1951년에 발표하였다 [Lelong 1951].

---

[5] 집합론에 나오는 Zorn's lemma의 저자이다!

[6] 누군가 남대문시장에 두고 간 Bulletin of the American Mathematical Society를 리림학 청년께서 읽고 증명을 작성한 후 그 결과를 편지로 만들어 Zorn 교수께 보냈고, 이임학 교수께서 캐나다로 유학을 간 후인 1953년에야 이 논문의 존재를 알게 되었다는 얘기는 우리 나라 수학계에서 유명하다.

1.6 유일확장성 정리

일변수 함수론과는 달리 복소 2차원 이상의 공간에 정의된 복소해석함수가 집적점 (concentration point)을 가지는 무한집합에서 0이 된더라도, 모든 점에서 0이 되는 현상이 항상 일어나지는 않는다. $\mathbb{C}^2$ 위에 정의된 함수 $z_1 z_2$는 집합 $Z = \{(z_1, z_2) \colon z_1 = 0$ 혹은 $z_2 = 0\}$ 라는 무한히 많은 집적점을 가지는 집합에서 0이 되지만 Z에 속하지 않는 점에서는 0이 되지 않는 복소해석함수인 것이 좋은 예다. 하지만 아래 정리는 일변수 복소함수론의 유일확장성 원리 (principle of unique continuation)로부터 바로 얻어진다.

정리 1.6.1 **영역 즉, 연결된 열린 집합 Ω 위에 정의된 복소해석함수 $f \colon \Omega \to \mathbb{C}$가 공집합이 아닌 어떤 열린 집합 $G \subset \Omega$의 임의의 원소 $z \in G$에 대하여 조건 $f(z) = 0$를 만족한다면, $f(z) = 0$가 Ω 전체에서 성립한다.**

증명은 일변수 복소함수론의 결과로부터 바로 도출되므로 생략한다.

1.7 극대값 정리

$\mathbb{C}^n$의 부분 영역 Ω에 정의된 복소해석함수 $f\colon \Omega \to \mathbb{C}$가 주어졌을 때 절대값함수 $|f|\colon \Omega \to \mathbb{R}$를 생각하기로 하자. 복소 1차원의 경우에 성립하는 극대값 정리(Maximum principle)가 모든 차원에서 그대로 성립한다.

정리 1.7.1 (극대값 정리 Maximum principle) 영역 $\Omega \subset \mathbb{C}^n$ 위에 정의된 복소해석함수 $f\colon \Omega \to \mathbb{C}$가 어떤 점 $p \in \Omega$와 이 점의 적절한 근방 V에 대하여 조건

$$|f(z)| \leq |f(p)|, \quad \forall z \in V$$

를 만족하면 f는 상수함수이다.

증명은 복소 1차원 단면들을 사용하면 1차원의 정리 증명으로부터 자연스럽게 바로 얻어진다. 생략한다.

1.8 특이점 집합

복소 영역의 차원이 2 이상인 경우에는, 복소평면의 경우보다 차원이 높다는 이유 때문에 나타나는 새로운 (때로는 무척 놀라울 수 있는) 현상이 다수 관찰된다. 이 특징이 뚜렷하게 관찰된 최초의 결과가 특이점에 대한 이해의 차이가 무척 크다는 점이 아니었을까 싶다.

1차원의 경우와는 달리 고차원 즉, 복소 2차원 이상의 경우에는 고립된 특이점(isolated singularity)이 존재할 수 없는데, 이와 함께, 보다 일반적인 하톡스(F. Hartogs)의 유명한 이론을 소개하려고 한다. 먼저, **하톡스의 깡통(Hartogs' can)** 영역[7]이라는 재미있는(?) 이름을 가진 영역부터 살펴 보기로 하자. $\mathbb{C}^n$ 안에 있는 단위구 영역을 B^n 으로 쓰고 이중원반(bidisc) $D^2 := B^1 \times B^1$ 이라 두면, 하톡스의 깡통/모형 영역은

$$H := D^2 \setminus \{(z, w) \in \mathbb{C}^2 \colon |z| \geq \frac{1}{2}, |w| \leq \frac{1}{2}\}$$

으로 정의된다. 그러면 다음 정리가 성립한다.

정리 1.8.1 (하톡스 모형의 확장정리) **임의의 복소해석함수 $f \colon H \to \mathbb{C}$에 대하여, 조건 『$f(z) = \tilde{f}(z),\ \forall z \in H$』를 만족하는 복소해석함수 $\tilde{f} \colon D^2 \to \mathbb{C}$가 항상 존재한다.**

[7] 이 책에서는 이런 종류의 영역을 통틀어 하톡스의 모형 **(Hartogs' figure)**이라는 이름으로 순화시키려 한다.

앞 절의 유일확장성 정리 (**정리 1.6.1**) 때문에 이 함수 $\tilde{f}$는 유일하다는 점을 확인해 두자.

증명. 코시 적분을 이용하여 식

$$h(z_1, z_2) = \frac{1}{2\pi i} \int_{|w|=\frac{3}{4}} \frac{f(z_1, w)}{w - z_2} dw$$

로 함수 h를 정의하면,

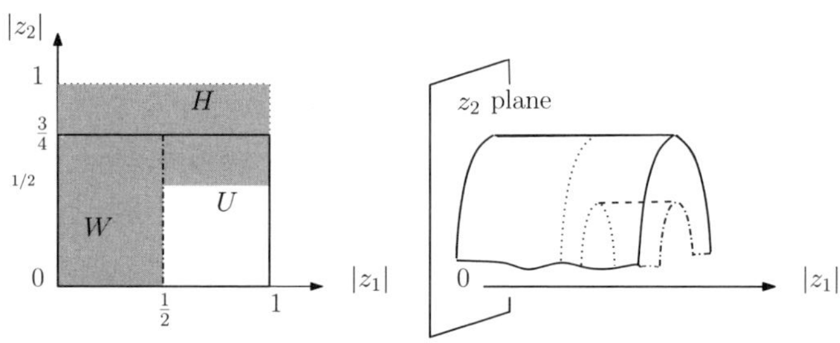

이 함수는 영역

$$U = \left\{(z_1, z_2) \in \mathbb{C}^2 \colon |z_1| < 1, |z_2| < \frac{3}{4}\right\}$$

에서 잘 정의된 복소함수이고, 적분 기호에 대한 미분공식에 의해 복소해석함수임이 바로 확인된다. 이제

$$W := \{(z_1, z_2) \in \mathbb{C}^2 \colon |z_1| < \frac{1}{2}, |z_2| < \frac{3}{4}\}$$

로 두면, 코시 적분공식에 의하여

$$h(z_1, z_2) = f(z_1, z_2), \quad \forall (z_1, z_2) \in W$$

가 성립한다. 한 편, $H \cap U$가 연결된 열린 집합이며, W를 포함하고 있으므로 유일확장성 원리, 즉 **정리 1.6.1** 에 의해 $h|_{H\cap U} = f|_{H\cap U}$가 성립한다. 따라서, 함수 $\tilde{f}\colon D^2 \to \mathbb{C}$를 식

$$\tilde{f}(z_1, z_2) = \begin{cases} h(z_1, z_2), & \forall (z_1, z_2) \in U \\ f(z_1, z_2), & \forall (z_1, z_2) \in H \end{cases}$$

로 정의하면, $\tilde{f}$는 D^2 전체에서 잘 정의된 복소미분가능 함수가 되며, $\tilde{f}|_H = f$를 당연히 만족하게 된다. 따라서 증명이 완결되었다. □

이 정리로부터 복소 2차원 이상의 영역에서는 복소해석가능 함수의 고립된 특이점(isolated singularity)이라는 것이 존재할 수 없다는 놀라운 사실이 바로 도출된다. 물론 1변수 복소함수론의 경우와는 매우 다른 현상이다.

이제 이 책에서 사용할 기호를 일부 정의하기로 하자. 점 $p = (p_1, \ldots, p_n) \in \mathbb{C}^n$와 다중 반지름 $r = (r_1, \ldots, r_n)$에 대하여 기호

$$D^n(p; r) := \{(z_1, \ldots, z_n) \in \mathbb{C}^n : \\ |z_1 - p_1| < r_1, \ldots, |z_n - p_n| < r_n\}$$

를 정의하고 이를 **중심이** p**이고 다중 반지름이** r **인** n**차원 다중원반(polydisc of polyradius** r **centered at** p**)**이라 부르고 이 영역의 폐포(closure)를 기호 $\overline{D}^n(p; r)$로 쓰자. 내친김에 양수

ρ가 주어졌다면 기호 $\|(z_1, \ldots, z_n)\| := \sqrt{\sum_{j=1}^n |z_j|^2}$ 와

$$B^n(p;\rho) := \{z \in \mathbb{C}^n : \|z - p\| < \rho\}$$

도 정의해 두고 **중심이 p에 있고 반지름이 ρ인 복소 n차원 공 모양 영역 (complex n-dimensional open ball of radius ρ centered at p)**이라고 부르기로 하자.

특히 위의 증명 방법을 영역

$$W := D^2(0;1) \setminus \overline{D^2(0;1/2)}$$

에도 똑같이 적용할 수 있는데, 이로부터 이중원반 안에 정의된 복소해석 함수의 특이점, 혹은 영점 집합이 경계까지 뻗어 나와야만 한다는 점도 알 수 있게 되었다.

이 정도의 기본적인 수준에서도 복소함수론에서는 차원이 높아짐에 따라 일차원의 경우에서는 보이지 않던 흥미로운 현상들이 눈에 띄게 되었다. 차차 더 깊은 이해에 이르도록 해 보자.

보충 1.8.1 이 시점에서 잠시 정치적인 의견을 몇 자 적으려 한다. *2*차원 이상의 복소함수론을 **다변 복소함수론 (Function theory of Several Complex Variables)**이라고 부르는 데에는 별 문제가 없어 보이나, 한 동안 "다변 복소함수론은 1변수 복소함수론과 완전히 다른 분야이다." 라는 의견—얼른 보기에도 무리한 주장이라는 느낌이 들지 않는가?—이 만연하였다. 저자 역시 그런 환경에서 이 분야의 수학자로 자라났다. 하지만 지금에 와서 돌아볼 때, 이런 의견은 편협 또는 편중된 것이라고 보며, 이런

평가는 저자 뿐만 아니라 이 분야를 선도하는 세계의 여러 학자들이 공감하고 있어서, 분야를 통틀어 차원 구분 없이 **복소함수론(Complex Analysis)**, 또는 **복소기하학(Complex Geometry)** 이라는 이름을, 경우와 특성에 맞게 사용하는 것이 합리적이라는 쪽으로 의견이 모이고 있다.

1.9 카르탕 정리와 포앙카레 정리

일변수 복소함수론의 위대한 정리들 중 리만 함수정리(Riemann mapping theorem)의 위치는 상당하다. 그런 만큼 이 정리가 고차원에서도 성립할 것인지는 당연한 관심사였다. 하지만 단순한 일반화는 성공할 수 없는데, 그것은 고차원 다변 복소함수론의 특별한 점을 설명하기 위해 거의 가장 대표적으로 선택되는 아래의 정리 때문이다.

정리 1.9.1 (포앙카레) 복소 *2*차원 유클리드 공간 $\mathbb{C}^2$ 안에 있는 단위 이중원반과 단위구 영역

$$D^2(0;1) := \{(z,w) \in \mathbb{C}^2 : |z| < 1, |w| < 1\}$$
$$B^2(0;1) := \{(z,w) \in \mathbb{C}^2 : |z|^2 + |w|^2 < 1\}$$

사이에는 해석동형(전단사 해석함수이며 그 역함수도 해석함수인 함수)이 존재할 수 없다.

이 정리의 증명 방법은 많다. 지금은 카르탕의 함수정리를 사용하는 증명을 소개하려고 한다. 아래에 소개하는 카르탕[8] 함수정리 두 개는 일변수 복소함수론의 경우 슈바르츠 보조정리의 고차원 일반화에 해당하는 정리의 좋은 예이며, 그 자체가 무척 유용하기 때문이다.

[8]Henri Cartan (1904-2008 프랑스), 다변복소함수론과 복소기하학을 비롯한 수학 전반에 많은 공헌을 하였다.

자기동형군 이론을 다룰 이 책의 후반부에 이 정리를 다시 한 번 다루며 또 다른 증명을 보여 줄 예정인데, 이 포앙카레 정리는 그럴 가치가 충분할 만큼 큰 파급효과를 보여주었다.

정리 1.9.2 (앙리 카르탕) **$\mathbb{C}^n$ 안에 있는 유계영역 Ω에 대하여 해석함수 $f\colon \Omega \to \Omega$가 어떤 점 $p \in \Omega$에 대하여**

$$f(p) = p, \quad df_p(v) = v, \ \forall v \in T_p\Omega$$

를 만족하면, 『$f(z) = z, \ \forall z \in \Omega$』가 성립한다.

증명. 점 p를 $\mathbb{C}^n$의 원점이라고 가정하여도 논증의 일반성을 잃지 않음을 쉽게 확인할 수 있다.

$$f(z) = (f_1(z_1, \ldots, z_n), \ldots, f_n(z_1, \ldots, z_n))$$

으로 표시하면 Ω가 유계영역이므로 적절한 $R > 0$에 대해서

$$|f_1(z)|^2 + \cdots + |f_n(z)|^2 \le R^2$$

가 성립한다. 이제 적절한 다중반경 $r > 0$을 가지며 원점을 중심으로 하는 다중원반 영역 $D^n(0; r)$에서 각 성분 함수의 테일러 전개식을 생각하기로 하자. 그러면 $f(0) = 0$와 $df_0 = I$라는

가정으로부터

$$
\begin{aligned}
f_1(z) &= z_1 + P_{\mu_1}(z) + \text{차수가 } \mu_1 \text{ 보다 더 높은 항들} \\
&\vdots \\
f_n(z) &= z_n + P_{\mu_n}(z) + \text{차수가 } \mu_n \text{ 보다 더 높은 항들}
\end{aligned}
$$

를 얻는데, 여기에서 다중지수 $M_j = (m_{j1}, \ldots, m_{jn})$에 대응하는 단항식 $z^{M_j} = z_1^{m_{j1}} \cdots z_n^{m_{jn}}$의 차수는 $|M_j| := \sum_{k=1}^n m_{jk}$이고, 다항식 P_{M_j} 들은 임의의 상수 $\lambda \in \mathbb{C}$에 대하여

$$
P_{\mu_j}(\lambda z_1, \ldots, \lambda z_n) = \lambda^{\mu_j} P_{\mu_j}(z_1, \ldots, z_n)
$$

을 만족하는 차수가 $\mu_j > 1$인 동차다항식(homogeneous polynomial)이다. 만일 위의 테일러 전개식이 1차항을 제외하고 모두 0이라면 더 이상 논증할 필요가 없이 결론이 바로 얻어진다.

그러므로 지금은 테일러 전개식이 1차항을 제외하고도 0이 아닌 항을 가지고 있다고 가정하고 이로부터 모순을 끌어내려고 한다. 그러면 $P_{\mu_j}(z)$ 중에 0이 아닌 것이 있어야 하고, 따라서 이들 중 차수가 가장 낮은 것이 존재하게 된다. 논증에 일반성을 잃지 않으면서도 특히 μ_1이 가장 낮은 차수이며 동시에 $P_{\mu_1}(z)$가 0이 아니라고 가정할 수 있다.

그런 다음

$$
f^{\circ 1} = f,\ f^{\circ m} = f \circ f^{\circ(m-1)},\ \forall m = 2, 3, \ldots
$$

로 두면, $f^{\circ 2}, \ldots, f^{\circ m}$ 의 첫 번째 성분에 대해, 각각

$$\begin{aligned}(f^{\circ 2})_1(z) &= z_1 + 2P_{\mu_1}(z) + \text{차수가 } \mu_1 \text{ 보다 더 높은 항들} \\ &\vdots \\ (f^{\circ m})_1(z) &= z_1 + mP_{\mu_1}(z) + \text{차수가 } \mu_1 \text{ 보다 더 높은 항들}\end{aligned}$$

가 성립하는 것을 계산을 통해 알 수 있게 된다. 이제 $P_{\mu_1}(z)$를 구성하는 단항식 중 0이 아닌 것의 다중지수를 $Q = (q_1, \ldots, q_n)$ 라 두면 이 단항식은 0이 아닌 복소계수 A에 의해 $Az_1^{q_1} \cdot z_n^{q_n}$ 으로 나타나고, $|Q| = \mu_1$를 만족하며 또

$$\left.\frac{\partial^{\mu_1}(f^{\circ m})_1}{\partial z_1^{q_1} \cdots \partial z_n^{q_n}}\right|_{z=0} = mA \cdot q_1! \cdots q_k!$$

가 성립하게 된다. 하지만 $f^{\circ m}(\Omega) \subset \Omega \subset B^n(0;R)$가 항상 성립하기 때문에 $\sup|(f^{\circ m})_1| \leq R$가 성립하며, 따라서 코시 계측에 의하면 위 등식의 좌변의 절대값은 r에만 의존하는 특정 양수보다 그 절대값이 클 수 없다. 하지만, 우변의 절대값은 m이 커지는 데 따라 제한 없이 얼마든지 커진다. 이것은 명백한 모순이며, 따라서 f의 테일러 전개식이 일차항 외에 0이 아닌 고차항을 가진다는 가정은 참이 아니다. 이로써 증명이 모두 완결된다. □

영역 $\Omega \subset \mathbb{C}^n$가 원점을 포함하면서, 임의의 $z = (z_1, \ldots, z_n) \in \Omega$에 대하여 $e^{it}z := (e^{it}z_1, \ldots, e^{it}z_n) \in \Omega$를 모든 $t \in \mathbb{R}$에 대해 만족하면 영역 Ω를 **꽉찬 원형 영역 (completely circular domain)** 이라고 부르자. 이제, 카르탕의 정리를 하나 더 소개한다.

정리 1.9.3 (앙리 카르탕) $\mathbb{C}^n$ **안에 꽉찬 원형 영역** Ω_1, Ω_2**과 조건** $f(0) = 0$**를 만족하는 해석동형** $f\colon \Omega_1 \to \Omega_2$**가 주어졌다면, 함수** f**는 선형함수이어야 한다.**

증명. 임의로 선택된 $t \in \mathbb{R}$에 의해 정의되는 함수 $r_t(z_1, \ldots, z_n) = (e^{it}z_1, \ldots, e^{it}z_n)$는 $\mathbb{C}^n$의 자기동형(holomorphic automorphism)이지만, 동시에 Ω_1과 Ω_2의 자기동형이기도 하다. 이제

$$g(z) := f^{-1} \circ r_t^{-1} \circ f \circ r_t(z)$$

로 두면, $g\colon \Omega_1 \to \Omega_1$은 잘 정의된 해석동형이며, 조건 $g(0) = 0$과 $dg_0 = I$를 만족한다. 그러므로 바로 앞의 정리 1.9.2에 의해

$$g(z) = z \quad \forall z \in \Omega_1$$

를 얻는다. 이로부터

$$f(e^{it}z_1, \ldots, e^{it}z_n) = e^{it}f(z_1, \ldots, z_n)$$

가 모든 $z \in \Omega_1$과 모든 $t \in \mathbb{R}$에 대해 성립해야 한다는 사실을 얻게 된다. 여기에 원점을 중심으로 하는 충분히 작은 양수 반경의 다중원반 영역에서 f의 테일러 전개식을 사용하여 보자. 위 등식이 성립하려면 차수가 같은 단항식의 계수끼리 서로 같아야 할 것이다. 한편 계수들이 t를 포함하고 있음을 이용해 보자. 대응되는 계수들이, t의 임의의 실수값에 대해서도 서로 같아야

한다는 점을 이용하면 1차 항을 제외한 모든 계수가 0이 될 수밖에 없음을 확인할 수 있다. 보다 상세한 계산과 점검은 독자에게 맡겨 두지만 이로써 증명이 완결된다는 점은 명백하다. □

이제 포앙카레 정리의 증명을 구성할 준비가 되었다.

포앙카레 정리의 증명. 해석동형 $g\colon B^2(0;1) \to D^2(0;1)$ 이 존재한다고 가정하자. 그러면 $g(0,0) = (a,b)$ 라 할 때,

$$\mu(z,w) = \Big(\frac{z-a}{1-\bar{a}z}, \frac{w-b}{1-\bar{b}w}\Big)$$

이라 두면 $f\colon B^2(0;1) \to D^2(0;1)$ 도 해석동형이 된다. 한편, 단위구 영역 $B^2(0;1)$ 과 이중원반 영역 $D^2(0;1)$ 이 모두 꽉찬 원형 영역이므로, 정리 1.9.3에 의해 f 는 선형동형(linear isomorphism)이어야 한다. 한편 선형동형은 영역에 제한을 받지 않고 확장되므로, 이 선형동형에 의해 두 영역의 경계가 미분동형 관계에 있어야 한다. 하지만 한 쪽 경계는 구면이어서 모든 점에서 매끄러우나, 다른 쪽 경계는 매끄러운 곡면이 아니어서 모순을 일으킨다. 이것으로 증명이 완결되었다. □

이 포앙카레 정리와 증명은 2차원 이상의 복소공간에서는 차원에 무관하게 성립한다. 두 영역이 모두 단순연결 (사실은 한 점으로 축약 가능) 영역이지만 서로 해석동형관계에 있지 않음을 보여주고 있음을 확인하기 바란다.

1.10 해석함수의 실수부와 다중조화함수

일변수 복소함수론에서는 복소해석함수의 실수부가 조화함수 (harmonic function)가 되고 임의의 조화함수는 국소적으로 적절한 복소해석함수의 실수부과 된다. 조화함수 개념은 $\mathbb{C}^n$에서도 소위 라플라스 작용소 (Laplace operator)

$$\Delta = \sum_{j=1}^{n} \Big(\frac{\partial^2}{\partial x_j^2} + \frac{\partial^2}{\partial y_j^2} \Big)$$

에 의해 조건 $\Delta u = 0$를 만족하는 것으로 잘 정의되지만 $n > 1$이면 일반적으로 이 함수가 국소적으로 복소해석함수의 실수부가 되지는 못한다.

$f\colon \Omega \to \mathbb{C}$가 영역 $\Omega \subset \mathbb{C}^n$ 위에 정의된 복소해석함수이면 임의의 복소해석함수 $h\colon B^1(0;1) \to \Omega$에 대해 합성함수 $f \circ h\colon B^1(0;1) \to \mathbb{C}$가 복소해석함수이며, 따라서 이 합성함수의 실수부는 항상 조화함수가 되어야 한다. 이로부터 f의 실수부인 $u := \frac{1}{2}(f + \bar{f})$는

$$\sum_{j,k=1}^{n} \frac{\partial^2 u}{\partial z_j \partial \bar{z}_k}\Big|_z v_j \bar{v}_k = 0,$$
$$\forall z = (z_1, \ldots, z_n) \in \Omega, \forall v = (v_1, \ldots, v_n) \in \mathbb{C}^n \setminus \{0\}$$

를 만족하게 된다. 이는 임의의 복소 1차원 복소벡터공간을 따라 함수 u가 조화함수이어야 한다는 조건에 해당하며 조건 $\Delta u = 0$보다 확실히 강한 조건이다. 이런 함수를 **다중조화함수 (pluriharmonic function)**이라고 부른다. 한 편, 다중조화함수는

국소적으로 복소해석함수의 실수부가 된다는 것도 잘 알려져 있다.

위 조건을 미분 형식 기호를 빌어 쓰면

$$\begin{aligned}(v,v)\rfloor\partial\bar{\partial}u &:= (v,v)\rfloor\sum_{j,k=1}^{n}\frac{\partial^2 u}{\partial z_j\partial\bar{z}_k}\Big|_z dz_j\wedge d\bar{z}_k \\ &= 0, \quad \forall v\in T_z\Omega\end{aligned}$$

로 표현할 수 있다. (여기에서 접공간 기호 $T_z\Omega$는 복소해석 접공간 (holomorphic tangent space)이며 $\mathbb{C}^n$과 자연스럽게 복소 선형 동형 관계에 있는 벡터공간이다. 그러나 보다 자세한 사항과 토의 등은 뒤로 미룬다. [제 2.4절] 참조.)

2

해석영역

시금부터 소개하려는 이론은 그 대부분이 복소 1차원 평면에서 전개되는 1변수 복소함수론에서는 문제가 되지 않던 내용이다. 복소 2차원 이상 (실수 차원으로는 4차원 이상!) 으로 차원이 높아짐에 따라 이전에 보이지 않던 여러 가지 새로운 현상들이 관찰되는 것은 전혀 놀라운 일이 아니며, 수학자로서는 이것이 오히려 당연히 공부되고 정리되어야 할 '반가운' 연구 대상이다. 차근차근 이해해 보도록 하자.

하톡스 확장 정리가 대변하였듯이 복소 해석 기하학에서는 복소 해석함수의 정의역이 될 수 있는 "자연스러운" 영역과 다양체를 명확히 결정하려는, 지극히 원론적이면서도 중요한 연구가 상당 기간 동안 수행되었다. 이 연구는 원론적인—소위, "철학적인"—관점에서도 그 의미가 깊지만, 이 연구가 수행되는 동안 개발된 여러 방법론이 수학 전반에 공헌한 바가 매우 크다. 이런 연구의 전반에 대한 개관을 배우려는 것이 이 장의 목표이다.

2.1 해석영역

정의 2.1.1 $\mathbb{C}^n$ 의 열린 부분집합 Ω에 대하여 아래 세 조건

(1) V는 연결되어 있고, $V \not\subset \Omega$가 성립한다.

(2) $U \subset V \cap \Omega$를 만족하는 공집합이 아닌 열린 집합 U

가 존재한다.

(3) Ω에 정의되고 복소해석가능한 임의의 함수 f에 대하여 조건

$$f(z) = \tilde{f}(z), \forall z \in U$$

를 만족하고 V 전체에서 복소 해석가능인 함수 $\tilde{f}$가 존재한다.

를 모두 만족하는 열린 부분집합 V가 $\mathbb{C}^n$에 존재한다는 명제가 거짓이면, Ω를 **해석영역 (Region of holomorphy)** 이라고 부르기로 한다.

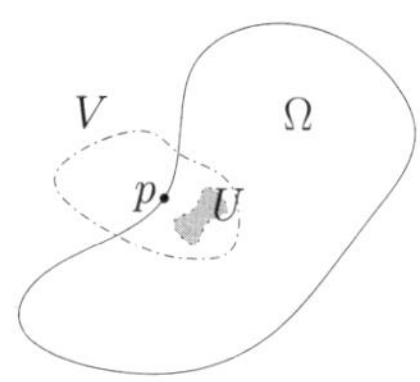

그림 2.1: **해석 영역 판정**

이 대목에서 질문해 보자. 아래 그림과 같이, 하톡스 모형이 머리이고 가느다란 튜브형 몸을 가지며, 자신의 꼬리를 입에 문 $\mathbb{C}^2$ 안에 정의되는 뱀 모양의 영역은 해석 영역인가, 아닌가?

수많은 논리적인 평가와 테스트를 거친 후에 만들어진 해석 영역 개념의 정의는 논리적으로 정확하기는 하지만, 약간은 알쏭달쏭할 뿐 아니라, 해석영역 연구 수행에 그리 편리하지 않다. (참고로, 하톡스 뱀 영역은 위 정의에 의하면 해석영역이 아니다. 이유를 잘 생각해 보라.)

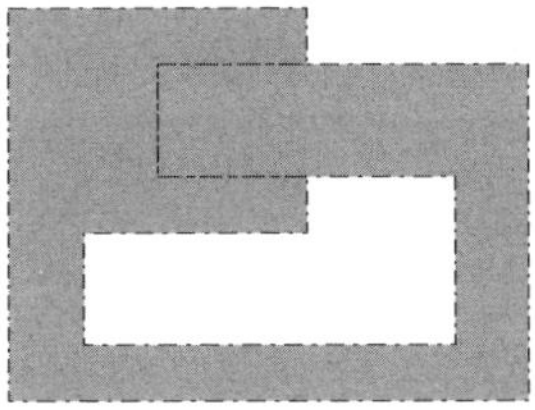

그림 2.2: **하톡스 뱀 영역—해석영역?**

$\mathbb{C}^n$ 안에서 열린 영역이 하나 제시되었을 때, 이 영역이 해석영역인지 아닌지 판정하려고 해도, 이 정의만으로는 명확한 결론을 내기가... 쉽지 않기 때문이다. 따라서 이 정의와 논리적으로 동등한 명제이면서도 수학자들이 쓰기에 더 편리한 정의를 찾으려는 연구가 수행된 것은 아주 자연스러운 일이었다.

오늘날 "레비 문제"라는 이름으로 통칭되는 이 연구는 대단한 파급효과를 낳았으므로, 이 장의 상당 부분을 레비 문제와 파생 이론들에 대한 전반적인 이해에 투자하려 한다. (레비 문제의 해결과 보다 상세한 내용은 3장에서 다룬다.)

문제 2.1.1 복소 평면 $\mathbb{C}$의 열린 부분집합은 어느 것이나 모두 해석영역임을 증명하여라.

이 문제가 보여주는 바와 같이 해석영역에 관한 토의는 복소 2차원 이상의 경우에만 의미가 있음은 명백하다. 1장에서 살펴본 하톡스 모형(깡통!)은 물론 해석영역이 아니며, 복소 2차원 이상에서는 해석영역이 아닌 열린 집합이 (충분히 많이!) 존재한다는 것을 알 수 있기 때문이다.

2.2 해석볼록성과 카르탕/툴렌 정리

정의 2.2.1 $\mathbb{C}^n$의 열린 부분집합 Ω이 주어졌을 때, 임의의 콤팩트 부분집합 $K \subset \Omega$에 대하여 집합

$$\hat{K} := \{z \in \Omega \colon |f(z)| \le \sup_{w \in K} |f(w)|\}$$

을 K의 **해석포장(holomorphic hull)**이라고 부른다.

이를 이용하여 "해석볼록성"과 "해석포장"이 정의된다.[1]

정의 2.2.2 $\mathbb{C}^n$의 열린 부분집합 Ω이, 임의의 콤팩트 부분집합 K에 대하여 그 해석포장 $\hat{K}$가 Ω의 콤팩트 부분집합이면, 즉 Ω안에서 생성된 $\hat{K}$의 폐포(closure) $\mathrm{cl}\,(\hat{K})$가 콤팩트 집합이고 동시에 Ω의 부분집합이 되는 성질이 성립하면, Ω를 **해석볼록(holomorphically convex)**하다고 정의한다.

이제 레비 문제 연구를 배워 보기로 하자. 첫 번째 유명한 정리는 아래와 같다.

---

[1]영어의 hull에 해당하는 우리말 용어를 찾는 것이 쉽지 않다. 대한수학회 용어집에서는 "껍질"을 사용하는데, 그것도 일리가 있지만 convex hull이 허용되는 선분을 가득 채워 만들어지는 집합임을 생각한다면 "포장"이라는 용어를 쓰는 편이 좀 더 낫지 않을까 싶다.

정리 2.2.1 (카르탕/툴렌 정리) $\mathbb{C}^n$ 의 열린 부분집합 Ω가 해석영역이 된다는 조건과 Ω가 해석볼록이라는 조건은 서로 필요충분 관계에 있다.

증명. 먼저, Ω가 해석볼록하지 않다고 가정하고, 이 가정 아래에서 Ω가 해석영역이 아님을 증명하기로 하자.

$\overline{\hat{K}}$를 $\mathbb{C}^n$ 안에서 취한 $\hat{K}$의 폐포라 두면, 가정으로부터, 조건 $\overline{\hat{K}} \cap \partial\Omega \neq \varnothing$를 만족하는 콤팩트 집합 K가 Ω 안에 존재한다. 그러면 두 조건

(1) $\operatorname{dist}(K, \mathbb{C}^n \setminus \Omega) > 2r.$

(2) $\overline{D}^n(z; 2r) \subset \Omega, \quad \forall z \in K.$

를 만족하는 양수 r이 존재하고, 동시에 조건

$$D^n(\hat{z}; r) \not\subset \Omega \tag{2.1}$$

를 만족하는 점 $\hat{z} \in \hat{K}$가 존재하게 된다. 이제 양수 $s > 0$를 택하여 조건 $D^n(\hat{z}, s) \subset \Omega$를 만족하게 하고, $U = D^n(\hat{z}, s)$로 두고, 또 $V = D^n(\hat{z}, r)$라 두자. 그러고 나면, 아래 명제를 증명하는 것이 우리의 당면 목표이다.

(†) **임의의 해석함수** $f\colon \Omega \to \mathbb{C}$**에 대하여 조건** $\tilde{f}(z) = f(z), \forall z \in U$**를 만족하며** V **위에서 복소해석가능한 함수** $\tilde{f}$**가 존재한다.**

위에 명시한 조건 (1) 때문에 집합 $E := \bigcup_{z \in K} \overline{D}^n(z, r)$은 콤팩트이며 Ω의 부분집합이므로

$$C_1 = \max_{z \in E} |f(z)|$$

는 유한한 양수가 된다. 또한 함수 f가 Ω 전체에서 복소 해석가능하기 때문에, 코시 적분정리에 의하여 조건 (1)로부터

$$\left|\frac{\partial^k f}{\partial z^k}(w)\right| \leq \frac{k! C_1}{r^{|k|}}, \forall z \in K \tag{2.2}$$

가 성립하게 된다. 물론 여기에서는 다중첨수 및 다중지수 기호

$$k = (k_1, \ldots, k_n), \quad \frac{\partial^k}{\partial z^k} = \frac{\partial^{k_1}}{\partial z_1^{k_1}} \cdots \frac{\partial^{k_n}}{\partial z_n^{k_n}},$$
$$|k| = k_1 + \ldots + k_n, \quad k! = k_1! \cdots k_n!$$
$$z^k = z_1^{k_1} \cdots z_n^{k_n}$$

등을 자연스럽게(!) 사용하고 있다. 앞으로도 이렇게 별도의 설명 없이 이 기호들을 쓸 예정이므로 독자께 서둘러 익숙해지기를 권한다.

이제 논증을 계속하려고 한다. 계측 (2.2)에 의하면, $w \in K$ 조건이 만족되기만 하면 언제나 w를 중심으로 하는 테일러 급수

$$\sum_{|k|=0^\infty} \frac{1}{k!} \frac{\partial^k f}{\partial z^k}(w) \cdot (z - w)^k$$

가 $D^n(w, r)$ 위에서 잘 수렴하여 해석함수(=복소 해석가능 함수)

를 정의하고, 또한 임의의 점 $z \in D^n(w,r)$에서 $f(z)$와 그 값이 일치한다. 한편, K의 해석포장 $\hat{K}$의 정의에 의하면, $w\hat{K}$인 경우에도 같은 계측 (2.2)이 성립하므로, 급수

$$\sum_{|k|=0\infty} \frac{1}{k!}\frac{\partial^k f}{\partial z^k}(\hat{z}) \cdot (z-\hat{z})^k$$

가 $D^n(\hat{z},r)$ 위에서 해석가능한 함수를 정의하며, 이 함수—기호 $\tilde{f}$로 표시하자—는 $D^n(\hat{z},s)$ 위의 점에서는 그 값이 f의 값과 일치한다. 따라서, 정의 2.1.1)에 의해 Ω는 해석영역이 아니라는 결론에 도달하였다.

이제 역명제의 증명을 위해 Ω가 해석볼록이라고 가정하고, 임의의 열린 집합 U가 조건 $U \cap \partial\Omega \neq \varnothing$을 만족하면 항상 조건

$$\sup_{z \in U \cap \Omega} |g(z)| = \infty \tag{2.3}$$

를 만족하는 해석함수 $g\colon \Omega \to \mathbb{C}$를 구성하려고 한다. 이 함수는 Ω밖으로 국소적으로든 대역적으로든 확장이 불가능하므로 이 함수의 존재가 Ω가 해석영역임을 증명하게 되기 때문이다.

기호 $\mathrm{int}\,(A)$가 집합 A의 내포—즉 A의 열린 부분집합 전체의 합집합—을 표현하기로 하고, 조건

$$\cdots \subset K_j \subset \hat{K}_j \subset \mathrm{int}\, K_{j+1} \subset K_{j+1} \subset \hat{K}_{j+1} \cdots, \quad \forall j$$

와

$$\Omega = \bigcup_{j=1}^{\infty} K_j$$

를 만족하는 콤팩트 집합들의 열(sequence) $\{K_j\}$를 생각하자. (마지막 조건을 만족하는 집합열을 보통 Ω의 **콤팩트 소모열 (compact exhaustion sequence)**이라 부른다.) 이런 소모열이 존재하는 이유는 물론 Ω의 해석볼록성 때문이다. 이제 조건

(a) $p_j \in \operatorname{int} K_{j+1}, \quad \forall j.$

(b) 점열 $\{p_j\}$가 Ω의 임의의 경계점에 집적된다.

를 만족하는 점열 $\{p_j\}$를 택한다. 그러면 조건

$$|F_1(p_1)| > 1, \sup_{z \in K_1} |F_1(z)| < 1$$

을 만족하는 해석함수 $F_1 : \Omega \to \mathbb{C}$가 존재하게 된다. 필요한 만큼 F_1의 거듭제곱을 사용하여, 조건

$$|f_1(p_1)| \geq 2, \qquad \sup_{z \in K_1} |f_1(z)| < 10^{-10}$$

을 만족하는 $f_1 \in \mathcal{O}(\Omega)$를 구성할 수 있다.[2] 이제 귀납적으로 각 k마다 조건

$$|f_k(p_k)| \geq k + 1 + \sum_{j=1}^{k-1} |f_j(p_k)|, \quad \sup_{z \in K_k} |f_k(z)| \leq 10^{-10k}$$

[2]우리도 영역 또는 복소다양체 Ω 위에 정의된 해석함수 전체의 집합을 나타내는 기호 $\mathcal{O}(\Omega)$를 쓰기로 한다.

를 만족하는 $f_k \in \mathcal{O}(\Omega)$ 를 구성한 다음

$$g(z) := \sum_{j=1}^{\infty} f_j(z)$$

루 두자. 이 급수는 Ω의 임의의 콤팩트 부분집합 위에서 고르게 절대수렴 (uniformly and absolutely convergent) 하므로 $g \in \mathcal{O}(\Omega)$ 가 당연히 성립한다. 게다가

$$\begin{aligned} |g(p_j)| &\geq |f_j(p_j)| - \sum_{k=1}^{j-1} |f_k(p_j)| - \sum_{k-j+1}^{\infty} |f_k(p_j)| \\ &\geq j + 1 - \sum_{k=j+1}^{\infty} (10^{-10})^k \\ &\geq j \end{aligned}$$

가 임의의 j 에 대해 성립한다. 이로써 카르탕/툴렌 정리의 증명이 끝났다. □

이 정리는 훌륭해 보이지만, 영역이 하나 주어지면 그것이 해석볼록인지 아닌지는 이 정리를 적용하여도 그리 쉽게 판정할 수 없어 보인다. 따라서 이 분야의 연구자들이 더 나은 필요충분 조건, 즉 보다 "직관적인" 조건을 찾으려는 연구를 계속하였던 것은 충분히 이해할 만하다.

2.3 준볼록영역과 다중 버금조화 채움함수

정의 2.3.1 (하톡스 준볼록성) 단위원반(unit disc) $D = \{z \in \mathbb{C}\colon |z| < 1\}$와 닫힌 단위원반 $\overline{D} = \{z \in \mathbb{C}\colon |z| \le 1\}$에 대하여 연속함수 $h\colon \overline{D} \to \mathbb{C}^n$가 D에 국한되었을 때에 해석함수가 되는 성질을 가지면, 즉 $h \in \mathcal{O}(D, \mathbb{C}^n)$이면 이를 **해석원반(holomorphic disc)**이라 부른다.

계속해서, $\mathbb{C}^n$의 열린 부분집합 Ω가 주어졌을 때, 해석원반족 $h_t \in \mathcal{O}(D, \mathbb{C}^n) \cap \mathcal{C}^0(\overline{D}, \mathbb{C}^n), 0 \le t \le 1$, 중에서, 대응관계 $t \to h_t$가 연속인 경우를 생각하기로 하자. 조건

$$h_0(\overline{D}) \cup \bigcup_{0 \le t \le 1} h_t(\partial D) \subset \Omega$$

가 만족될 때마다 또다른 조건

$$\bigcup_{0 \le t \le 1} h_t(\overline{D}) \subset \Omega$$

가 성립하면, Ω가 **하톡스 준볼록(Hartogs pseudoconvex)** 하다고 정의한다.

이런 정의를 만드는 것은 쉽지 않아 보인다. 만들어진 정의를 보면, 그리고 다음 정리까지 보고나서 고개를 끄덕일 수는 있지만... 역시 하톡스 교수의 업적은!... 이라는 감탄이 절로 나온다.

정리 2.3.1 (하톡스) $\mathbb{C}^n$ 안에 있는 영역이 해석볼록하면, 하톡스 준볼록성을 만족한다.

이 정리의 증명은 자명하다. 영역 Ω가 콤팩트 집합 $K := h_0(\overline{D}) \cup \bigcup_{0\le t\le 1} h_t(\partial D)$를 포함한다면, 이 영역 안에서 K의 해석포장(holomomorphic hull) $\hat{K}$가

$$\hat{K} \supset \bigcup_{0\le t\le 1} h_t(\overline{D})$$

를 만족하기 때문이다. 하지만 이 정리의 역명제를 증명하는 것은 그리 단순하지 않다.[3]

[3]이에 대한 토의는 일단 뒤로 미룬다. 이 부분이 레비 문제를 다루는 것을 목표로 하고 있는 이 장 전체에서 가장 중요하고도 예민한 부분이다.

2.4 영역과 정의함수, 레비 형식 및 레비 준볼록성

계속해서 레비 준볼록성 (Levi pseudoconvexity) 개념을 소개한다.[4] 먼저 미적분학/미분기하학적 관점에서 다루기 쉬운 영역을 소개하려고 한다.

정의 2.4.1 $\mathbb{C}^n$ 안의 영역 Ω가 주어지되, 그 폐포(closure)를 포함하는 적절한 열린 근방 U 안에 정의된 C^1급 함수 $\rho\colon U \to \mathbb{R}$가 두 조건

(1) $\Omega = \{z \in U : \rho(z) < 0\}$.

(2) $\rho(p) = 0$를 만족하는 임의의 $p \in U$에 대하여 $d\rho|_p \neq 0$.

를 만족하면, 함수 ρ를 영역 Ω의 **정의함수 (defining function)**라고 부른다.

정의함수는 유일하게 주어지지 아니한다. 영역 Ω의 정의함수가 위의 정의에서 처럼 하나 주어지면 곧바로 U 위에 정의된 매끄러운 양수함수를 아무거나 하나 선택하여 그 정의함수에 곱해도 바로 위의 두 조건을 만족하는 함수가 되기 때문이다. 하지만 임의의 두 정의함수는 이처럼 적절히 미분가능한 양수함수의 곱의 애매한 점 외에 다른 애매한 점을 딱히 가지지 않으므로 위 정의는 별 저항 없이 널리 받아들여지고 있다.

[4]에우제니오 엘리아 레비 Eugenio Elia Levi (1883–1917, 이탈리아)에 의해 제시된 것으로 알려진 개념이다. 벱포 레비(Beppo Levi)와 더불어 형제 수학자였고, 군론과 편미분방정식 및 다변복소함수론에 상당한 기여를 하였다. 세계 제1차 대전에 참전, 전사하였다고 한다 (출처: 영문 위키피디아).

한편, $k \geq 1$인 경우에는 정의함수가 $\mathcal{C}^k$ 급이면, 영역 Ω의 경계(boundary) $\partial\Omega$가

$$\partial\Omega = \{z \in U : \rho(z) = 0\}$$

로 주어지고, 이 정의는 정의함수 ρ의 선택에 영향을 받지 않음이 자명하다. 그리고, 음함수정리에 의하여 이 경계가 $\mathcal{C}^k$ 급 초곡면(hypersurface)이 되는 것도 알 수 있다.

문제 2.4.1 역으로, $\mathbb{C}^n$ 안의 영역 Ω의 경계 (위상수학적 정의에 의한 경계)가 매끄러운 $\mathcal{C}^k$ 급 초곡면이면, 이 영역이 $\mathcal{C}^k$ 급 성의함수를 가짐을 보여라. [귀띔: 매끄러운 단위분할(smooth partitions of unity)을 이용하면 쉽게 해결된다.]

이제 영역 $\Omega \subset \mathbb{C}^n$의 정의함수 ρ가 $\mathcal{C}^2$ 급인 경우를 생각하자. 경계점 $p \in \partial\Omega$가 주어졌으면, 벡터

$$\nabla\rho(p) = \Big(\frac{\partial\rho}{\partial z_1}\Big|_p, \ldots, \frac{\partial\rho}{\partial z_n}\Big|_p\Big)$$

는 이 점에서 경계의 접공간을 아래와 같이 정의한다. 즉,

$$T_p(\partial\Omega) = \{v = (v_1, \ldots, v_n) \in \mathbb{C}^n : \mathrm{Re}\sum_{j=1}^n \bar{v}_j \frac{\partial\rho}{\partial z_j}\Big|_p = 0\}$$

가 실수 $2n-1$차원 실 접공간 (the real (extrinsic) tangent space of real dimension $2n-1$)을 정의하게 되고, 동시에 이 공간의 최대 복소 부분공간인 복소 접공간 $H_p(\partial\Omega) = T_p(\partial\Omega) \cap \sqrt{-1}T_p(\partial\Omega)$

는 복소 $n-1$차원 공간이며

$$H_p = \Big\{ v = (v_1, \ldots, v_n) \in \mathbb{C}^n \colon \sum_{j=1}^{n} \bar{v}_j \frac{\partial \rho}{\partial z_j}\Big|_p = 0 \Big\}$$
$$= \Big\{ v = (v_1, \ldots, v_n) \in \mathbb{C}^n \colon \sum_{j=1}^{n} v_j \frac{\partial \rho}{\partial z_j}\Big|_p = 0 \Big\}$$

로 정의된다.

이제 복소 공간 $\mathbb{C}^n$ 안의 열린 영역 U 위에 정의된 $\mathcal{C}^2$급 실수함수 $\varphi\colon U \to \mathbb{R}$를 생각하자. 그러면 아래와 같이 정의되는 에르미트형 선형 형식

$$\mathcal{L}_{\varphi,p}(v, w) := \sum_{j,k=1}^{n} \frac{\partial^2 \varphi}{\partial z_j \partial \bar{z}_k}\Big|_p v_j \bar{w}_k$$

를 점 p에서 함수 φ의 **레비 형식(Levi form)**이라고 부른다.[5]

정의 2.4.2 바로 위에 소개한 정의를 그대로 사용하여, 만일 $\mathcal{C}^2$급 함수 $\varphi\colon U \to \mathbb{R}$가 조건

$$\mathcal{L}_{\varphi,p}(v, v) = 0, \quad \forall p \in U \;\&\; \forall v \in \mathbb{C}^n$$

를 만족하면, 함수 φ를 **다중조화함수(pluriharmonic function)**라고 부른다. 만일 등호 대신, 임의의 p, v에 대하여 $\mathcal{L}_{\varphi,p}(v, v) \geq 0$를 만족하면 함수 φ를 **다중 버금조화함수(pluri-subharmonic function)**, 거꾸로 $\mathcal{L}_{\varphi,p}(v, v) \leq 0$를 만

[5]복소 헤쎄 형식(Complex Hessian)이라고 부르는 경우도 있다.

족하면 함수 φ를 **다중 초과조화함수(pluri-superharmonic function)**라고 부른다.

실제로 이 정의 보다는 연속함수 또는 반연속함수를 이용한 정의가 보다 더 일반적이다. 예를 들면 임의의 $v \in \mathbb{C}^n$과 $p \in U$ 그리고 적절한 $r > 0$에 대하여 반지름 r이며 원점을 중심으로 한 복소평면 안의 원반 $D(0,r)$에 정의된 임의의 복소 선형함수 $h(\zeta) := \zeta v + p$: $[\zeta \in D(0,r) \to h(\zeta) \in U]$에 대하여 $\varphi \circ h$가 조화함수이면 φ를 다중조화함수라 정의하고, $\varphi \circ h$가 버금조화 함수이면 (이 경우에는 φ의 위쪽 반 연속성(upper semicontinuity)을 가정하면 충분!) φ를 다중 버금조화 함수, 그리고 만일 $-\varphi \circ h$가 초과조화 함수이면 (이 때에는 φ가 아래쪽 반 연속성을 가져야 한다!) φ를 다중 초과조화 함수로 정의하는 것이 보다 일반적이다. 함수 φ가 $\mathcal{C}^2$급이면 물론 이는 위 정의와 동등하다. 하지만 이런 정의를 자세히 따져 보는 일은 독자에게 맡겨 두고 건너 뛰면서, 레비 준볼록성 개념을 설명하려고 한다.

정의 2.4.3 $\mathbb{C}^n$의 부분집합인 영역 Ω의 정의함수 ρ가 $\mathcal{C}^2$급이라고 가정하자. 경계점 $p \in \partial\Omega$에 대하여 만일 임의의 $v \in p$, 즉 조건

$$\sum_{j=1}^{n} v_j \frac{\partial \rho}{\partial z_j}\Big|_p = 0$$

를 만족하는 임의의 $v = (v_1, \ldots, v_n) \in \mathbb{C}^n$에 대하여 정의

함수의 레비 형식이 부등식

$$\mathcal{L}_{\rho,p}(v,v) := \sum_{j,k=1}^{n} \frac{\partial^2 \rho}{\partial z_j \partial \bar{z}_k}\Big|_p v_j \bar{v}_k \geq 0$$

를 만족하면 **영역 Ω가 경계점 p에서 레비 준볼록(Levi pseudoconvex)**이라 하고, 만일 더 나아가 임의의 경계점에서 레비 준볼록인 경우에는 **영역 Ω를 레비 준볼록(Levi pseudoconvex)**이라 부르기로 한다.

레비 형식이 에르미트 형식임에 착안하여 보다 제한적인 경우를 생각할 수 있는데 이를 따로 정의해 두기로 한다.

정의 2.4.4 위 정의와 같은 환경에서 다시 출발하자. 만일 경계점 p에서 정의함수 ρ의 레비 형식이 *0*벡터가 아닌 임의의 벡터 $v \in H_p$에 대하여 조건

$$\mathcal{L}_{\rho,p}(v,v) > 0$$

를 만족하면, 영역 Ω가 **점 p에서 매우 레비 준볼록(Levi strictly pseudoconvex)**하다고 정의하고, 더 나아가 만일 모든 경계점에서 매우 레비 준볼록 한 경우에는 영역 자체가 **매우 레비 준볼록**하다고 정의하기로 한다.

레비 준볼록성은 영역의 경계가 제한된 경우에만 정의되어 있기는 하지만 어쨌든 일단 영역과 정의함수가 주어지면 준볼록

여부를 따지기는 쉽게, 정의가 만들어져 있다는 점은 고무적이다. 따라서 두 가지 의문이 생기는 것 역시 자연스럽다.

가. 레비 준볼록성과 하톡스 준볼록성 사이에는 어떤 관계가 있을까?

나. 레비 준볼록성을 경계가 매끄럽지 않은 일반적인 영역에도 정의할 수 있을까?

질문 "나"에 대하여는 이미 레비 스스로 대답한 바 있다. 아래 정의가 그것이다.

정의 2.4.5 만일 영역 Ω가 매끄러운 경계를 가지며 레비 준볼록인 부분영역들로 이루어진 영역열

$$\Omega_1 \subset \Omega_2 \subset \cdots \subset \Omega_j \subset \cdots \subset \Omega$$

를 수용하고 조건

$$\Omega = \bigcup_{j=1}^{\infty} \Omega_j$$

를 만족하면, Ω를 **레비 준볼록(Levi pseudoconvex)**하다고 정의한다.

형식논리적으로 볼 때, 조금 더 강한 조건을 요구할 수도 있겠다. 영역을 매우 레비 준볼록한 부분영역의 증가하는 영역열의 합집합으로 표현되도록 요구하는 것이 그것인데, 그런 조건과

위에 소개한 레비 준볼록 조건의 차이가 있을까? 확인해 보기로 하자.

위의 정의에 나타난 레비 준볼록 부분영역 Ω_j 의 정의함수를 ρ_j 라 두고 충분히 빠른 속도로 0 에 수렴하는 양수열 $\{\epsilon_j\}$ 을 택하고 $\hat{\rho}(z) := \rho_j(z) + \epsilon_j\|z\|^2$ 를 정의함수로 가지는 영역 $\hat{\Omega}_j := \{z\colon \hat{\rho}_j(z) < 0\}$ 들을 생각하면, 조건 $\hat{\Omega}_j \subset \Omega_j$ 이 임의의 j 에 대해 성립하며, 또한 적절한 자연수 N 에 대하여

$$\Omega = \bigcup_{j \geq N} \hat{\Omega}_j$$

도 성립하게 된다. 게다가 임의의 j 에 대하여 영역 $\hat{\Omega}_j$ 는 매우 레비 준볼록하다는 것도 쉽게 확인된다. 따라서 레비 준볼록인 영역은 매우 레비 준볼록인 부분영역들이 이루는 증가 영역열의 합집합으로 표현됨을 알 수 있고, 따라서 일반적인 레비 준볼록성과 매우 (레비) 준볼록한 부분영역의 합집합으로 표현된다는 성질이 완전히 동등함을 알 수 있다.

도움정리 2.4.1 **Ω 가 C^2 급이고 매우 준볼록한 경계를 가지는 유계 영역이라고 하자. 그러면 이 영역은 "참 다중버금조화(strictly plurisubharmonic)" 정의함수, 즉 적절한 양수 C 에 대하여 조건**

$$\mathcal{L}_{\tilde{\rho},p}(v,v) \geq C\|v\|^2,\ \forall v \in \mathbb{C}^n$$

를 만족하는 정의함수 $\tilde{\rho}$ 를 가진다.

증명. 간결한 표현을 위해

$$\rho_j := \frac{\partial \rho}{\partial z_j}, \qquad \rho_{\bar{j}} := \frac{\partial \rho}{\partial \bar{z}_j}$$

$$\rho_{j\bar{k}} := \frac{\partial^2 \rho}{\partial z_j \partial \bar{z}_k}$$

등의 기호를 쓰기로 하자. 영역 Ω가 매우 레비 준볼록이라는 조건 때문에, 이 영역의 $\mathcal{C}^2$급 정의함수를 임의로 하나 선택하여 ρ라 쓰면, 적절한 양수 C_1이 존재하여 조건

$$\sum_{j=1}^{n} \rho_j(p) v_j = 0 \tag{2.4}$$

와 $\|v\|^2 := \sum_{j=1}^{n} |v_j|^2 = 1$를 만족하는 임의의 벡터 $v = (v_1, \ldots, v_n)$에 대하여 부등식

$$\sum_{j,k=1}^{n} \rho_{j\bar{k}}(p) v_j \bar{v}_k \geq C_1 \tag{2.5}$$

가 성립하게 된다. 이제 집합 $S := \{v \in \mathbb{C}^n : \|v\| = 1\}$과

$$W := \Big\{(p, v) \in \partial\Omega \times S : \sum_{j,k=1}^{n} \rho_{j\bar{k}}(p) v_j \bar{v}_k \leq 0\Big\}$$

를 생각하자. W가 콤팩트 집합이므로, 부등식

$$-C_2 \leq \sum_{j,k=1}^{n} \rho_{j\bar{k}}(p) v_j \bar{v}_k \tag{2.6}$$

가 모든 $(p, v) \in W$에 대해 성립하게 하는 양수 C_2가 존재한다. 또한 이 집합 위에서는 $\sum_{j=1}^{n} \rho_j(p) v_j$가 0이 되지 않으므로, 부등식

$$\Big\| \sum_{j=1}^{n} \rho_j(p) v_j \Big\| \geq C_3, \ \forall (p, v) \in W \tag{2.7}$$

가 성립하게 하는 적절한 양수 C_3도 존재함을 알 수 있다.

이제 상수 $\lambda > 0$에 대하여

$$\tilde{\rho}(z) = \frac{1}{\lambda}(e^{\lambda \rho(z)} - 1\}$$

로 두면, 이 함수도 Ω의 정의함수가 되는 것은 당연하다. 그리고

$$\tilde{\rho}_{j\bar{k}} = (\rho_{j\bar{k}} + \lambda \rho_j \rho_{\bar{k}}) e^{\lambda \rho(z)}$$

가 직접 계산에 의해 도출되기 때문에

$$\begin{aligned} &\sum_{j,k=1}^{n} \tilde{\rho}_{j\bar{k}}(p) v_j \bar{v}_k \\ &\qquad = e^{\lambda \rho(p)} \Big(\sum_{j,k=1}^{n} \rho_{j\bar{k}}(p) v_j \bar{v}_k + \lambda \sum_{j,k=1}^{n} \rho_j \rho_{\bar{k}}(p) v_j \bar{v}_k \Big) \\ &\qquad = e^{\lambda \rho(p)} \bigg(\sum_{j,k=1}^{n} \rho_{j\bar{k}}(p) v_j \bar{v}_k + \lambda \Big\| \sum_{j=1}^{n} \rho_j(p) v_j \Big\| \bigg) \end{aligned}$$

를 얻는다. 한편 임의의 경계점 $p \in \partial\Omega$에 대하여 단위벡터 $v \in \mathbb{C}^n$가 조건 $\sum_{j=1}^{n} \rho_j(p) v_j \neq 0$를 만족하는 경우에는, 조건 $(p, v) \in W$이나, 부등식 조건 $\sum_{j,k=1}^{n} \rho_{j\bar{k}}(p) v_j \bar{v}_k > 0$의 둘 중 하나가 반드시 만족되어야 하므로, 첫 번째 조건을 만족하는

경우에는

$$\begin{aligned}\sum_{j,k=1}^{n} \tilde{\rho}_{j\bar{k}}(p)v_j\bar{v}_k &\geq \min\{-C_2+\lambda C_3\}e^{\lambda\rho(p)} \\ &= \min\{-C_2+\lambda C_3\}\end{aligned}$$

가 성립하게 되고, 그 반면에 두 번째 조건 $\sum_{j=1}^{n} \rho_j(p)v_j = 0$를 만족하는 경우에는 (2.5)가 작동하므로 부등식

$$\sum_{j,k=1}^{n} \tilde{\rho}_{j\bar{k}}(p)v_j\bar{v}_k \geq C_1 e^{\lambda\rho(p)} = C_1$$

가 성립하게 된다. 따라서 양수 λ를 충분히 크게 잡으면 적당한 양수 C가 존재하여 부등식

$$\sum_{j,k=1}^{n} \tilde{\rho}_{j\bar{k}}(p)\frac{v_j}{\|v\|}\frac{\bar{v}_k}{\|v\|} \geq C, \quad \forall v \in \mathbb{C}^n \setminus \{0\}$$

가 성립하게 된다. 이 λ 값에 의해 주어지는 새 정의함수 $\tilde{\rho}$가 원하는 모든 조건을 만족하는 참 다중 버금조화 함수가 되므로 증명이 완결되었다. □

이제 아래 결과를 증명할 수 있게 되었다.

정리 2.4.2 만약 Ω가 $\mathbb{C}^n$ 안에 있는 레비 준볼록 영역이면, 이 영역은 항상 하톡스 준볼록하다.

증명. 복소평면 $\mathbb{C}$ 안에 있는 열린 단위원반을 기호 D로 표시하기로 하고, 조건

$$K := h_0(\overline{D}) \cup \bigcup_{0\le t\le 1} h_t(\partial D) \subset \Omega$$

를 만족하며 대응관계 $t \to h_t$가 연속인 해석원반족 $h_t \in \mathcal{O}(D, \mathbb{C}^n) \cap \mathcal{C}^0(\overline{D}, \mathbb{C}^n), 0 \le t \le 1$이 임의로 주어졌다고 하자. K가 콤팩트 집합이라는 조건과 Ω가 레비 준볼록이라는 조건 때문에, 조건 $K \subset \Omega_1 \subset \Omega$을 만족하는 매우 레비 준볼록인 유계 부분영역 Ω_1이 영역 Ω 안에 존재하게 된다. 위의 보조정리 2.4.1를 적용하면 영역 Ω_1의 정의함수 중에서 참 다중 버금조화함수인 것이 존재한다. 이 정의함수를 ψ라 두기로 하자.

이제 집합

$$T := \{t \in [0,1] \colon h_t(\overline{D}) \subset \Omega_1\}$$

를 생각하기로 하자. 우선 $0 \in T$가 주어졌으므로, T는 공집합이 아니다. 대응관계 $t \to h_t$가 연속이므로, T는 열린 집합이다. 만일 $[0, s) \subset T$가 성립한다면, $h_s(\overline{D}) \subset \overline{\Omega}_1$이 성립하게 될 것이다. 하지만 우리의 관심은 $h_s(\overline{D}) \subset \Omega_1$가 성립하는지 그 여부에 있다.

이제 $\psi \circ h_s(\zeta)$를 생각하면 $h_s(\partial D) \subset \Omega_1$라는 조건 때문에

$$\psi \circ h_s(\zeta) < 0, \quad \forall \zeta \in \partial D$$

가 성립한다. 그런데, $\psi \circ h_s$가 버금조화함수(subharmonic function)이기 때문에 최대값 정리를 적용할 수 있어서

$$\psi \circ h_s(\zeta) < 0, \quad \forall \zeta \in D$$

가 성립한다는 것을 알 수 있다. 따라서 $h_s(D) \subset \Omega_1$가 성립하게 된다. 결국 T는 $[0,1]$의 닫힌 부분집합이라는 결론을 얻게 되고, 이제까지 얻은 결과를 종합하면

$$\bigcup_{0 \le t \le 1} h_t(\overline{D}) \subset \Omega_1 \subset \Omega$$

라는 결론이 도출됨과 동시에 증명이 완결되었다. □

2.5 하톡스 준볼록성과 레비 준볼록성

이제 아래의 정리를 증명할 차례가 되었다.

정리 2.5.1 하톡스 준볼록 영역은 모두 레비 준볼록 영역이다.

이 정리 증명의 열쇠는 아래 도움정리에 들어있다. 우선 기호

$$\mathrm{dist}\,(z, A) = \inf_{w \in A} \|z - w\|$$

로 점과 집합 사이의 거리를 정의하기로 하자.

도움정리 2.5.2 $\mathbb{C}^n$ 안에 있는 영역 Ω가 하톡스 준볼록 영역이고 $\Omega \neq \mathbb{C}^n$ 이면, $h(z) := -\log \mathbf{dist}\,(z, \mathbb{C}^n \setminus \Omega)$가 Ω 위에 정의된 다중 버금조화 함수가 된다. [6]

증명. 함수 $d(z) := \mathrm{dist}\,(z, \mathbb{C}^n \setminus \Omega)$가 리프쉬츠 연속(Lipschitz continuous)이라는 것을 먼저 증명하기 위해, 두 점 $z, w \in \Omega$를 임의로 택한다. 그러면, 임의의 양수 ϵ에 대하여 조건

$$|z - z'| - \epsilon < d(z), \quad |w - w'| - \epsilon < d(w)$$

를 만족하는 점 $z', w' \in \mathbb{C}^n \setminus \Omega$이 존재한다. 이제 함수 d의 정의와 삼각부등식에 의하여

$$d(z) - d(w) < |z - w'| - (|w - w'| - \epsilon) < |z - w| + \epsilon$$

를 얻으며 같은 방법으로 $d(w) - d(z) < |w - z| + \epsilon$를 얻는다. 이 부등식이 고정된 z, w와 임의의 $\epsilon > 0$에 의해 성립하므로

$$|d(z) - d(w)| \le |z - w|, \quad \forall z, w \in \Omega$$

가 노출되어, 함수 $z \to d(z) \colon \Omega \to \mathbb{R}$의 리프쉬츠 연속성이 증명된다.

함수 $h(z)$의 다중 버금조화성을 증명하기 위해서는 다음 명제를 점검하는 것이 당연할 것이다.

(†) 임의의 $z_0 \in \Omega$가 주어졌을 때, $\|w\|$이 충분히 작은 임의의 $w \in \mathbb{C}^n$에 대하여 부등식

$$h(z_0) \le \frac{1}{2\pi} \int_0^{2\pi} h(z_0 + e^{it} w) dt$$

가 성립한다.

그런데 z_0, w를 위와 같이 정해 두고 잘 생각해 보면 이 명제는 아래 명제와 동등하다.

(‡) 조건 $h(z_0 + \zeta w) \le \mathbf{Re}\, f(\zeta)$ 를 만족하는 복소해석가능 다항식 $f(\zeta)$ 에 대하여 부등식

$$h(z_0) \le \mathbf{Re}\, f(0)$$

가 성립한다.

위에 서술한 두 명제가 동등한 것은 쉽게 점검할 수 있다. (†) $\Rightarrow$ (‡)는 당연하고, 역은 스톤-바이에르슈트라스 근사정리에 (의해 바로 따라 오기 때문이다.[7] 따라서 이제 (‡)를 증명하는 것이 목표가 되었다.

이제 $\|a\| = 1$을 만족하는 임의의 $a \in \mathbb{C}^n$ 을 택하고, 조건 $0 \le \lambda \le 1$을 만족하는 상수 λ를 생각한 다음

$$g_\lambda(\zeta) := z_0 + \zeta w + \lambda e^{-f(\zeta)} a$$

를 생각하면 이것은 물론 연속인 해석원반족(continuous family of analytic discs)를 이룬다. 지금은 조건 $g_\lambda(\overline{D}) \subset \Omega$가 모든 $\lambda \in [0, 1]$에 대해 성립하는지 알고 싶다. $\zeta \in \mathbb{C}$가 조건 $|\zeta| = 1$를 만족한다면, $e^{-\mathrm{Re}\, f(\zeta)} = |e^{-f(\zeta)}|$ 때문에 (‡)의 가정에 주어진 조건이

$$\mathrm{dist}\,(z_0 + \lambda w, \mathbb{C}^n \setminus \Omega) \ge e^{-\mathrm{Re}\, f(\zeta)} = |e^{-f(\zeta)}|$$

[7]H. M. Stone (1903-1989 미국): Weierstrass의 근사정리를 1930년에 보다 기본적이고 나은 방법으로 증명한 후 이를 꾸준히 개선하여 1948년에 오늘날 우리가 쓰는 일반적인 형태까지 발전시켰다.

가 성립한다는 것이어서, $g_\lambda(\partial D) \subset \Omega$가 모든 $\lambda \in [0,1]$에 대해서 성립하게 된다. 물론 $g_0(\overline{D}) \subset \Omega$가 성립하는 것은 당연하고, 따라서 Ω의 하톡스 준볼록성이 $g_\lambda(\overline{D}) \subset \Omega$가 모든 $\lambda \in [0,1]$에 대해 성립하게 해 준다. 그러므로 특히 $g_1(\overline{D}) \subset \Omega$가 성립하고, 따라서

$$z_0 + ae^{-f(0)} = g_1(0) \in \Omega$$

를 얻는데, 이것이 조건 $\|a\| = 1$을 만족하는 임의의 $a \in \mathbb{C}^n$에 대해 성립하므로, $\mathrm{dist}\,(z_0, \mathbb{C}^n \setminus \Omega) \geq |e^{-f(0)}| = e^{-\mathrm{Re}\,f(0)}$가 도출되고 이로부터

$$h(z_0) = -\log \mathrm{dist}\,(z_0, \mathbb{C}^n \setminus \Omega) \leq \mathrm{Re}\,f(0)$$

를 얻으며, 이로써 증명이 완결된다. □

따름정리 2.5.3 **영역 Ω가 하톡스 준볼록이면 참 다중 버금조화성을 만족하는 채움함수(exhaustion function)를 가진다.**

증명은 단순하다. 위에서 구성한 다중 버금조화함수를 조정하여

$$\Phi(z) = \|z\|^2 + \max\{\|z\|^2, -\log \mathrm{dist}\,(z, \mathbb{C}^n \setminus \Omega)\}$$

를 구성하면 이 함수가 Ω의 참 다중 버금조화 채움함수가 되기 때문이다.

이 결과를 또 한 번 다듬으려 한다.

정리 2.5.4 Ω가 하톡스 준볼록 영역이면, 이 영역에 정의된 함수로서 채움함수이고 $\mathcal{C}^\infty$급이며 참 다중 버금조화성을 가지는 것이 존재한다.

증명. 바로 위에 소개한 함수

$$\Phi(z) = \|z\|^2 + \max\{\|z\|^2, -\log \operatorname{dist}(z, \mathbb{C}^n \setminus \Omega)\}$$

를 사용한다. 우선 양의 정수 j 각각에 대하여

$$\Omega_j := \{z \in \Omega \colon \Phi(z) < j\}$$

로 정의하고, 조건 $\varphi(0) > 0, 0 \leq \varphi \leq 1$과 조건 $\operatorname{supp} \varphi \Subset \mathbb{C}^n$, $\int_{\mathbb{C}^n} \varphi = 1$ 등을 모두 만족하는 $\mathcal{C}^\infty$급 함수를 이용하여,

$$\Phi_j(z) := \int_{\Omega_{j+1}} \Phi(\zeta)\epsilon_j^{-2n}\varphi\Big(\frac{z-\zeta}{\epsilon_j}\Big) d\mathrm{vol}_\zeta + 2\|z\|^2$$

를 정의하기로 하자. 조건 $0 < \epsilon_j < \operatorname{dist}(\Omega_{j+1}, \mathbb{C}^n \setminus \Omega)$를 만족하면서 충분히 작은 ϵ_j를 택하면, Φ_j는 Ω_{j+1}에서 참 다중 버금조화함수가 될 뿐 아니라 $\overline{\Omega}_j$ 위에서 부등식 $\Phi_j > \Phi$를 만족한다.

이제 $\mathcal{C}^\infty$급 함수 $\chi \colon \mathbb{R} \to \mathbb{R}$을 선택하되 조건

(1) $\chi(t) = 0, \ \forall t \leq 0$

(2) $\chi'(t) > 0,\ \forall t > 0$

(3) $\chi''(t) > 0,\ \forall t > 0$

를 모두 만족하도록 하자. 그런 다음

$$\Psi_j(z) := \chi(\Phi_j(z) - (j-1))$$

로 함수 Ψ_j 를 정의한다. 그러면 이 함수는 $\Omega_{j+1} \setminus \overline{\Omega}_j$ 위에서는 참 다중 버금조화성을 가지고, Ω_{j-2} 위에서는 그 값이 0이다. 따라서 Ψ_0 으로부터 출발하여 양수열 $a_1, a_2, \cdots$ 를 아래의 조건

(1) $\Psi_0 + a_1\Psi_1$ 이 Ω_1 위에서 참 다중 버금조화 함수이고 부등식 $\Psi_0(z) + a_1\Psi_1(z) > \Phi(z),\ \forall z \in \Omega_1$ 가 성립한다.

$\vdots$

(N) $\Psi_0 + a_1\Psi_1 + \cdots + a_N\Psi_N$ 이 Ω_1 위에서 참 다중 버금조화 함수이고 부등식 $\Psi_0(z) + a_1\Psi_1(z) + \cdots + a_N\Psi_N > \Phi(z),\ \forall z \in \Omega_N$ 가 성립한다.

들을 임의의 자연수 N 에 대하여 모두 만족하도록 귀납적으로 선택할 수 있다. 이렇게 하고 나면, 함수 $\Psi = \Psi_0 + \sum_{j=1}^{\infty} a_j\Psi_j$ 가 잘 정의되며 (물론 수렴하고) $\mathcal{C}^\infty$ 급으로 매끄럽고 영역 Ω 전체에서 참 다중 버금조화성을 가지는 채움함수 (exhaustion function) 가 되는 것은 쉽게 확인된다. 이로써 증명이 완결되었다. □

드디어 정리 2.5.1를 증명하기에 충분한 정보가 얻어졌다. 바로 위에 얻은 결과인 매끄러운 참 다중 버금조화 채움함수의 **버금등고집합 (sublevel set)**인 $\{z \in \Omega \colon \Psi(z) < r\}$ 들에 사드

(Sard)의 정리, 즉 **매끄러운 다양체 위에 정의된 매끄러운 실수 함수의 값은 측도 0인 집합을 제외하고는 모두 정규값(regular value)**이라는 유명한 사드(Sard) 정리를 적용하면 정리 2.5.1의 증명이 바로 따라온다. □

2.6 레비 문제

이제까지 해석영역 개념과 연관된 이론 전개를 요약해 보면 아래와 같이 정리된다. 다룬 성질들은

(A) 영역 $\Omega \subset \mathbb{C}^n$가 해석영역 **(domain of holomorphy)** 이다.

(B) Ω가 해석볼록 **(holomorphically convex)** 하다.

(C) Ω가 하톡스 준볼록 **(Hartogs pseudoconvex)** 하다.

(D) Ω가 연속 참 다중 버금조화 채움함수 **(continuous plurisubharmonic exhaustion function)** 를 가진다.

(E) Ω가 $\mathcal{C}^\infty$ 급 참 다중 버금조화 채움함수 **($\mathcal{C}^\infty$ smooth plurisubharmonic exhaustion function)** 를 가진다.

(F) Ω가 레비 준볼록 **(Levi pseudoconvex)** 하다.

들이며, 이들 사이의 논리적인 관계는

$$(A) \Leftrightarrow (B) \Rightarrow (C) \Rightarrow (D) \Rightarrow (E) \Rightarrow (F) \Rightarrow (C)$$

임을 보였다. 주어진 영역이 해석영역인지를 파악하기 위한 더 나은 정의를 추구하려는 "원래의" 목적만 생각하더라도 이제는 이들 성질이 모두 논리적으로 동등한지를 알고 싶게 되었고 이런 상황이라면 아래의 문제는 매우 자연스럽고도 의미 있다는 데에 동의하게 된다.

레비 문제: 명제 $(C) \Rightarrow (A)$**를 증명하여라.**

이것이 1950년대를 전후하여 수많은 수학자들이 해결하려고 노력하였던 유명한 레비 문제(The Levi problem)였다. 1960년대에 해결된 이 문제는 해결 이후에도 계속 연구되고 다듬어졌으며 대단히 깊이 있는 굉장한 파급효과를 많이 생성해냈다. 우리도 다음 장에서 이 문제의 해결과 파급효과로 나타난 주요 이론을 어느 정도 배우게 될 것이다.

다음 장에서 보게 되겠지만 위의 명제 중 (E)는 그 자체로 복소 유클리드 공간의 범주에 갇혀 있을 필요가 없는 성질이다. 따라서 여기에 정의를 하나 소개하려고 한다.[8]

정의 2.6.1 복소다양체 M이 $\mathcal{C}^\infty$급 참 다중 버금조화 채움 함수($\mathcal{C}^\infty$ smooth plurisubharmonic exhaustion function)를 가지면, 이 복소다양체를 **슈타인 다양체 (Stein manifold)**라 부른다.

[8] Karl Stein (1913-2000, 독일), 다변수복소함수론.

2.7 $\bar{\partial}$ 방정식과 하톡스 확장정리

이 장을 떠나기 전에 복소 2차원 이상에서만 성립하는 제거 가능 특이점에 관한 하톡스 확장정리 (Hartogs extension theorem)의 일반적인 형태를 하나 소개하려고 한다. 2중 차수 (bidegree)가 $(0,1)$인 미분형식에—용어를 되도록 간략히 유지하기 위해 $(0,1)$-**미분형식** $[(0,1)$-**form**$]$이라고 부르도록 하겠다—관한 편미분방정식을 이용한 증명을 소개할 예정이므로 필요한 개념과 기호 등을 먼저 소개하자.

우선 영역 $\mathbb{C}^n$ 위에 정의된 $\mathcal{C}^1$ 급 $(0,1)$-미분형식 f를 생각한다. 그러면 통상적으로 쓰이는 좌표계 $= (z_1, \ldots, z_n)$를 사용하면 적절한 $\mathcal{C}^1$ 급 함수 $f_1(z), \ldots, f_n(z)$들이 존재하여 표현

$$f(z) = \sum_{j=1}^{n} f_j(z) d\bar{z}_j$$

가 주어지게 된다. 한편 매끄러운 함수 $u\colon \mathbb{C}^n \to \mathbb{C}$가 주어졌을 때 $\bar{\partial}u$의 표현은

$$\bar{\partial}u(z) = \sum_{j=1}^{n} \frac{\partial u}{\partial \bar{z}_j}(z) d\bar{z}_j$$

가 된다. 따라서 방정식 $\bar{\partial}u = f$는 연립방정식 표현

$$\begin{cases} \frac{\partial u}{\partial \bar{z}_1}(z) = f_1(z) \\ \qquad \vdots \\ \frac{\partial u}{\partial \bar{z}_n}(z) = f_n(z) \end{cases}$$

와 같다.

$n > 1$인 경우에는 함수 u 하나가 두 개 이상의 방정식을 동시에 만족해야 한다는 점이 눈에 띈다. 특히 다른 조건이 없다면 이런 연립방정식의 답은 존재하기 어렵다. 그러나 가만히 관찰해 보면 $\bar\partial\bar\partial = 0$이 성립하고 있기 때문에 ($\mathbb{C}^n$의 복소구조는 물론 적분가능!) 방정식 $\bar\partial u = f$의 풀이로서 매끄러운 함수 u가 존재한다면, 식

$$\bar\partial f = \bar\partial\bar\partial u = 0$$

를 f가 만족하게 된다. 따라서 $\bar\partial$방정식 문제는

> **조건 $\bar\partial f = 0$를 만족하는 $f \in \Lambda^{0,1}(\Omega)$에 대하여 방정식 $\bar\partial u = f$의 풀이가 되는 $u \in \Lambda^{0,1}(\Omega) = \mathcal{C}^\infty(\Omega)$를 구하여라.**

로 구성하는 편이 보다 정확하겠고, 이 질문은 일반적으로 $(0,1)$ 형식 대신 조건 $\bar\partial f = 0$를 만족하는 (p,q) 미분형식 f에 대하여 풀이를 찾되, 매끄러운 함수 대신 $(p,q-1)$ 미분형식 u를 찾는 문제로 자연스럽게 일반화 된다.

이 문제의 일반적인 경우는 쉽지 않고, 나중에 다루겠지만 만일 f의 토대(support)—그 정의를 분명히 해야겠지만—가 콤팩트인 경우에는 적분 공식을 이용하여 풀이를 구할 수 있다. 이제 그 방법을 소개하려고 한다.

정의 2.7.1 다중지수 (multi-index) $I = (i_1, \ldots, i_p)$와 $\bar J = (\bar j_1, \ldots, \bar j_q)$가 $1 \le i_1 < \cdots < i_p \le n$, $1 \le j_1 < \cdots <$

$j_q \le n$를 만족하도록 하고, (p, q) 미분형식

$$\begin{aligned}\alpha(z) &= \sum f_{I\bar{J}}(z)\ dz_I \wedge d\bar{z}_J \\ &= \sum_{\substack{1\le i_1<\cdots<i_p\le n \\ 1\le j_1<\cdots<j_q\le n}} f_{I\bar{J}}(z) dz_{i_1} \wedge \cdots \wedge dz_{i_p} \wedge d\bar{z}_{j_1} \wedge \cdots \wedge d\bar{z}_{j_q}\end{aligned}$$

가 주어졌다면, α의 **토대(support)**는 각 계수함수의 토대의 합집합으로, 즉

$$supp\,\alpha = \bigcup_{I,\bar{J}} supp\, f_{I\bar{J}}$$

로 정의한다.

그린 정리와 동등한 기본 정리에서부터 출발해 보기로 하자.

도움정리 2.7.1 (코시/그린 정리) 복소평면 $\mathbb{C}$ 안에 있는 연결된 유계 영역 U의 경계가 구분적으로 C^1 급인 곡선이고, 함수 f가 이 영역의 **폐포(closure)**를 포함하는 적절한 영역에서 C^1 급이면, 임의의 점 $z \in U$에 대하여

$$f(z) = \frac{1}{2\pi i}\int_{\partial U} f(\zeta)\frac{d\zeta}{\zeta - z} + \frac{1}{2\pi i}\int_U \frac{\partial f}{\partial \bar{\zeta}}(\zeta)\frac{d\bar{\zeta}\wedge d\zeta}{\zeta - z}$$

가 성립한다.

증명은 비교적 평범하다. 점 z를 중심으로 한 충분히 작은 반지름 r인 원반 $D(z,r)$를 택한 다음, 우변의 마지막 항인 $\frac{1}{2\pi i}\int_{U\setminus D(z,r)} \frac{\partial f}{\partial \bar\zeta}(\zeta)\frac{d\bar\zeta\wedge d\zeta}{\zeta - z}$에 그린/스톡스(Green/Stokes) 정리를 적용하고 표현을 정리한 다음 $\lim_{r\to 0}$를 적용하면 (그러므로, 자연히 실변수함수론의 적분 수렴정리를 사용하게 된다.) 원하는 결론을 얻게 된다. 보다 자세한 증명을 구성하는 것은 독자에게 연습문제로 남겨 둔다.

정리 2.7.2 **조건 $\bar\partial f = 0$를 만족하는 $\mathbb{C}^n$의 매끄러운 $(0,1)$ 미분형식 $f = \sum_{j=1}^{n} f_j(z)d\bar z_j$의 "토대가 콤팩트 집합"이면, 함수**

$$u(z) := \frac{1}{2\pi i}\int_{\mathbb{C}} f_1(\zeta, z_2, \ldots, z_n)\frac{d\bar\zeta\wedge d\zeta}{\zeta - z}$$

가 방정식 $\bar\partial u = f$를 만족한다.

증명. 변수 치환 $\xi = \zeta - z_1$을 적용하고 적분기호와 미분기호의 치환 이론을 적용하면

$$\frac{\partial u}{\partial \bar z_k}\Big|_z = -\frac{1}{2\pi i}\int_{\mathbb{C}} \frac{\partial f_1(\xi + z_1, z_2, \ldots, z_n)}{\partial z_k}\frac{d\bar\xi\wedge d\xi}{\xi}$$

를 얻는다. 이제 조건 $\bar\partial f = 0$가 조건

$$\frac{\partial f_j}{\partial \bar z_k} = \frac{\partial f_k}{\partial \bar z_j}, \quad j,k = 1,\ldots,n$$

과 같다는 사실을 이용하여,

$$\begin{aligned}\left.\frac{\partial u}{\partial \bar{z}_k}\right|_z &= -\frac{1}{2\pi i}\int_{\mathbb{C}} \frac{\partial f_1(\xi+z_1, z_2, \ldots, z_n)}{\partial z_k}\frac{d\bar{\xi}\wedge d\xi}{\xi} \\ &= -\frac{1}{2\pi i}\int_{\mathbb{C}} \frac{\partial f_k(\xi+z_1, z_2, \ldots, z_n)}{\partial z_1}\frac{d\bar{\xi}\wedge d\xi}{\xi} \\ &= -\frac{1}{2\pi i}\int_{\mathbb{C}} \frac{\partial f_k(\xi+z_1, z_2, \ldots, z_n)}{\partial \xi}\frac{d\bar{\xi}\wedge d\xi}{\xi} \\ &= -\frac{1}{2\pi i}\int_{\mathbb{C}} \frac{\partial f_k(\zeta, z_2, \ldots, z_n)}{\partial \zeta}\frac{d\bar{\zeta}\wedge d\zeta}{\zeta - z_1}\end{aligned}$$

를 얻는데, 위 도움정리 2.7.1에 의하여 이 마지막 식이 $f_k(z)$와 같기 때문에 원하는 결론을 얻게 된다. □

보충 2.7.1 방금 소개한 풀이 함수 $u(z)$의 토대에 대해서 잠시 검토해 보자.

$$\begin{aligned}u(z) &= -\frac{1}{2\pi i}\int_{\mathbb{C}} f_1(\zeta, z_2, \ldots, z_n)\frac{d\bar{\zeta}\wedge d\zeta}{\zeta - z_1} \\ &= -\frac{1}{2\pi i}\int_{\mathbb{C}} f_1(z_1+\xi, z_2, \ldots, z_n)\frac{d\bar{\xi}\wedge d\xi}{\xi}\end{aligned}$$

는 조건 $z+(\xi, 0, \ldots, 0) \notin \operatorname{supp}\omega$ 가 임의의 $\xi \in \mathbb{C}$에 대해 성립하지 않는 한 일반적으로 *0*이 되는 것이 자명하지 않다. 그러므로 이 함수 u의 토대는 일반적으로 콤팩트 집합이라고 할 수 없다. 아마도 지금 당장 얻을 수 있는 일반적인 결론은

$$\begin{aligned}\operatorname{supp} u \subset \{&(z_1-\xi, z_2, \ldots, z_n) \in \mathbb{C}^n : \\ &(z_1, \ldots, z_n) \in \operatorname{supp}\omega, \quad \xi \in \mathbb{C}\}\end{aligned}$$

정도가 최선일 것이다.

이제 일반적인 하톡스 확장정리를 소개할 준비가 되었다.

정리 2.7.3 (하톡스 확장정리) *2* **보다 작지 않은 자연수** n **이 주어졌다고 하자.** $\mathbb{C}^n$ **안의 영역** Ω **의 부분집합** K **가 콤팩트이고,** $\Omega \setminus K$ **가 연결되어 있으면, 임의의 해석함수** $f\colon \Omega \setminus K \to \mathbb{C}$ **에 대하여 조건** $\tilde{f}(z) = f(z), \forall z \in \Omega \setminus K$ **를 만족하는 해석함수** $\tilde{f}\colon \Omega \to \mathbb{C}$ **가 존재한다.**

증명. 기호 $B^n(0;R) := \{z \in \mathbb{C}^n\colon \|z\| < R\}$ 와 공통부분 $\Omega \cap B^n(0;R)$ 을 생각하되, 충분히 큰 R 값을 택하면 K 는 $\Omega \cap B^n(0;R)$ 의 부분집합이 된다. 만일 이 정리가 K 를 포함하는 $\Omega \cap B^n(0;R)$ 의 연결된 성분 즉, 가장 큰 연결된 부분집합에 대해 증명되는 것을 보이면 충분하므로, 영역 Ω 자신이 연결된 부분영역이라고 가정하여도 증명의 일반성이 유지되는 것은 자명하다.

이제, 경계점 $p \in \partial\Omega$ 를 택하여 이 점이 원점이 되도록 $\mathbb{C}^n$ 의 좌표계를 조정하면서, 또한 동시에

$$\operatorname{Re} z_n > 0, \quad \forall z = (z_1, \ldots, z_n) \in \Omega$$

가 성립하게 할 수 있다. 이제, 또다른 콤팩트 집합 K_1 가 조건

$$K \subset K_1{}^\circ \subset K_1 \Subset \Omega,$$

를 만족하도록—여기에서 기호 A°는 집합 A의 가장 큰 열린 부분집합을 표시한다—택하자. 그러면 조건 $\operatorname{Re} z \geq \delta, \forall z \in K_1$가 성립하게 하는 양수 δ가 존재한다.

이제 매끄러운 단위분할 (partition of unity)을 사용하여 $\mathcal{C}^\infty$급 함수 $\psi\colon \Omega \to \mathbb{R}$를 구성하여 조건

$$0 \leq \psi \leq 1,\ \psi|_K = 1 \text{ 및 } \operatorname{supp} \psi \subset K_1$$

를 만족하게 한 다음

$$f_1(z) = (1 - \psi(z))f(z)$$

로 두자. 이 함수는 해석함수가 아니지만, 조건 $\operatorname{supp} f_1 \subset \Omega \setminus K$를 만족하고, $\partial\Omega$의 적절한 열린 근방에서는 해석적이며, 또한 임의의 $z \in \Omega \setminus K_1$가 조건 $f_1(z) = f(z)$를 만족한다. 따라서

$$\omega(z) := \begin{cases} \bar{\partial} f_1(z) & (z \in \Omega \setminus K\text{의 경우}) \\ 0 & (\text{그 외의 경우}) \end{cases}$$

는 $\mathbb{C}^n$ 위에 정의된 $\mathcal{C}^\infty$급 $(0,1)$ 미분형식으로서 그 토대가 조건 $\operatorname{supp} \omega \Subset \Omega \setminus K$를 만족시키므로, 콤팩트 집합이다. 뿐만 아니라 조건 $\bar{\partial}\omega = 0$를 $\mathbb{C}^n$ 전체에서 만족한다.

이제 방정식 $\bar{\partial} u = \omega$의 풀이로서 **정리 2.7.2**가 제공하는 함수 $u(z)$를 사용하기로 하자. 이 함수의 토대에 대한 토의로부터 $\operatorname{supp} u \subset \operatorname{supp} \omega + \{(\xi, 0, \ldots, 0) \in \mathbb{C}^n : \xi \in \mathbb{C}\}$가 성립했던 것을 기억하자.

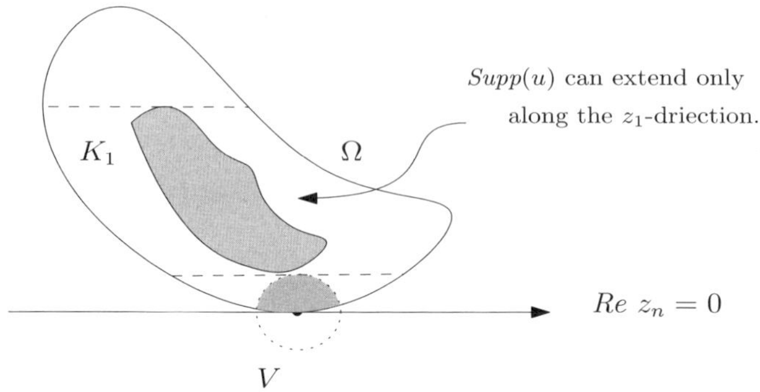

그림 2.3: 토대가 복소 1차원 방향으로만 늘어나기에...

정리의 가정과 같이 $n > 1$인 경우에는 $\operatorname{supp}\omega \Subset \Omega \subset \{\operatorname{Re} z_n > 0\}$가 성립하고 위에서 이미 $(0, \ldots, 0) \in \partial\Omega$가 되도록 조치하였기에 충분히 작은 양수 δ를 잡으면 집합 $V := B^n(0; \delta)$는 조건 $V \cap \Omega \neq \varnothing$과 $V \cap K_1 = \varnothing$를 만족하게 된다. 따라서 $u(z) = 0$가 임의의 $z \in V \cap \Omega$에 대하여 성립하게 된다.

이제 $\tilde{f}(z) = f_1(z) - u(z)$로 두면 증명이 끝나게 되었다. 임의의 $z \in \Omega$에 대하여

$$\bar{\partial} f|_z = \omega(z) - \bar{\partial} u(z) = 0$$

가 성립하므로, $\tilde{f}$는 해석함수이다. 그리고 만일 $z \in V \cap \Omega$인 경우에는 $z \notin K_1$가 성립하기 때문에 $\tilde{f}(z) = (1 - \psi(z))f(z) - u(z) = f(z)$가 성립한다. $\Omega \setminus K$가 연결되어 있기 때문에, 임의의 점 $z \in \Omega \setminus K$에 대하여 등식 $\tilde{f}(z) = f(z)$가 성립한다. 이로써 증명이 끝났다. □

보충 2.7.2 이 증명은 $n = 1$인 경우 성립하지 않는다. K_1이 영역 Ω 전체를 채워버릴 수 있기 때문이다. 물론 이 경우에는 하톡스 확장정리 자체가 성립할 수 없다. 원점이 제거된 구멍난 단위원반 위에서 $1/z$가 확실한 반례를 제공하기 때문이다. 반면에, 이와 같은 정리가 복소 2차원 이상에서 성립한다는 사실은 상당히 놀라운 일이 아닐 수 없다.

바로 위에 제시한 증명 방법론이 아래 결과를 도출한다. 증명 구성은 독자에게 연습문제로 남겨 둔다.

따름정리 2.7.4 **위의 경우 영역의 차원 n이 2 이상이고 $(0,1)$-미분형식 f의 토대가 Ω의 콤팩트 부분집합이면, 즉 supp $(f) \Subset \Omega$가 성립하면, 위의 방법으로 찾은, 방정식 $\bar{\partial}u = f$의 풀이 함수 u 역시 조건 supp $(u) \Subset \Omega$를 만족한다.**

3

$\bar{\partial}$ 방정식과 레비 문제 해결

3.1 복소 미분형과 쌍대사슬복체

이 절의 내용은 대부분이 형식적이지만, 이후의 이론 전개를 위해서는 꼭 필요하다.

이 책의 탐구 대상은 복소 유클리드 공간 $\mathbb{C}^n$ 안에 있는 복소영역이므로, $\mathbb{C}^n$의 표준 좌표계를 사용하여 필요한 개념과 기호 등을 소개하는 정도로 충분하다. 다양체의 경우로 확장하더라도 국소 좌표계와 그 외에 필요한 벡터다발 및 각종 텐서 등과 같은 개념을 주의 깊이 운용하는 점을 제외한다면 지금 소개하는 내용이 중요한 역할을 담당하게 될 것이다.

Ω를 $\mathbb{C}^n$의 열린 부분집합, 즉 복소영역이라 하자.[1] 복소좌표 $(z_1, \ldots, z_n)$와 각 좌표를 실수부와 허수부로 재구성한 기호 $z_j = x_j + \sqrt{-1}y_j$ 및 연산자 기호

$$\frac{\partial}{\partial z_j} = \frac{1}{2}\Big(\frac{\partial}{\partial x_j} - i\frac{\partial}{\partial y_j}\Big), \quad \frac{\partial}{\partial \bar{z}_j} = \frac{1}{2}\Big(\frac{\partial}{\partial x_j} + i\frac{\partial}{\partial y_j}\Big)$$

및

$$dz = dx + idy, d\bar{z} = dx - idy$$

[1]다수의 복소함수론 책은 열린 부분집합이 연결되어 있는(connected) 경우만으로 제한한다. 하지만 이 장의 이론 전개에는 열린 집합의 연결성이 그리 필요하지 않다. 만일 필요하게 되면 이를 별도로 명시할 예정이다.

등을 그대로 사용할 것이다. 물론 이들 기호는 시리즈의 제2권 미분다양체 이론에서 소개하였던 맥락을 따라 이해하면 적절하다. 예를 들어, 미분작용소를 주어진 영역에 정의된 벡터장으로 해석하면 되는 식이다. 하지만, 복소수 계수를 사용하는 경우에는 계수를 자연스럽게 확장하는 방법을 써야 한다. 즉, 허수단위 i를 마치 실수 상수인 것처럼 취급하는 것이다. 텐서곱(tensor product)과 쐐기곱(wedge product) 역시 허수단위를 실수처럼 취급하고 모든 선형함수를 복소수에 관한 선형함수로 취급하면 된다.

3.2 $\bar{\partial}$ 방정식과 코호몰로지 소멸 및 레비 문제

이제 앞 장의 마지막에 잠깐 언급하였던 레비 문제의 해법으로 들어가려고 한다. 필요한 내용과 이론 전개를 제공하면서, 가능하다면 다른 분야와의 연결고리 까지도 살펴보려는 것이 목표이다.

복소영역 Ω 위에 정의된 **복소** (p,q) **미분형식**을 먼저 정의하기로 하자. 조건 $1 \le i_\mu, j_\nu \le n$를 만족하는 정수 i_μ, j_ν 들이 $\mu \in \{1,\ldots,p\}$와 $\nu \in \{1,\ldots,q\}$에 따라 정해지면 다중첨수 $I = (i_1,\ldots,i_p), J = (j_1,\ldots,j_q)$ 도 정의된다. 첨수에 마치 켤레복소수 기호처럼 $\bar{3}$이라고 쓰는 것은 그냥 3을 쓰는 것과 같지만 이 기호가 $d\bar{z}_3$과 같은 켤레복소수를 포함하는 양과 관련이 있음을 표시하기 위한 배려일 뿐이다. 이제 이 영역에 정의된 미분가능한 함수 $f_{I\bar{J}}(z)$들을 계수로 가지는 복소미분형식이라는 것은

$$\begin{aligned}\alpha(z) &:= \sum_{I\bar{J}} f_{I\bar{J}}(z) dz_I \wedge d\bar{z}_J \\ &:= \sum_{I\bar{J}} f_{I\bar{J}}(z) dz_{i_1} \wedge \cdots \wedge dz_{i_p} \wedge d\bar{z}_{j_1} \wedge \cdots \wedge d\bar{z}_{j_q}\end{aligned}$$

들을 말한다. 이 표현에 자연스럽게 등장하는 (p,q)는 **이중 차수 (bidegree)**라는 이름을 가지고 있다.

물론 **외미분작용소 (exterior differentiation)** d가 복소선형적으로 확장되어 이들 복소미분형식에 적용되는데, 특히 이 작용소보다 더 세분화된 작용소인 ∂는

$$\partial\alpha = \sum_{k=1}^{n} \frac{\partial f_{I\bar{J}}}{\partial z_k} dz_k \wedge dz_I \wedge d\bar{z}_J$$

로 정의되고, $\bar{\partial}$ 작용소는

$$\bar{\partial}\alpha = \sum_{k=1}^{n} \frac{\partial f_{I\bar{J}}}{\partial \bar{z}_k} d\bar{z}_k \wedge dz_I \wedge d\bar{z}_J$$

로 정의된다. 그러면

$$d = \partial + \bar{\partial},\ dd = 0,\ \partial\partial = 0,\ \bar{\partial}\bar{\partial} = 0$$

등이 성립하는데 이를 확인하는 것은 독자에게 연습문제로 남겨두기로 한다.

이제 우리가 목표로 하는 기술적인 정리부터 소개하려고 한다. 먼저 앞에서 소개한 바와 같이 복소영역 Ω 위에 정의되는 $\mathcal{C}^\infty$ 급 (p,q) 미분형식의 집합을 $\Lambda^{p,q}(\Omega)$ 으로 쓰고, 앞에서 정의한 $\bar{\partial}$ 작용소를 생각하면 미분다양체 이론에서 소개된 드람(De Rham) 복체와 유사한 쌍대사슬복체 (cochain complex)

$$\Lambda^{p,q-1}(\Omega) \xrightarrow{\ \bar{\partial}\ } \Lambda^{p,q}(\Omega) \xrightarrow{\ \bar{\partial}\ } \Lambda^{p,q+1}(\Omega)$$

가 자연스럽게 등장한다. 조건 $\bar{\partial}\bar{\partial} = 0$와 포함관계 조건

$$\begin{aligned} &\mathrm{Im}\,(\bar{\partial}\colon \Lambda^{p,q-1}(\Omega) \to \Lambda^{p,q}(\Omega)) \\ &\qquad \subset \mathrm{Ker}\,(\bar{\partial}\colon \Lambda^{p,q}(\Omega) \to \Lambda^{p,q+1}(\Omega)) \end{aligned}$$

가 논리적으로 동치인 조건임은 분명하고, 따라서 자연스럽게

코호몰로지 벡터공간

$$H^{p,q}(\Omega) := \frac{\mathrm{Ker}\,(\bar{\partial}\colon \Lambda^{p,q}(\Omega) \to \Lambda^{p,q+1}(\Omega))}{\mathrm{Im}\,(\bar{\partial}\colon \Lambda^{p,q-1}(\Omega) \to \Lambda^{p,q}(\Omega))}$$

가 만들어진다. 그렇다면 앞에서 소개한 $(0,1)$ 미분형식 f에 대한 $\bar{\partial}$ 문제 $\bar{\partial}u = f$의 풀이인 함수 u의 존재 문제는 정확히

『$H^{0,1}(\Omega) = 0$ **임을 증명하라.**』

와 같은 문제가 된다. 이런 형식논리적인 토의가 문제 해결에 실질적인 도움을 주는 것 같지는 않겠지만, 문제와 필요한 생각을 정리하는 데에는 상당한 편의를 제공하기도 한다.[2]

정리 3.2.1 $\mathbb{C}^2$ **안의 영역** Ω**에 대하여,** $H^{0,1}(\Omega) = 0$**가 성립하면,** Ω**는 해석영역이다.**

증명. 영역 Ω의 경계점 $p \in \partial\Omega$가 적절한 점 $q \in \Omega$와 양수 r에 대하여 조건 $B^2(q,r) := \{z \in \mathbb{C}^2 \colon \|z - q\| < r\} \subset \Omega\}$와 $\|q - p\| = r$를 만족한다면, 경계점 p가 **Ω의 안쪽에서 구면 접촉성을 가진다**고 말하기로 하자.

이처럼 구면 접촉성을 안쪽에서 가지는 경계점 p에 대하여 p와 q를 잇는 선분을—잠시 S라고 해 두자—포함하는 복소 1차원 평면을 H라 표시하기로 하자. 복소 해석가능한 1차함수

[2]이 코호몰로지 벡터 공간 $H^{p,q}(\Omega)$은 이론 정립과 전개에 공헌한 프랑스의 수학자 P. Dolbeault (1924-2015)의 이름을 붙여 돌보 코호몰로지 (Dolbeault cohomology)라 부른다.

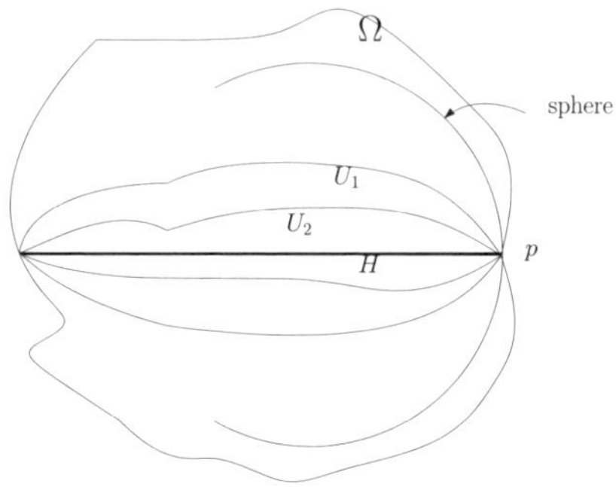

를 적용하여 $H = \{(z_1, z_2) \in \mathbb{C}^2 \colon z_2 = 0\}$로 두어도 증명의 일반성을 잃지 않으며, 이후의 추론에 편리하다. (그리고 나면 $p = (p_1, 0),\ q = (q_1, 0)$가 성립한다.)

이제 $H \cap \Omega$의 연결성분 (가장 큰 연결된 부분집합) 중에서 선분 S를 포함하는 것을 W라고 두면 W는 평면 H의 부분영역이며 p를 경계점으로 가진다. 이제 $g(\zeta, 0) = \frac{1}{\zeta - p_1}$로 두자. 그리고 이어서

$$\tilde{g}(z_1, z_2) = g(z_1, 0)$$

를 생각하면 이 함수는 W를 포함하는 Ω의 적절한 열린 부분집합 U_1 위에 정의된 해석함수이다.

이제 조건

(1) $\operatorname{supp} \chi \subset U_1$

(2) $\chi(z) = 1,\ \forall z \in U_2$

(3) $W \subset U_2 \subset U_1$

를 모두 만족하는 열린 부분집합 U_1을 택한 다음

$$\hat{g}(z) = \begin{cases} \chi(z)\tilde{g}(z) & z \in U_1 \\ 0 & z \in \Omega \setminus U_1 \end{cases}$$

로 두면, $\hat{g} \in \mathcal{C}^\infty(\Omega)$가 성립한다.

$(0,1)$ 미분형식 α를

$$\alpha(z) := \begin{cases} \bar{\partial}\Big(\frac{1}{z_2}\hat{g}(z)\Big) & z \in U_1 \setminus H \\ 0 & z \in \Omega \setminus (U_1 \setminus H) \end{cases}$$

로 정의하면 $\alpha \in \Lambda^{0,1}(\Omega)$가 성립하고 조건 $\bar{\partial}\alpha = 0$도 만족된다.

이제 가정 $H^{0,1}(\Omega) = 0$를 사용하자. 그러면 방정식 $\bar{\partial}u = \alpha$를 만족하는 $u \in \Lambda^{0,0}(\Omega) = \mathcal{C}^\infty(\Omega)$가 존재하므로,

$$G(z) = \hat{g}(z) - z_2 u(z)$$

로 두면, $G\colon \Omega \to \mathbb{C}$는 해석가능함수이지만 $G(z) = g(z)$, $\forall z \in W$가 성립하기 때문에 $\lim_{z\to p} G(z) = \infty$라는 조건을 만족하고, 따라서 G는 경계점 p너머로 해석가능하게 확장될 수 없다.

이런 논증은 p가 Ω의 안쪽으로부터 구면 접촉성을 가지면 항상 가능하다. 따라서 이제 구면 접촉성을 가지는 경계점들의 집합이 Ω의 경계의 조밀한(dense) 부분집합임을 보이면 증명이 완결된다는 것이 분명해졌다. 한편, 임의의 경계점을 y라 하고 임의의 양수 r이 주어졌더라도 $B^2(y, r/2) \cap \Omega$가 공집합이 아니

므로 이 집합에서 한 점 x를 택하면 조건 $B(x,s) \cap \partial\Omega = \varnothing$와 $\partial B(x,s) \cap \partial\Omega \neq \varnothing$를 동시에 만족하는 양수 s가 존재하게 되는데, 이제 이 마지막 공통부분의 원소를 하나 택하여 w라 쓰면, 삼각부등식에 의해 $\|w - y\| < r$가 성립해야 한다. 당연히 w는 안쪽에서 구면 접촉성을 가지는 Ω의 경계점이므로, 원하던 바와 같이 구면 접촉성을 가지는 경계점들이 $\partial\Omega$의 조밀한 집합임이 증명되었고, 이로써 증명이 완결된다. □

따라서 돌보 코호몰로지의 소멸성(vanishing)으로부터 레비 문제의 해결의 마지막 퍼즐이—최소한 지금 다루는 2차원의 경우에는—맞춰지게 된다는 것을 이해할 수 있게 되었다. 물론 모든 차원에도 이와 같은 명제가 성립하며 이를 증명할 것이지만, 지금은 일단 이 정도에서 만족하고 코호몰로지의 소멸성 즉, $\bar{\partial}$ 문제의 해결을 공부하기로 하자.

물론 코호몰로지의 소멸성을 증명한 후에 레비 문제의 해결 증명을 모든 차원에서 완결할 것이며, 덧붙여 최종 결과를 여러 각도에서 재조명해 볼 것이다.

3.3 코호몰로지 소멸정리에 접근하기 위한 L^2 방법론

$\bar{\partial}$ 문제의 일반적인 해결에 관한 이론전개는 1965년 회르만더 교수의 논문[3]과 그의 책의 내용에 들어 있는 것이 가장 정확하다는 것이 전문가들의 견해이다. 지금부터 그 내용을 소개하려 한다.

3.3.1 힐베르트 공간 작용소 이론의 접목

출발점은 $\bar{\partial}$ 작용소들이 조건 $\bar{\partial} \circ \bar{\partial} = 0$를 만족하면서 이루는 쌍대사슬복체(cochain complex)

$$\Lambda^{p,q-1}(\Omega) \xrightarrow{\quad \bar{\partial} \quad} \Lambda^{p,q}(\Omega) \xrightarrow{\quad \bar{\partial} \quad} \Lambda^{p,q+1}(\Omega)$$

의 완전성(exactness), 또는 코호몰로지 소멸성(cohomology vanishing) 문제이다. 되풀이하여 말하자면 현재 목표는, 하톡스 준볼록성을 만족하는 임의의 영역 $\Omega \subset \mathbb{C}^n$에 대하여, 조건 $\bar{\partial} f = 0$를 만족하는 미분형식 $f \in \Lambda^{p,q}(\Omega)$가 주어졌을 때, 방정식 $\bar{\partial} u = f$를 만족하는 미분형식 $u \in \Lambda^{p,q-1}(\Omega)$의 존재를 증명하는 것이다.

알려진 이론 중에서 가장 자연스러운 접근방식은, L^2, 즉 제곱적분가능 미분형식의 공간을 사용하는 이론이고, 회르만더 교수 역시 같은 방법을 사용하였다. 이중 차수(bidegree) (p, q)를 지닌 미분형식은 $\mathbb{C}^n$의 표준 좌표 $z = (z_1, \ldots, z_n)$와 제곱 적분가능

[3] L. Hörmander (1965), Acta Mathematica

계수함수 $A_{i_1,\ldots,i_p;j_1,\ldots,j_q}(z) \in L^2(\Omega)$ 들을 이용하여

$$\alpha = \sum A_{i_1,\ldots,i_p;j_1,\ldots,j_q}(z)\, dz_{i_1} \wedge \cdots \wedge dz_{i_p} \wedge d\bar{z}_{j_1} \wedge \cdots \wedge d\bar{z}_{j_q}$$

로 표현되는 대상들인데, 이 표현이 길고 복잡하므로 앞에서 사용하였던 다중첨수(multiindex) 기호 $I = (i_1, \ldots, i_p)$, $J = (j_1, \ldots, j_q)$ 등을 사용하여 조금은 간단해 보이는 표현인 $\sum_{IJ} A_{I\bar{J}}(z) dz_I \wedge d\bar{z}_J$ 를 쓰기로 하자. (이런 간편한 표현 때문에 혼동이 발생할 상황이 발생하면, 다시 위의 복잡한 기호를 쓸 것이다.) 방금 표현한 대상을 다 모은 집합은 자연스럽게 복소 벡터공간을 이루는데 이를 $L^2_{(p,q)}(\Omega)$ 로 표현하기로 한다.

이 벡터공간에는 자연스러운 내적이 존재한다. 두 원소

$$\alpha = \sum A_{I\bar{J}}(z) dz_I \wedge d\bar{z}_J, \quad \beta = \sum A_{I\bar{J}}(z) dz_I \wedge d\bar{z}_J$$

의 내적은 적절한 실수함수 $\varphi\colon \Omega \to \mathbb{R}$ 까지 포함하여 [4]

$$\langle \alpha, \beta \rangle_\varphi = \int_\Omega \sum_{\substack{I=I' \\ J=J'}} A_{I\bar{J}}(z) \overline{B_{I'\bar{J}'}(z)}\, e^{-\varphi(z)} d\mathrm{vol}_z,$$

로 정의하면 된다. 이렇게 정의하고 나면 실변수함수론에서 L^2 함수들의 공간이 완비공간이 된다는 정리를 증명한 바가 여기에도 그대로 적용되어 $L^2_{(p,q)}(\Omega)$—또는, 같은 공간이지만 가중치 함수를 고려한 기호 $L^2_{(p,q)}(\Omega, \varphi)$ 로 표시하기도 한다—가 힐베르

[4] 이 함수를 지금 굳이 생각할 필요는 없으나 특별히 해를 끼치지도 않기 때문에 그냥 포함시켰다. 나중에는 쓸모 있게 된다.

트 공간(Hilbert space)이 된다.

함수해석학의 작용소 이론을 사용하기 위해 필요한 내적과 공간의 완비성은 이런 방법으로 간단히 갖추었지만, 이제 새로운 어려움을 만나게 되었다. 즉, 새 공간 $L^2_{(p,q)}(\Omega)$ 위에서 $\bar{\partial}$ 작용소를 생각하자마자 이 작용소가 이 공간의 모든 원소에 적용되기 어렵다는 점 때문이다. 물론 $\Lambda^{p,q}(\Omega)$가 이 공간의 조밀 부분공간인 사실 덕분에 $\bar{\partial}$는 소위 **조밀하게 정의된 작용소(densely-defined opertater)**이기는 하다. 하지만 아직도 상황은 그리 낙관적이지 않다. 부분공간 $\Lambda^{p,q}(\Omega)$에 국한하여도 $\bar{\partial}$ 작용소는 유계 작용소(bounded operater)가 아니기 때문이다.

소위 일반화된 미분—소위 말하는 "분포 이론(theory of distributions)"—을 적용하려는 시도를 할 것 같으면, 사용하는 미분 작용소 $\bar{\partial}$의 쌍대 작용소(dual operator, i.e., the adjoint)가 중요한 역할을 하게 된다. 하지만 작용소가 유계가 아니면 비유계 작용소에 관해서 쌍대 작용소가 존재하는지 여부를 또한 공부해야 한다. 물론 이런 점은 회르만더 교수의 논문을 포함하여 여러 선구자들께서 연구 조사를 거쳐 해결하였지만 이 이론을 공부하는 독자를 위해서는 이런 난점을 하나 하나 짚어 가면서 공부하는 편이 좋다는 생각에, 이와 같이 부연 설명을 더하면서, 이 부분의 이론을 전개하고 있음을 이해해 주시기 바란다.

결론을 앞당겨 먼저 소개하자면, 일반적으로 비 유계 작용소(unbounded operater)의 경우에는—잠시 이 작용소를 $T\colon H \to K$라 두자—그래프

$$G(T) = \{(u, Tu)\colon Tu\text{가 존재하는 } u \in H\}$$

가 $H \times K$의 닫힌 부분공간(closed subspace)이면, T가 쌍대작용소 $T^*: K \to H$ (힐베르트 공간이 자기 쌍대성(self-duality)을 가지고 있음을 사용하였다!) 를 가질 뿐만 아니라 $T^{**} = T$가 성립한다는 좋은 결과가 있어서 그걸 사용할 수 있다. 하지만 $\bar{\partial}$ 작용소는 그 그래프가 닫혀 있지 않다. 이런 어려움은 다행히도 $\bar{\partial}$ 작용소의 그래프의 폐포가 다시 다른 작용소의 그래프가 된다는 사실 덕분에 우회할 수가 있게 되었으며 기본적인 구성에 발생하는 문제도 이미 모두 해결되어 있다.

참고로 그래프가 닫혀 있으면 해당 작용소는 이미 유계가 아닌가 하는 생각이 드는 독자는, 아마도 지금까지의 토의가 "닫힌 그래프 정리 (The closed graph theorem)"라는 유명한 결과와 서로 모순이 아니냐는 의문을 품고 있을 것이다. 하지만 그것은 오해이다. 이 유명한 정리는 그 정의구역이 힐베르트 또는 바나흐 공간 전체인, 즉 공간 전체에 정의된 작용소에만 적용되므로, $\bar{\partial}$ 관련 연구와는 무관하다.

한 가지 더 지적할 것은 $\bar{\partial}$ 그래프의 폐포를 그래프로 가지는 닫힌 작용소 역시 힐베르트 공간의 비 유계 작용소이고, 당연히 공간 전체에 정의되지 못하고, 조밀하게 정의된 수준에서 멈춘다는 사실이다. [5]

이 시점에서, 힐베르트 공간에 정의된 선형 작용소 $T: \mathcal{H}_1 \to \mathcal{H}_2$에 대하여 자주 나타나는 기호와 명칭과 용어를 정의해 두는 것이 좋을 것 같다.

[5]아직도 의문을 거두지 못하는 독자를 위해, 정사영 작용소 (projection operator)에 의한 닫힌 집합의 상(image)은 일반적으로 닫혀 있지 않다는 점을 지적해 둔다.

- Dom(T) := 작용소 T의 정의구역(Domain of definition).
- Ker(T) := $\{\alpha \in \text{Dom}(T) : T(\alpha) = 0\}$ = **영공간(Null space, 핵; Kernel)**.
- Ran(T) := $T(\text{Dom}(T))$, 작용소 T의 **치역(Range)** .
- T^* := 작용소 T의 **쌍대 작용소(dual operater, or adjoint).**[6]

이제 방정식 $\bar{\partial}u = f$의 해의 존재성에 중요한 역할을 하는 함수해석학적 정리를 수립하고 증명한다.

정리 3.3.1 첨수 $i = 1, 2, 3$를 따라 세 개의 힐베르트 공간 $\mathcal{H}_i$이 각각 내적 $\langle\ ,\rangle_i$과 함께 주어졌다고 하고, 각 공간의 노름(norm)을 $\|\ \|_i$로 쓰기로 하자. 그리고 조밀하게 정의된 닫힌 선형 작용소들이 이루는 함수열

$$\mathcal{H}_1 \xrightarrow{T} \mathcal{H}_2 \xrightarrow{S} \mathcal{H}_3$$

가 조건 $S \circ T = 0$를 만족하고, 또 적절한 양수 C가 존재하여 부등식 조건

$$\|v\|_2 \leq C\|T^*(v)\|_1 \tag{3.1}$$

를 모든 $v \in \textbf{\textit{Ker}}(S) \cap \textbf{\textit{Dom}}(T^*)$가 만족한다면, 임의의

[6]쌍대 작용소는 내적에 의존해서 결정된다.

> $f \in \textbf{\textit{Ker}}\,(S)$ 에 대하여 관계식
>
> $$\langle T^*\varphi, u\rangle_1 = \langle \varphi, f\rangle_2, \quad \forall\varphi \in \textbf{\textit{Dom}}\,(T^*), \tag{3.2}$$
>
> 를 만족하는 $u \in \mathcal{H}_1$ 가 존재한다. 또한 더 나아가, 조건 $T(u) = f$ 를 만족하는 $u \in \textbf{\textit{Dom}}\,(T)$ 가 존재한다.

증명. 먼저 $X = \{T^*\varphi\colon \varphi \in \mathrm{Ker}\,(S) \cap \mathrm{Dom}\,(T^*)\}$ 를 생각하자. 이 집합은 $\mathcal{H}_1$ 의 벡터 부분공간이다. 함수 $A\colon X \to \mathbb{C}$ 를 관계식 $A(T^*\varphi) = \langle \varphi, f\rangle_2$ 로 정의하려고 한다. 그렇다면 당연히 이 함수가 잘 정의되어 있는지 점검해야 할 것이다. 두 함수 $\varphi, \psi \in \mathrm{Ker}\,(S) \cap \mathrm{Dom}\,(T^*)$ 는 서로 다르지만 $T^*\varphi = T^*\psi$ 가 성립할 가능성이 있고, 따라서 $\langle \varphi, f\rangle_2 = \langle \psi, f\rangle_2$ 가 성립할 수 있는 가능성을 배제하는 것이 얼른 당연해 보이지 않기 때문이다. 한편, 이 등식은 선형성 덕분에 조금 간단해 보이는 등식 $\langle \varphi, f\rangle_2 = 0$ 가 조건 $T^*\varphi = 0$ 아래에서 성립한다는 조건과 동등하다. 그런데 조건 (3.1)에 의하여

$$|\langle \varphi, f\rangle_2| \le \|\varphi\|_2 \|f\|_2 \le C\|T^*\varphi\|_1 \|f\|_2$$

가 조건 $\varphi \in \mathrm{Ker}\,(S) \cap \mathrm{Dom}\,(T^*)$ 를 만족하는 한, 항상 성립하므로, 선형함수 A 가 잘 정의되어 있음을 확인할 수 있게 되었다.

조건 (3.1)은 한 걸음 더 나아가 선형함수 $A\colon X \to \mathbb{C}$ 가 계측

$$|A(T^*\varphi)| = |\langle \varphi, f\rangle_2| \le C\|f\|_2 \|T^*\varphi\|_1$$

를 만족한다는 것을 즉, 부등식 $\|A\| \le C\|f\|_2$ 을 도출하게 함으

로써, A가 유계 선형함수족 (bounded linear functional) 임을 보여준다. 따라서 **한-바나흐 정리 (Hahn-Banach theorem)**가 적용되어, A가 $\mathcal{H}_1$ 위에 정의되는 유계 선형함수족으로 확장된다는 결론을 얻게 해 준다.

계속해서 유계 선형함수족에 대한 **리스 표현정리 (Riesz representation theorem)**가 작동하여, 등식 $A(w) = \langle w, u \rangle_1$ 이 모든 $w \in \mathcal{H}_1$에 대해 성립하게 하는 함수 $u \in \mathcal{H}_1$가 존재 (!) 한다는 사실을 증명한다. 이를 정리하면

$$\langle T^*\varphi, u \rangle_1 - A(T^*\varphi) = \langle \varphi, f \rangle_2, \\ \forall \varphi \in \mathrm{Ker}\,(S) \cap \mathrm{Dom}\,(T^*) \subset \mathcal{H}_2$$

가 성립한다는 결론을 얻게 된다. 이제 정리의 결론에 도달하기 위해서는 쌍대 작용소의 정의구역과 몇몇 연관된 개념 등의 의미를 명확히 정리할 필요가 있다.

쌍대 작용소 $T^*: \mathcal{H}_2 \to \mathcal{H}_1$의 정의구역 $\mathrm{Dom}\,(T^*)$는 물론 $T^*\varphi$가 의미를 가지는 $\mathcal{H}_2$의 원소 φ들의 집합이다. 그러나 함수해석학의 지식을 이용한 또 다른 정의가 있어 쓸모가 꽤 있으므로 그것을 소개하려고 한다. 그 정의는

$$\mathrm{Dom}\,(T^*) = \{\psi \in \mathcal{H}_2 : \exists C > 0, \\ |\langle T(\varphi), \psi \rangle_{\mathcal{H}_2}| \le C\|\varphi\|_{\mathcal{H}_1}, \forall \varphi \in \mathrm{Dom}\,(T)\} \tag{3.3}$$

로 두는 것인데, 이와 같은 정의가 가능한 이유는 당연하다. 만일 $\psi \in \mathcal{H}_2$에 대하여 양수 C가 존재하여 부등식 $|\langle T(\varphi), \psi \rangle_{\mathcal{H}_2}| \le C\|\varphi\|_{\mathcal{H}_1}$가 임의의 $\varphi \in \mathrm{Dom}\,(T)$에 대하여 성립한다면, 이 부

등식 조건은 바로 대응관계 $\varphi \in \mathrm{Dom}\,(T) \to \langle T\varphi, \psi\rangle_{\mathcal{H}_2} \in \mathbb{C}$ 가 유계 선형함수족을 정의할 뿐만 아니라, 계속해서 한-바나흐 정리에 의해, 이 대응관계가 $\mathcal{H}_1$ 전체에 정의되는 유계 선형함수족으로 확장되며, 그렇게 되면 바로 리스 표현정리에 의해 등식

$$\langle T\varphi, \psi\rangle_{\mathcal{H}_2} = \langle \varphi, v\rangle_{\mathcal{H}_1}, \quad \forall\varphi \in \mathcal{H}_1.$$

이 항상 성립하게 해 주는 원소 $v \in \mathcal{H}_1$ 가 유일하게 결정된다. 따라서 $T^*(\psi)$ 의 값이 유일하게, v 로(!), 결정되게 된다.

이제까지 얻어낸 정보를 모으면 (3.2)의 좌변에 등장하는 $\langle T^*\varphi, u\rangle_1$ 이 $\langle \varphi, Tu\rangle_2$ 와 일치하여 정리의 결론 부분의 마지막 명제를 얻게 되고, 동시에 증명이 완결된다. □

되풀이의 위험을 무릅쓰고 말하자면, 결국 선형방정식 $Tu = f$ 의 풀이 u 의 존재성을 증명하는 열쇠는 계측/부등식 (3.1)를 얻어내는 데 달려 있음을 알 수 있게 되었다.

3.3.2 증명을 위한 이정표

이제까지 토의한 바를 정리하자면 레비 문제의 해결을 위한 코호몰로지 소멸정리의 증명에 이르는 이정표를 만들 수 있게 되었다. 우선 개략적으로 이정표를 수립하고 그 길을 따라 진행하면서 필요시마다 이정표도 보다 정확하게 보수하면서 최종적으로 정확한 증명에 이르기로 하자.

이정표 (5단계)

(1) $\bar{\partial}\colon \Lambda^{p,q}(\Omega) \to \Lambda^{p,q+1}(\Omega)$의 그래프의 폐포를 그래프로 가지는 닫힌 선형 작용소 구성. (소위, $\bar{\partial}$ 작용소를 닫는 방법 정립).

(2) $\bar{\partial}$의 "폐포"의 쌍대 작용소 S와 T의 이해.

(3) 임의의 $u \in \Lambda^{p,q}(\Omega)$에 대하여 부등식

$$\|u\|_2 \le C(\|\bar{\partial}^* u\|_1 + \|\bar{\partial} u\|_3)$$

를 증명. (이 부등식을 정리 3.3.1의 가정과 비교해 보라!)

(4) 위 부등식을 S와 T에 대하여 증명.

(5) 임의의 $f \in L^2_{(p,q+1)}(\Omega) \cap \Lambda^{(p,q+1)}(\Omega) \cap \mathrm{Ker}\,(\bar{\partial})$에 대하여 $Tu = f$를 만족하는 $u \in L^2_{(p,q)}(\Omega)$가 어떻게 매끄러운 $\mathcal{C}^\infty$급 미분형식이 되는지를 규명.

3.3.3 $\bar{\partial}$ 작용소의 폐포

이 대목에서는 이정표의 제1 단계를 정립하려고 한다. 편의를 위해 기호 $\mathcal{H}_1 = L^2_{(p,q)}(\Omega)$와 $\mathcal{H}_2 = L^2_{(p,q+1)}(\Omega)$를 설정하자. 그러면 선형 작용소 $T\colon \mathcal{H}_1 \to \mathcal{H}_2$의 그래프는

$$\mathrm{Graph}\,(T) = \{(a,b) \in \mathcal{H}_1 \times \mathcal{H}_2 \colon a \in \mathrm{Dom}\,T,\ T(a) = b\}$$

가 된다.

정리 3.3.2 비 유계 선형 작용소 $\bar{\partial}\colon \Lambda_0^{p.q}(\Omega) \to \Lambda_0^{p.q+1}(\Omega)$의 그래프를 **Graph** $(\bar{\partial})$라 두고, 데카르트 곱 공간 $\mathcal{H}_1 \times \mathcal{H}_2$에 자연스럽게 주어지는 데카르트 곱 노름(**Cartesian product norm**) $\|(a,b)\|_{\mathcal{H}_1\times\mathcal{H}_2} := \sqrt{\|a\|_1^2 + \|b\|_2^2}$를 기준으로 폐포 $\Gamma := \overline{\textbf{\textit{Graph}}(\bar{\partial})}$를 택하면, 이 집합을 그래프로 가지는 조밀하게 정의된 닫힌 선형작용소 $T\colon \mathcal{H}_1 \to \mathcal{H}_2$가 존재한다.

증명. 증명을 위해서는 명제

(A) 만일 함수열 $f_j, f_0, g_j \in \Lambda_0^{p.q}(\Omega)$와 $\theta_0, \theta_1 \in \Lambda_0^{p.q+1}(\Omega)$가 다음 네 조건 $\lim_{j\to\infty} f_j = f_0$, $\lim_{j\to\infty} g_j = f_0$, $\lim_{j\to\infty} \bar{\partial} f_j = \theta_0$, $\lim_{j\to\infty} \bar{\partial} g_j = \theta_1$, 들을 각 원소가 속한 공간의 노름에 관하여 만족하면, $\theta_0 = \theta_1$ 도 성립한다.

를 증명하면 된다. 한편, 이 명제는 다시 다음 명제

(B) 만약 $f_j, f_0 \in \Lambda_0^{p.q}(\Omega)$와 $\theta \in \Lambda_0^{p.q+1}(\Omega)$가 조건 $\lim_{j\to\infty} f_j = 0$과 $\lim_{j\to\infty} \bar{\partial} f_j = \theta$를 각 원소가 속한 공간의 노름에 관하여 만족하면, $\theta = 0$이 성립한다.

를 증명하는 것과 논리적으로 정확히 같다.

그러므로 이제 (B)를 증명하자. 임의의 $\rho \in \Lambda_0^{p.q+1}(\Omega)$가

주어졌다면,

$$\begin{aligned}\langle\theta,\rho\rangle_2 &= \lim_{j\to\infty}\langle\bar{\partial}f_j,\rho\rangle_2\\ &= \lim_{j\to\infty}\langle f_j,\bar{\partial}^*\rho\rangle_1\\ &= \langle 0,\bar{\partial}^*\rho\rangle_1 = 0\end{aligned}$$

가 성립한다. 한편, $\Lambda_0^{p.q+1}(\Omega)$가 공간 $\mathcal{H}_2$ 안에서 조밀한 부분집합이므로 $\theta=0$가 성립해야 한다.[7]

사족이 될 듯하기는 하지만 조금 자세히 설명하기로 하자. 지금 증명한 내용은 Graph $(\bar{\partial})$의 폐포인 Γ가 함수를 정의한다는 결론을 도출한다. 이 함수를 T라 표시하면, 집합 Γ를 $\mathcal{H}_1$와 $\mathcal{H}_2$에 각각 정사영하는 방법을 통해 대응관계 $T\colon \mathcal{H}_1\to\mathcal{H}_2$로서의 T에 대한 묘사가 가능하고, 또한 T가 $\bar{\partial}$의 확장인 것과 선형작용소인 것, 그리고 Dom $(T)\supset\Lambda_0^{p.q}(\Omega)$ 등을 모두 쉽게 확인할 수 있다. 이로써 증명이 완결된다. □

3.3.4 쌍대 작용소

힐베르트 공간의 부분집합 X의 **직교 여집합(the orthogonal complement)**은 기호 $X^\perp$로 표현하기로 하자. 그러면 다음 정리가 성립한다.

---

[7]지금은 주어진 그래프의 폐포가 다시 다른 선형함수의 그래프가 되는지 점검 중이다. "폐포(閉包)"는 영문 용어로는 closure, 즉 주어진 집합을 포함하는 닫힌 집합들의 공통부분을 뜻하는 말이다. 대한수학회 용어집에서 따 왔다.

정리 3.3.3 **힐베르트 공간 $\mathcal{H}_1, \mathcal{H}_2$ 사이에 구성된 함수 $T\colon \mathcal{H}_1 \to \mathcal{H}_2$ 가 조밀하게 정의된 닫힌 선형작용소이면, $\mathcal{H}_1 \times \mathcal{H}_2$ 에 자연스럽게 정의되는 데카르트 곱 내적 $\langle\ ,\ \rangle_{\mathcal{H}_1 \times \mathcal{H}_2} = \langle\ ,\ \rangle_{\mathcal{H}_1} + \langle\ ,\ \rangle_{\mathcal{H}_2}$ 을 기반으로 하여 구성되는 관계식**

$$\textbf{\textit{Graph}}\,(T^*)$$
$$= \Big(\{(-b, a) \in \mathcal{H}_2 \times \mathcal{H}_1 \colon (a, b) \in \textbf{\textit{Graph}}\,(T^*)\}\Big)^{\perp},$$

에 의해 T 의 쌍대 작용소 T^* 가 정의된다.

증명. 전과 같이 힐베르트 공간 $\mathcal{H}_j$ 의 내적을 나타내는 기호로 $\langle\ ,\ \rangle_j = \langle\ ,\ \rangle_{\mathcal{H}_j}$ 를 쓰기로 하고, $w \in \mathrm{Dom}\,(T^*)$ 를 생각하자. 이 선택은 조건

$$\langle w, Tu\rangle_2 = \langle v, u\rangle_1, \quad \forall u \in \mathrm{Dom}\,(T),$$

를 만족하는 $v \in \mathcal{H}_1$ 가 정확히 하나 존재한다는 말이고, 이는 또한 리스 표현정리와 한/바나흐 정리 덕분에, 대응관계 $u \to \langle Tu, w\rangle_2$ 가 유계 선형함수족을 정의한다는 명제와 동치이다.

$(A, B) \in \mathcal{H}_2 \times \mathcal{H}_1$ 가 조건

$$\langle (A, B), (-Tu, u)\rangle_{\mathcal{H}_1 \times \mathcal{H}_2} = 0, \quad \forall u \in \mathrm{Dom}\,(T).$$

를 만족한다고 가정하면, $\langle A, Tu\rangle_2 = \langle B, u\rangle_1$ 가 성립한다. 대응관계 $u \to \langle u, B\rangle_1$ 가 Dom (T) 을 정의구역으로 가지는 유계 선형함수이므로 한/바나흐 정리에 의해 힐베르트 공간 $\mathcal{H}_1$ 전체에 정의되는 유계 선형함수로 확장되고, 따라서 $A \in$ Dom (T^*) 와 $T^*(A) = B$ 가 성립하게 된다. 결론적으로 $(A, B) \in$ Graph (T^*) 가 도출된다. 반대쪽 포함관계도 이제까지 사용한 논증의 순서를 거꾸로 하면 쉽게 얻어지기 때문에 정리의 증명이 완결된다. □

따름정리 3.3.4 **만일 T 가 힐베르트 공간 위에 조밀하게 정의된 닫힌 선형 작용소이면, T^* 역시 조밀하게 정의된 닫힌 선형 작용소이고, 또한 $T^{**} = T$ 가 성립한다.**

3.3.5 예비 쌍대 작용소 $\bar{\partial}^* : \Lambda_0^{p,q+1}(\Omega) \to \Lambda_0^{p,q}(\Omega)$

$\mathcal{C}^\infty$ 급 (p, q) 미분형식 중에서 그 토대(support)가 콤팩트인 것들의 집합을 $\Lambda_0^{p,q}(\Omega)$ 로 쓰기로 하자. 그런 다음 이 공간의 L^2 내적을 가중치 함수 $e^{-\varphi}$ 를 포함하는 것으로 정하고 이 내적을 기반으로 $\bar{\partial}$ 작용소의 쌍대 작용소를 이 부분공간 $\Lambda_0^{p,q}(\Omega)$ 안에서 관계식

$$\langle \bar{\partial}\alpha, \theta\rangle_2 = \langle \alpha, \bar{\partial}^*\theta\rangle_1$$

을 이용한 직접 계산을 통해 구체적인 형태를 구해 보려고 한다. 일반성을 충분히 유지하면서도 번잡한 계산을 피하고 쉽게 이해하려는 목적을 달성하려는 생각으로 여기에서는 $\bar{\partial}^*$ 를 $\Lambda_0^{0,1}(\Omega)$ 공간에서만 계산하고, 보다 일반적인 (p, q) 미분형식에 대한

계산은, 계산 방법이 동일하기 때문에 여기서는 다루지 않고, 독자가 각자 계산해 보도록 연습문제로 남겨 둔다.

우리가 사용하는 $(0,0)$ 미분형식들, 즉 함수들의 공간 $\mathcal{H}_1 := L^2(\Omega, e^{-\varphi_1})$ 의 내적은

$$\langle f, g\rangle_1 = \int_\Omega f(z)\overline{g(z)}e^{-\varphi_1(z)}d\mathrm{vol}_z$$

이고, 이는 물론 가중치가 주어진 측도(measure, 測度) $e^{-\varphi_1(z)}d\mathrm{vol}_z$ 를 통해 구성되었다. 공간 $\mathcal{H}_2 = L^2_{(0,1)}(\Omega, e^{-\varphi_2})$ 의 내적은 물론

$$\langle \alpha, \beta\rangle_1 = \int_\Omega (\alpha, \beta)_z \; e^{-\varphi_2(z)}d\mathrm{vol}_z,$$

로 주어졌는데, 여기에서는

$$\alpha = \sum_{j=1}^n A_{0\bar{j}}(z)d\bar{z}_j, \quad \beta = \sum_{j=1}^n B_{0\bar{j}}(z)d\bar{z}_j,$$
$$(\alpha, \beta)_z = \sum_{j=1}^n A_{0\bar{j}}(z)\overline{B_{0\bar{j}}(z)}$$

등의 기호가 쓰였다. 따라서

$$\omega = \sum_{j=1}^n f_j(z)d\bar{z}_j \in \Lambda_0^{0,1}(\Omega)$$

로 주어진 경우에는 $\bar{\partial}^*\omega$가 관계식

$$\begin{aligned}\int_\Omega (\bar{\partial}^*\omega)\bar{\rho}e^{-\varphi_1}\ \mathrm{dvol}_z &= \int_\Omega (\omega, \bar{\partial}\rho)\ \mathrm{dvol}_z \\ &= \int_\Omega \sum_{j=1}^n f_j \overline{\Big(\frac{\partial \rho}{\partial \bar{z}_j}\Big)} e^{-\varphi_2}\ \mathrm{dvol}_z \\ &= \sum_{j=1}^n \int_\Omega f_j e^{-\varphi_2} \cdot \frac{\partial \bar{\rho}}{\partial z_j}\ \mathrm{dvol}_z\end{aligned}$$

를 만족해야 한다. 이제 $\dfrac{\partial}{\partial z_j} = \dfrac{1}{2}\Big(\dfrac{\partial}{\partial x_j} - i\dfrac{\partial}{\partial y_j}\Big)$와 부분적분법을 사용하면

$$\begin{aligned}\int_\Omega (\bar{\partial}^*\omega)\bar{\rho}e^{-\varphi_1}\ \mathrm{dvol}_z &= \sum_{j=1}^n (-1) \int_\Omega \frac{\partial}{\partial z_j}(f_j e^{-\varphi_2}) \cdot \bar{\rho}\ \mathrm{dvol}_z \\ &= \int_\Omega \Big[-\sum_{j=1}^n e^{\varphi_1}\Big(\frac{\partial}{\partial z_j}(f_j e^{-\varphi_2})\Big] \cdot \bar{\rho} \cdot e^{-\varphi_1}\ \mathrm{dvol}_z\end{aligned}$$

를 얻게 되고, 결론적으로

$$\begin{aligned}\bar{\partial}^*\omega &= \bar{\partial}^*\Big(\sum_{j=1}^n f_j(z)d\bar{z}_j\Big) \\ &= -e^{\varphi_1(z)} \sum_{j=1}^n \frac{\partial}{\partial z_j}\big(f_j(z)e^{-\varphi_2(z)}\big)\end{aligned} \tag{3.4}$$

를 얻는다.

3.3.6 근본 계측 부등식(Basic Estimate)

앞에서 이미 소개한 바 있는 힐베르트 공간 (내적은 3.3.5에서 이미 소개한 바 있다) 들에 대한 기호

$$\begin{aligned}\mathcal{H}_1 &:= L^2_{p,q-1}(\Omega, \varphi_1)\\ \mathcal{H}_2 &:= L^2_{p,q}(\Omega, \varphi_2)\\ \mathcal{H}_3 &:= L^2_{p,q+1}(\Omega, \varphi_3)\end{aligned}$$

를 정하고, $\bar{\partial}$ 작용소의 폐포 (closure)로 구성된 선형 작용소 S, T 가 이루는 준 완전 함수열 (semi-exact sequence of maps)

$$\mathcal{H}_1 \xrightarrow{\ T\ } \mathcal{H}_2 \xrightarrow{\ S\ } \mathcal{H}_3$$

를 생각하기로 하자. 물론 "준 완전 함수열"이라는 용어는 조건 $S \circ T = 0$가 성립한다는 뜻이다. 이 절의 목표는 임의의 $u \in \mathcal{H}_2$ 에 대하여 부등식

$$\|u\|_2 \le C(\|T^*u\|_1 + \|Su\|_3)$$

가 성립함을 증명하는 것이 되겠다. 하지만 S, T, T^* 등이 추상적인 이론을 통해 구성된 까닭에 **근본 계측(Basic estimate)**라는 이름을 가진 이 부등식을 바로 증명하는 것은 쉽지 않다.

그러므로 우선은 매끄러운 미분형 u에 대하여 계측

$$\|u\|_2 \le C(\|\bar{\partial}^*u\|_1 + \|\bar{\partial}u\|_3)$$

를 먼저 증명하고, S, T, T^* 등의 정의를 따라 근사 이론을 사용하여 위의 근본 계측이 성립함을 증명하는 회르만더 교수의 방법론을 따르려고 한다.

Hörmander 교수의 계측 계산

지금 보여주려는 계산은 $\mathcal{C}^\infty$ 급 함수와 미분형식들 중에서도 특히 토대가 콤팩트인(compactly supported) 대상에 국한된다. 예를 들어, 기호 $\Lambda_0^{p,q}(\Omega)$ 에 들어 있는 아래 첨자 0 이 이 공간에 속한 원소들의 토대가 콤팩트임을 표시한다.

게다가 녹자의 읽는 편의와 저자의 이론 진개의 편의 등을 위하여 우리의 계산은, 비교적 단순하지만 일반성을 잃지 않는 범위에서

$$\Lambda_0^{0,0}(\Omega) = \mathcal{C}_0^\infty(\Omega) \xrightarrow{\bar\partial} \Lambda_0^{0,1}(\Omega) \xrightarrow{\bar\partial} \Lambda_0^{0,2}(\Omega)$$

의 경우만 자세히 다룰 예정임을 미리 밝혀 둔다. [8]

회르만더 교수에 의하면 이 계측을 위해서 두 실수함수 φ, ψ 가 특별한 조건 (잠시 후에 정확히 명시할 것이다)을 만족하면 힐베르트 공간의 내적에 필요한 가중치 함수들을

$$\varphi_1 = \varphi - 2\psi, \quad \varphi_2 = \varphi - \psi, \quad \varphi_3 = \varphi. \tag{3.5}$$

로 정하면 충분하다. 이제 계산을 수행해 보자.

---

[8] 일반적인 $\Lambda_0^{p,q-1}(\Omega) \xrightarrow{\bar\partial} \Lambda_0^{p,q}(\Omega) \xrightarrow{\bar\partial} \Lambda_0^{p,q+1}(\Omega)$ 의 경우는 다중 첨수가 더 복잡하여 계산 및 정리도 더 번잡해지지만 계산 방법의 요체는 여기 소개하는 경우인 $(p,q) = (0,1)$ 의 경우와 거의 차이가 없다. 독자 스스로 확인하든지, 회르만더 교수의 논문과 비교하여 보아라.

출발점은 미분형 $f \in \Lambda_0^{0,1}(\Omega)$, 즉

$$f = \sum_{j=1}^{n} f_j(z) d\bar{z}_j,$$

으로서 계수함수 f_j 들이 영역 Ω 위에 정의되는 매끄러운 $\mathcal{C}^\infty$ 급에 속하면서 콤팩트 토대를 가지는 대상이 되겠다. 그렇다면,

$$\bar\partial f = \sum_{j<k} \Big(\frac{\partial f_j}{\partial \bar{z}_k} - \frac{\partial f_k}{\partial \bar{z}_j}\Big) d\bar{z}_k \wedge d\bar{z}_j,$$
$$|\bar\partial f|^2 = (\bar\partial f, \bar\partial f) = \sum_{j<k} \Big|\frac{\partial f_j}{\partial \bar{z}_k} - \frac{\partial f_k}{\partial \bar{z}_j}\Big|^2$$

와

$$\begin{aligned}\bar\partial^* f &= -\sum_{j=1}^{n} e^{\varphi_1} \frac{\partial}{\partial z_j}\big(e^{-\varphi_2} f_j\big) \\ &= -\sum_{j=1}^{n} e^{\varphi_1 - \varphi_2} \Big(\frac{\partial f_j}{\partial z_j} - f_j \frac{\partial \varphi_1}{\partial z_j}\Big) \qquad (3.6)\\ &= -\sum_{j=1}^{n} e^{-\psi} \Big(\frac{\partial f_j}{\partial z_j} - f_j \frac{\partial \varphi}{\partial z_j} + f_j \frac{\partial \psi}{\partial z_j}\Big).\end{aligned}$$

를 얻는다.

이 상황에서 연산자 δ_j 를 관계식

$$\delta_j g = \frac{\partial g}{\partial z_j} - g \frac{\partial \varphi}{\partial z_j}, \qquad (3.7)$$

로 정의하면,

$$-\sum_j \delta_j f_j = e^{\psi}\bar{\partial}^* f + \sum_j f_j \frac{\partial\psi}{\partial z_j}$$

를 얻는다. 뿐만 아니라,

$$\begin{aligned}
&\int_\Omega e^{-\varphi}\Big|\sum_j \delta_j f_j\Big|^2 \, d\text{vol} \\
&\quad = \int_\Omega e^{-\varphi}\Big|e^{\psi}\bar{\partial}^* f + \sum_j f_j \frac{\partial\psi}{\partial z_j}\Big|^2 \, d\text{vol} \\
&\quad \le \int_\Omega 2e^{-\varphi+2\psi}|\bar{\partial}^* f|^2 + 2|f|^2 \sum \Big|\frac{\partial\psi}{\partial z_j}\Big|^2 e^{-\varphi} \, d\text{vol} \\
&\quad = 2\|\bar{\partial}^* f\|_1^2 + 2\int_\Omega |f|^2 |\partial\psi|^2 e^{-\varphi} \, d\text{vol}
\end{aligned}$$

가 도출되고, 방금 얻은 식의 첫 변과 마지막 변에 $\|\bar{\partial} f\|_2^2$를 더해 주면,

$$\begin{aligned}
&\int_\Omega e^{-\varphi}\Big\{\sum_{j,k}(\delta_j f_j)\overline{(\delta_k f_k)} \\
&\qquad -\sum_{j,k}\frac{\partial f_j}{\partial \bar{z}_k}\overline{\Big(\frac{\partial f_k}{\partial \bar{z}_j}\Big)} + \sum_{j,k}\Big|\frac{\partial f_k}{\partial \bar{z}_j}\Big|^2\Big\} \, d\text{vol} \qquad (3.8) \\
&\quad \le 2\|\bar{\partial}^* f\|_1^2 + \|\bar{\partial} f\|_3^2 + 2\int_\Omega |f|^2|\partial\psi|^2 e^{-\varphi} \, d\text{vol}
\end{aligned}$$

를 얻게 된다.

한편, 부분적분법과 지금 다루는 모든 함수들이 영역 Ω 안에서 콤팩트 토대 (support)를 가진다는 성질을 이용하면, 두 작용소 δ_k와 $\frac{\partial}{\partial \bar{z}_k}$가 서로 쌍대적인 관계를 가지고 있다는 것을 발견하게

된다. 즉, 등식

$$\int_\Omega g_1 \cdot \overline{\left(\frac{\partial g_2}{\partial \bar{z}_k}\right)} e^{-\varphi}\, d\mathrm{vol} = -\int_\Omega (\delta_k g_1) \cdot \overline{g_2} \cdot e^{-\varphi}\, d\mathrm{vol} \tag{3.9}$$

가 임의의 $g_1, g_2 \in \mathcal{C}_0^\infty(\Omega)$ 에 대하여 성립한다는 것을 어렵지 않게 확인할 수 있다.

뿐만 아니라, 위의 (3.7)에서 정의한 작용소 δ_j 가 관계식

$$\left(\delta_j \frac{\partial}{\partial \bar{z}_k} - \frac{\partial}{\partial \bar{z}_k}\delta_j\right) g = \frac{\partial^2 \varphi}{\partial \bar{z}_k \partial z_j} \cdot g \tag{3.10}$$

를 만족하는 것도 알 수 있다. 이것은 단순 계산에 의해 확인된다.

이제 (3.10)과 (3.9)을 기억하면서 (3.8)의 좌변을 다시 들여다 보자. 그러면

$$\begin{aligned}
&\int_\Omega e^{-\varphi} \left\{ (\delta_j f_j)\overline{(\delta_k f_k)} - \frac{\partial f_j}{\partial \bar{z}_k} \overline{\left(\frac{\partial f_k}{\partial \bar{z}_j}\right)} \right\} \\
&\quad = -\int_\Omega \frac{\partial}{\partial \bar{z}_k}(\delta_j f_j) \cdot \overline{f_k} \cdot e^{-\varphi}\, d\mathrm{vol} \\
&\qquad\quad + \int_\Omega \delta_j \left(\frac{\partial}{\partial \bar{z}_k} f_j\right) \cdot \overline{f_k} \cdot e^{-\varphi}\, d\mathrm{vol} \\
&\quad = \int_\Omega \left\{ \left(\delta_j \frac{\partial}{\partial \bar{z}_k} - \frac{\partial}{\partial \bar{z}_k}\delta_j\right) f_j \right\} \cdot \overline{f_k} \cdot e^{-\varphi}\, d\mathrm{vol} \\
&\quad = \int_\Omega \frac{\partial^2 \varphi}{\partial \bar{z}_k \partial z_j} \cdot f_j \cdot \overline{f_k} \cdot e^{-\varphi}\, d\mathrm{vol}
\end{aligned}$$

를 얻고, 계속해서 이 결과를 (3.8)에 대입하되 이제 레비 형식을

나타내는 기호 $\mathcal{L}_\varphi(f,\bar{f}) = \sum_{j,k=1}^n \frac{\partial^2 \varphi}{\partial z_j \partial \bar{z}_k} \cdot f_j \overline{f_k}$ 를 쓰면,

$$\begin{aligned} \int_\Omega \left(\mathcal{L}_\varphi(f,\bar{f}) - 2|\partial\psi|^2|f|^2\right)e^{-\varphi}\, d\text{vol} \\ + \int_\Omega e^{-\varphi} \sum_{j,k} \left|\frac{\partial f_k}{\partial \bar{z}_j}\right|^2 d\text{vol} \\ \leq 2\|\bar{\partial}^* f\|_1^2 + \|\bar{\partial} f\|_3^2 \end{aligned} \tag{3.11}$$

를 얻게 된다.

따라서, 만일 함수 $\varphi\colon \Omega \to \mathbb{R}$가 조건

$$\mathcal{L}_\varphi(w,\bar{w}) \geq (2|\partial\psi|^2 + ce^{\psi})|w|^2 \tag{3.12}$$

를 적당한 상수 $c > 0$에 대해서 만족하도록 선택할 수 있다면 또 다른 양수 C를 선택하여 부등식

$$\|f\|_2^2 \leq C(\|\bar{\partial}^* f\|_1^2 + \|\bar{\partial} f\|_3^2), \quad \forall f \in \Lambda_0^{0,1}(\Omega). \tag{3.13}$$

가 성립하게 될 것이다. 물론 이미 정리 2.5.4에서 영역 Ω가 하톡스 준볼록성을 가지는 경우에는 이와 같은 φ가 존재할 수 있음을 알고 있으므로 바로 위 계측을 얻게 된다.[9] □

얼핏 보면, 이 시점에서, 하톡스 준볼록 영역에서는 $\bar{\partial}$문제의 풀이가 완결되었다고 결론을 내릴 수 있을 것 같이 보인다. 하지만 그렇지 않다. 근본 계측 부등식을 아직 $\bar{\partial}$의 폐포 작용소인

---

[9]일단 레비 형식의 특성치가 적절한 양수 이상이면 함수를 빨리 증가하는 볼록함수와 합성함으로써 특성치를 얼마든지 크게 만들 수 있다.

S, T 에 대해서, 그리고 작용소 $\bar{\partial}\colon \Lambda^{0,1}(\Omega) \to \Lambda^{0,2}(\Omega)$ 의 폐포 작용소 S 의 영공간(Null, Kernel)의 임의의 원소에 대해 성립함을 증명하지 않았기 때문이다. 이 부분—다음 절에서 보다 자세히 설명하려고 한다—은 사실 상당히 미묘하고 어려운 부분이다.[10] 다음 절에서 이에 대하여 비교적 자세히 설명하려고 한다.

3.3.7 근본 계측 증명을 위한 근사 이론

이제까지 관심의 중심에 있던 근본 계측은 $\bar{\partial}$ 작용소의 폐포인, 힐베르트 공간에 조밀하게 정의되었고 닫힌 (비 유계) 작용소들이 이루는 준 완전 함수열(semi-exact sequence)

$$\mathcal{H}_1 \xrightarrow{\ T\ } \mathcal{H}_2 \xrightarrow{\ S\ } \mathcal{H}_3$$

에 관한 것이었는데 앞 절까지 얻은 결론은 매끄러운 미분형식에 대하여 계측 부등식을 얻은 것이었으므로 아직 완전한 근본 계측에 이르지 못하였다.

한편 힐베르트 공간 $\mathcal{H}_j = L^2_{p,q+j}$ 의 [우리가 다룬 것은 일반성을 가지고 있기는 하지만 여전히 특수한 $p = 0, q = -1$ 의 경우였다!] 내적은 각각 가중치 함수 $e^{-\varphi_j}$ 를 가지는 L^2 내적인데, 가중치를 이루는 함수는 두 함수 φ, ψ 에 의해

$$\varphi_1 = \varphi - 2\psi, \quad \varphi_2 = \varphi - \psi, \quad \varphi_3 = \varphi$$

로 주어졌다. 하지만, 계측 (3.13)를 얻기 위해서는 두 함수 중 φ

---

[10] 이 부분 증명에 상당한 공을 들였음을 회르만더 교수 스스로 언급한 적이 있다고 들었다. [B. Berndtsson 교수에게 개인적인 대화를 통해 직접 들었다.]

에 조건

$$\mathcal{L}_{\varphi}(w, \bar{w}) \geq (2|\partial\psi|^2 + ce^{\psi})|w|^2$$

을 적절한 양수 c에 대해서 만족할 것을 요구했을 뿐, ψ는 별다른 조건 없이 방치(!)되었다. 하지만 이제 ψ의 선택이 필요한 시기가 되었다.

임의의 $u \in \mathrm{Dom}\, T^* \cap \mathrm{Dom}\, S$가 주어졌을 때 이 원소에 대한 근사 이론은 소위 **그래프 노름(graph norm)**이라는 이름의 개념

$$u \to \|u\| + \|T^*(u)\| + \|S(u)\|$$

을 기반으로 전개될 예정이다. 회르만더(Hörmander) 교수는 근본적으로 두 단계를 거쳐 이론을 전개하였다.

(1) $u \in \mathrm{Dom}\, T^* \cap \mathrm{Dom}\, S$를 같은 공간에 속하지만 토대가 콤팩트인 원소들로 근사시킨다.

(2) 콤팩트 토대를 가지는 $\mathrm{Dom}\, T^* \cap \mathrm{Dom}\, S$에 속하는 원소들을 다시, $\Lambda_0^{p,q+2}(\Omega)$의 원소들로, 즉 이중 차수가 $(p, q+2)$인 콤팩트 토대를 가지는 매끄러운 $\mathcal{C}^\infty$급 미분 형식들로 근사시킨다. [우리의 특수 경우에는 이중 차수가 $(0, 1)$이다].

이를 위해서 회르만더 교수는 아래와 같이 ψ가 만족해야 할 조건을 명시하였다.

도움정리 3.3.5 **영역 Ω 위에 정의되며 그 안에서 콤팩트 토대를 가지는 $\mathcal{C}^\infty$급 실함수열 $\{\eta_\nu \in \mathcal{C}_0^\infty(\Omega) \colon \nu = 1, 2, \cdots\}$**

이 두 조건

(1) $0 \le \eta_\nu \le 1, \quad \forall\nu.$

(2) **임의의 콤팩트 부분집합 $K \Subset \Omega$에 대하여 에 대하여, 번호 ν가 N 이상이면 조건 $\eta_\nu(z) = 1, \forall z \in K$가 만족되게 하는 양의 정수 N이 존재한다.**

를 만족하며 주어졌다고 하자. 만약, 가중치 함수 φ_2가 $\mathcal{C}^1(\Omega)$에 속하고 조건

$$\sum_{k=1}^{n} \left|\frac{\partial \eta_\nu}{\partial z_k}\right|^2 \le e^{\psi}, \quad \forall\nu = 1, 2, \cdots \tag{3.14}$$

가 만족된다면, 부분공간 $\Lambda_0^{p,q+1}(\Omega)$는 그래프 노름 $f \to \|f\|_2+\|T^*(u)\|_1+\|S(u)\|_3$을 기준으로 할 때 공간 *Dom* $T^* \cap$ *Dom* S의 조밀 부분집합(dense subset)이 된다.

증명. 여기에서도 "일반적인 특수(!) 사례"인 $p = 0, q = -1$인 경우의 논증을 구성한다.

임의의 $f \in \mathrm{Dom}\,(S)$가 주어졌다고 하자. 그러면 물론

『$\lim_{j\to\infty} \|f - f_j\|_2 = 0$가 성립하고, 또한
$\bar\partial f_j$도 $L^2_{0,2}(\Omega, \varphi_3)$ 안에서 수렴한다.』

라는 조건을 만족하는 함수열 $f_j \in \Lambda^{0,1}(\Omega) \cap L^2_{0,1}(\Omega, \varphi_2)$ 이 존재한다. (그리고 물론, 함수열 $\bar\partial f_j$의 극한이 Sf를 정의한다.)

이제 η_ν를 이용하면,

$$\begin{aligned} S(\eta_\nu f) &= \lim \bar{\partial}(\eta_\nu f_j) \\ &= \bar{\partial}\eta_\nu \wedge \lim f_j + \eta_\nu \lim \bar{\partial} f_j \\ &= \bar{\partial}\eta_\nu \wedge f + \eta_\nu S f \end{aligned}$$

가 얻어진다. 즉, $S(\eta_\nu f) - \eta_\nu S f = \bar{\partial}\eta_\nu \wedge f$가 성립하는 것이다. 그러므로 (3.15)에 의하여

$$|S(\eta_\nu f) - \eta_\nu S f|^2 e^{-\varphi_3} \le |\bar{\partial}\eta_\nu|^2 e^{-\varphi_3} |f|^2 \le |f|^2 e^{-\varphi_2}$$

를 얻게 된다. 뿐만 아니라, 거의 같은 형태의 계산과 추론이 T에 대해서도 얻어진다. 르베그의 적분 수렴정리에 의하면

$$\|S(\eta_\nu f) - \eta_\nu S f\|_3^2 \to 0, \text{ as } \nu \to \infty$$

가 결과적으로 얻어진다.

$f \in \mathrm{Dom}\,(T^*)$의 경우에는, 임의의 $\eta \in \mathcal{C}_0^\infty(\Omega)$에 대하여, 우선 $\eta f \in \mathrm{Dom}\,(T^*)$가 성립한다는 것이 분명하다. 이유는 이렇다. $u \in \mathrm{Dom}\,(T)$가 임의로 주어졌다면,

$$\begin{aligned} \langle \eta f, Tu \rangle_2 &= \langle f, \bar{\eta} Tu \rangle_2 \\ &= \langle f, T(\bar{\eta} u) \rangle_2 + \langle f, \bar{\eta} Tu - T(\bar{\eta} u) \rangle_2 \\ &= \langle f, T(\bar{\eta} u) \rangle_2 + \langle f, \bar{\partial}\bar{\eta} \wedge u \rangle_2 \end{aligned}$$

가 성립하고, 그래서 u와 무관한 적절한 상수 $C > 0$에 대하여

$|\langle \eta f, Tu\rangle_2| \leq C\|u\|_1$ 가 성립한다. 이제 3.3에 제시된 Dom (T^*) 의 정의와 슈바르츠 부등식에 의하여 $\eta f \in$ Dom (T^*) 를 얻게 된다.

이제

$$
\begin{aligned}
|\langle T^*(\eta_\nu f) - \eta_\nu T^* f, u\rangle_1| &= |\langle T^*(\eta_\nu f), u\rangle_1 - \langle \eta_\nu T^* f, u\rangle_1| \\
&= |\langle f, \bar{\eta}_\nu Tu\rangle_2 - \langle f, T(\bar{\eta}_\nu u)\rangle_2| \\
&= |\langle f, \bar{\partial}\bar{\eta}_\nu \wedge u\rangle_2| \\
&\leq \int_\Omega |f| \cdot |\bar{\partial}\bar{\eta}_\nu| e^{-\varphi_2} \cdot |u| \; d\text{vol} \\
&= \int_\Omega |f| e^{-\frac{\varphi_2}{2}} \cdot |u| |\bar{\partial}\bar{\eta}_\nu| e^{-\frac{\varphi_2}{2}} \; d\text{vol} \\
&\leq \int_\Omega |f| e^{-\frac{\varphi_2}{2}} |u| e^{-\frac{\varphi_1}{2}} \; d\text{vol} \\
&\qquad \text{(여기에 도움정리의 가정을 사용했다!)} \\
&\leq \|f\|_2 \|u\|_1
\end{aligned}
$$

가 성립하기 때문에, 르베그 적분 수렴정리에 의하여 $\lim_{\nu\to\infty} \|T^*(\eta_\nu f) - \eta_\nu T^* f\|_1 = 0$ 를 얻는데, 이로써 근사 이론의 제1 단계 (1)의 증명이 완결된다.

증명의 완결을 위해서는 콤팩트 토대를 가지는 Dom $(T^*) \cap$ Dom S 의 임의의 원소가 주어졌을 때, $\mathcal{C}^\infty$ 급 미분형식 중에서 콤팩트 토대를 가지는 것들로, 그래프 노름 $u \to \|u\| + \|T^*(u)\| + \|S(u)\|$ 을 기준으로 하여 근사시킬 수 있음을 보여야 한다. 이를 위하여 회르만더 교수는 소위 "단위구 영역 안에 콤팩트 토대를 가지는 매끄럽고 동그란 융기 (round bump)" χ 를 생각한 다음

$\chi_\epsilon(x) = \epsilon^{-2n}\chi(\epsilon^{-1}x)$ 를 생각하고 소위 "합성곱(convolution)" 이라는 것을 사용한다. [n은 영역 Ω의 복소 차원이다].

우선 임의의 $f \in \mathrm{Dom}\,(T^*) \cap \mathrm{Dom}\,S$가 주어졌으면, 합성곱 $\chi_\epsilon * f$의 결과는 매끄러운 미분 형식이며 그 토대는 f의 원래 토대의 ϵ 거리 이내에 있게 된다. 그러므로 지금부터는 f의 토대가 콤팩트인 것만 고려하기로 한다.

물론 $\lim_{\epsilon\downarrow 0} \|\chi_\epsilon * f - f\|_2 = 0$는 이제 당연하다. 작용소 S가 상수계수 작용소의 폐포이므로 $S(f * \chi_\epsilon) = (Sf) * \chi_\epsilon$와 $\lim_{\epsilon\downarrow 0} \|S(\chi_\epsilon * f) - Sf\|_2 = 0$도 당연히 성립한다. 한편, T^*는 상수계수 작용소가 아니지만, (3.6)에서 계산으로 확인했던 바에 의해서, $e^{-\psi}T^*$가 상수계수 작용소 (ϑ라 두자.)와 0차 작용소 (즉, 함수의 곱 작용소, a라 두자.)의 합으로 표현되기 때문에

$$
\begin{aligned}
e^{-\psi}T^*(f * \chi_\epsilon) &= (\vartheta f) * \chi_\epsilon + a(f * \chi_\epsilon) \\
&= \big((\vartheta + a)f\big) * \chi_\epsilon - (af) * \chi_\epsilon + a(f * \chi_\epsilon)
\end{aligned}
$$

가 성립함을 확인할 수 있고, 마지막 변은 L^2 노름을 기준으로 $\vartheta + a)f - af + af = (\vartheta + a)f$에 수렴한다. 따라서 이제까지 얻은 결과를 모으면, $\lim_{\epsilon\downarrow 0} \|T^*(f * \chi_\epsilon) - T^*f\|_1 = 0$라는 결론에 도달하게 되며, 동시에 도움정리의 증명도 완결된다. □

지금 진행하는 논증의 완성을 위해서는 위 도움 정리의 가정을 만족하는 함수 ψ의 존재 증명이 필요하다. 즉 아래 도움 정리를 확립해야 한다.

도움정리 3.3.6 영역 $\Omega \subset \mathbb{C}^n$ 위에 정의되며 그 안에서 콤팩트 토대를 가지는 $\mathcal{C}^\infty$급 실함수열 $\{\eta_\nu \in \mathcal{C}_0^\infty(\Omega) \colon \nu = 1, 2, \cdots\}$이 두 조건

(1) $0 \le \eta_\nu \le 1, \quad \forall \nu.$

(2) 임의의 콤팩트 부분집합 $K \Subset \Omega$에 대하여 에 대하여, 번호 ν가 N 이상이면 조건 $\eta_\nu(z) = 1, \forall z \in K$가 만족되게 하는 양의 정수 N이 존재한다.

를 만족하며 주어졌다고 하자. 만약, 그러면 조건

$$\sum_{k=1}^{n} \left| \frac{\partial \eta_\nu}{\partial z_k} \right|^2 \le e^\psi, \quad \forall \nu = 1, 2, \cdots \tag{3.15}$$

을 만족하는 함수 ψ가 존재한다.

증명은 어렵지 않다. 생략한다.

3.3.8 $\bar{\partial}$ 방정식의 풀이; 그 존재에 관한 회르만더 정리

앞 절까지 소개한 내용을 종합하면 주어진 영역이 해석 영역이면 $\bar{\partial}$문제의 L^2 풀이의 존재성이 얻어진다. 그렇지만 회르만더 교수는 여기에 좀 더 강한 결론을 첨가한 존재 정리를 얻어내었다. 여기 그 내용을 소개하려고 한다.[11] 아래 정리의 서술에서 $\bar{\partial}$는 실제로 $\bar{\partial}$의 폐포를 나타낸다는 점을 분명히 해 둔다.

[11] L. Hörmander (1990), *An introduction to complex analysis in several variables* (3rd revised ed.), North-Holland; Theorem 4.4.2., Section 4.4, p. 94.

지금부터는 르베그 측도(Lebesgue measure) $d\lambda$와 르베그 적분을 별도 설명 없이 사용할 것이다.[12]

정리 3.3.7 (Hörmander) **$\mathbb{C}^n$의 부분 영역 Ω가 하톡스 준볼록 영역이고, φ가 이 영역에 정의된 다중 버금 조화함수라 하자. 그러면 조선 $\bar\partial g = 0$를 만족하는 임의의 원소 $g \in L^2_{p,q+1}(\Omega, \varphi)$에 대하여 조건 $\bar\partial u = g$와 부등식 조건**

$$\int_\Omega \frac{|u|^2}{(1+\|z\|^2)^2} e^{-\varphi} d\lambda \le \int_\Omega |g|^2 e^{-\varphi} d\lambda$$

를 만족하는 $u \in L^2_{p,q}(\Omega, \boldsymbol{loc})$가 존재한다.

이 정리에 등장한 다중 버금 조화함수 φ는 대단히 일반적인 것이다. 즉, (1) 이 함수는 위쪽 반연속 함수로서 그 치역이 $-\infty \le \varphi < +\infty$이며, (2) 임의의 복소 1차원 원반에 국한하였을 때 버금조화함수가 되는 조건만을 만족하는 대상이다. 이 점은 매우 쓸모가 많으므로 특히 강조해 둔다.

이 정리는 사실 바로 아래 소개하는 도움정리의 결과로 따라온다. 먼저 도움정리를 소개/증명하고 위 정리의 증명을 소개하겠는데, 이 부분을 포함하여 이 마디의 내용은 회르만더 교수의 증명을 거의 가감 없이 그대로 옮겨 번역한 것임을 다시 한 번 밝혀 둔다.

---

[12] 물론 이전까지 썼던 $d$vol와 같은 것으로 취급할 것이다. 하지만 리만 적분을 주로 사용했던 이전의 표현 보다는 르베그 적분을 사용하는 것이 L^2 이론을 사용하는 지금의 이론 전개에 보다 적절하다.

도움정리 3.3.8 (Hörmander) Ω가 $\mathbb{C}^n$의 하톡스 준볼록 부분영역이고, φ가 이 영역에 정의된 C^2급 함수로서 그 레비 형식이 적절한 양수함수 $c\colon \Omega \to \mathbb{R}$에 대하여 부등식 조건

$$\mathcal{L}_\varphi(w, \bar{w}) \geq c|w|^2, \quad \forall w \in \mathbb{C}^n$$

가 Ω의 임의의 점에서 성립한다고 하자. 만약 원소 $g \in L^2_{p,q+1}(\Omega, \varphi)$가 조건 $\bar{\partial} g = 0$와 $\int_\Omega |g|^2 e^{-\varphi} \frac{2}{c}\, d\lambda$의 값이 유한하다는 조건을 모두 만족한다면, 조건 $\bar{\partial} u = g$와 부등식 조건

$$\int_\Omega |u|^2 e^{-\varphi} d\lambda \leq \int_\Omega |g|^2 e^{-\varphi} \frac{2}{c}\, d\lambda$$

를 만족하는 원소 $u \in L^2_{p,q}(\Omega, \varphi)$가 존재한다.

증명. $s\colon \Omega \to \mathbb{R}$를 준등고 집합(sublevel set)이 모두 콤팩트인 C^∞급 다중 참 버금조화 함수라 두고, $a > 0$는 임의로 선택된 상수라 하자. 그러면, 조건

$$\eta_\nu(z) = 1,\ \forall z \in \Omega_{a+1} := \{z \in \Omega\colon s(z) < a + 1\}$$

를 만족하고, 콤팩트 토대를 가지는 매끄러운 돌기함수(bump function) η_ν를 선택할 수 있다.

이 시점에서 앞에서 사용된 함수 ψ가 Ω_{a+1} 위에서는 0함수가 되도록 안배할 수 있음을 짚고 넘어가기로 하자.

이제 함수 $\chi\colon \mathbb{R} \to \mathbb{R}$를 택하되 조건

- $\chi \geq 0$.

- $\chi(t) = 0\ \forall t \leq a$.
- $\chi'(t)$ 은 충분히 크다.
- $\chi'' \geq 0$.

를 모두 만족하게 하고, $\tilde{\varphi} - \varphi + \chi \circ s$로 두어 식

$$\tilde{\varphi} - 2\psi = \varphi + \chi \circ s - 2\psi \geq \varphi$$
$$(\chi' \circ s)\mathcal{L}_s(w, \bar{w}) \geq |\partial\psi|^2 \|w\|^2$$

이 성립하게 하자. 그러면, 근본 계측 부등식 (3.11) (필요하다면 (3.13)도 사용할 것)에 φ 대신 $\tilde{\varphi}$를 대입하여 사용함으로써, 부등식

$$\int_\Omega c|f|^2 e^{-\tilde{\varphi}} d\lambda \leq 2\|T^* f\|^2_{\varphi_1} + \|Sf\|^2_{\varphi_3}$$

가 임의의 $f \in \mathrm{Dom}\,(T^*) \cap \mathrm{Dom}\,(S)$에 대하여 성립한다는 결과를 얻게 된다.

함수 χ가 조건 $\chi \circ s - 2\psi \geq 0$를 만족하도록 선택되었기 때문에,

$$2\varphi_2 - \varphi - \tilde{\varphi} = 2(\tilde{\varphi} - \psi) - \varphi - \tilde{\varphi}$$
$$= \tilde{\varphi} - 2\psi - \varphi = \chi \circ s - 2\psi \geq 0$$

도 성립하게 된다. 이제 만약 $2\int_\Omega |g|^2 e^{-\varphi}/c\ d\lambda$의 값이 유한하다면, 함수 g에 적절한 상수를 곱함으로써 이 값이 1 보다 크지 않도록 만들 수 있다. 따라서 이 안배 하에서는 f가 조건

$f \in \mathrm{Dom}\,(T^*) \cap \mathrm{Dom}\,(S)$ 을 만족하는 한, 항상 부등식

$$
\begin{aligned}
|\langle g, f\rangle_{\varphi_2}|^2 &\le \frac{1}{2}\int_\Omega c|f|^2 e^{-\tilde\varphi} d\lambda \cdot \int_\Omega 2|g|^2 e^{-\tilde\varphi}/c\, d\lambda \\
&\le \frac{1}{2}\int_\Omega c|f|^2 e^{-\tilde\varphi} d\lambda \cdot \int_\Omega 2|g|^2 e^{-\varphi}/c\, d\lambda \\
&\le \frac{1}{2}\int_\Omega c|f|^2 e^{-\tilde\varphi} d\lambda \\
&\le \|T^* f\|^2_{\varphi_1} + \frac{1}{2}\|Sf\|^2_{\varphi_3}
\end{aligned}
$$

가 성립하게 된다.

결과적으로 $f \in \mathrm{Ker}\,(S)$ 인 경우에는 항상

$$|\langle g, f\rangle_{\varphi_2}|^2 \le \|T^* f\|^2_{\varphi_1}$$

가 성립하게 된다.

대조적으로 만약 $f \in \mathrm{Ker}\,(S)^\perp$ 가 성립한다면, 조건 $S\circ T = 0$ 때문에 $f \in \mathrm{Ran}\,(T)^\perp$ 가 성립하게 되고, 따라서 임의의 $u \in \mathrm{Dom}\,(T)$ 에 대해서 $\langle T^* f, u\rangle_{\varphi_1} = \langle f, Tu\rangle_{\varphi_2} = 0$ 가 성립하게 된다. 이제 T 가 조밀하게 정의된 사실을 이용하면 $T^* f = 0$ 가 얻어지고, 결론적으로 $\langle g, f\rangle_{\varphi_2} = 0$ 도 얻게 된다.

이제까지의 논증을 종합하면, 대응관계 $\alpha\colon T^* f \to \langle g, f\rangle_{\varphi_2}$ 가 부분공간 $u \in \mathrm{Dom}\,(T)$ 위에 유계 선형 작용소를 정의한다는 결론에 도달하게 되고, 따라서 한/바나흐 (확장) 정리를 적용하여 이를 $\mathcal{H}_1$ 전체에 정의되는 유계 작용소로 확장할 수 있다. 전처럼 여기에 리스 표현정리 (Riesz Representation Theorem) 를 적용하여 조건

- $\int_{\Omega} |u_a|^2 e^{-\varphi_1} d\lambda$의 값이 유한하다.
- $\langle g, f\rangle_{\varphi_2} = \langle u_a, T^* f\rangle_{\varphi_1}, \quad \forall f \in \mathrm{Dom}\,(T^*)$.

를 만족하는 $u_a \in \mathcal{H}_1 = L^2_{p,q}(\Omega, \varphi_1)$가 존재한다는 것을 알 수 있게 된다. 물론 이로부터 $Tu_a = g$가 따라온다.

이제 $+\infty$로 발산하는 증가수열 a_j를 취하면서 u_{a_j}가 L^2 노름 기준으로, 임의의 고정된 $a \in \mathbb{R}$에 대하여, Ω_a 위에서 u로 수렴하게 하면, 부등식

$$\int_{\Omega_a} |u|^2 e^{-\varphi} d\lambda \leq 1$$

가 성립하게 되고, 이로써 보조정리의 증명이 완결된다. □

정리 3.3.7의 증명은 위 보조정리로부터 그리 어렵지 않게 따라오게 된다. 회르만더 교수의 증명을 계속 따라가 보자.

정리 3.3.7의 증명. 회르만더 교수는 φ가 $\mathcal{C}^2$ 급인 경우에서 출발한다. 보조정리에서 φ 대신 $\varphi + 2\log(1+|z|^2)$를 대입하자. 직접 계산에 의해

$$\begin{aligned}
&\mathcal{L}_{\log(1+|z|^2)}(w, \bar{w}) \\
&\qquad = \frac{1}{(1+|z|^2)^2}(|w|^2(1+|z|^2) - |\langle w, z\rangle|^2) \\
&\qquad \geq \frac{|w|^2}{(1+|z|^2)^2}
\end{aligned}$$

가 성립하기 때문에 $c = 2(1+|z|^2)^{-2}$로 두면 정리의 계측을 얻게 된다.

일반적인 경우의 증명을 위해 임의의 실수 $a \in \mathbb{R}$에 대하여 $\Omega_a = \{z \in \Omega \colon s(z) < a\}$를 정의하자. 그러면 이 집합의 폐포가 Ω의 부분집합이고 또 콤팩트이며, 이 열린 집합이 준볼록임이 모두 명백하다. 따라서 매끄러운 함수들로 이루어지고 φ로 수렴하는 단순 감소하는 다중 버금조화 함수열 φ_ϵ이 존재하게 된다. 이제 조건 $\bar{\partial} u_\epsilon = g$와 계측

$$\begin{aligned}\int_{\Omega_{a(\epsilon)}} |u_\epsilon|^2 e^{-\varphi_\epsilon}(1+|z|^2)^{-2} d\lambda \\ \leq \int_{\Omega_{a(\epsilon)}} |g|^2 e^{-\varphi_\epsilon} d\lambda \\ \leq \int_{\Omega} |g|^2 e^{-\varphi} d\lambda.\end{aligned}$$

를 모두 만족하는 $u_\epsilon \in L^2_{p,q}(\Omega_{a(\epsilon)}, \varphi_\epsilon)$를 사용하자. 그러면 $L^2_{p,q}(\Omega, \mathrm{loc})$ 수렴을 기준으로 영역 Ω_a 위에서 ("약한" 의미로) u에 수렴하는 부분수열 u_{ϵ_j}가 존재하게 된다. 따라서 임의의 양수 ϵ과 실수 $a \in \mathbb{R}$에 대하여 부등식

$$\int_{\Omega_a} |u|^2 e^{-\varphi_\epsilon} d\lambda \leq \int_{\Omega} |g|^2 e^{-\varphi} d\lambda$$

가 성립하게 되는데, 이제 $\epsilon \downarrow 0$과 $a \uparrow +\infty$를 적용하면, 원하는 결론을 얻게 되고 증명도 완결된다. □

3.3.9 $\bar{\partial}$ 방정식의 정칙성과 문제의 해결

원래 $\bar{\partial}$ 문제가 $\mathcal{C}^\infty$ 급인 매끄러운 $(0,1)$ 미분형식 f에 대하여 이 미분 형식이 조건 $\bar{\partial} f = 0$을 만족할 경우에 방정식 $\bar{\partial} u = f$

를 만족하는 $\mathcal{C}^\infty$ 급의 매끄러운 함수 u가 존재하는지를 보이는 것이었음을 기억하자. 하지만 이제까지 얻은 풀이는 매끄러운 함수의 범위가 아닌 국소적으로 제곱 적분가능 (L^2 급) 정도의 수준에서 얻어졌다. 따라서 풀이의 정칙성 (regularity)에 관한 분석과 명확한 결론이 필요하다.

실제로 정칙성 연구는 잘 구성되어 있는데, 전통적인 타원형 미분방정식 (partial differential equations of elliptic type) 이론에 기반한 것이고, 비교적 널리 알려진 까닭에 여기에서는 개요만 소개하려고 한다.

임의의 $v \in C^\infty(\Omega)$에 대하여

$$\bar{\partial}^*\bar{\partial}v = -e^{-\psi}\sum_{j=1}^{n}\Big(\frac{\partial^2 v}{\partial z_j \partial \bar{z}_j} + \frac{\partial(\psi-\varphi)}{\partial z_j}\frac{\partial v}{\partial \bar{z}_j}\Big)$$

가 성립하기 때문에 $L = \bar{\partial}^*\bar{\partial}$가 타원형 작용소 (elliptic operator)인 것은 명백하다. 뿐만 아니라 매끄러운 가중치함수에 대해서는 $\bar{\partial}^* g \in C^\infty$가 성립하는 것도 분명하다. 이제, 방정식

$$Lu = \bar{\partial}^*\bar{\partial}u = \bar{\partial}^* g$$

에 타원형 미분작용소의 정칙성 이론을 적용하면, 원하던 바와 같이 $u \in C^\infty(\Omega)$를 얻게 된다.

이 단순한 예는 보다 일반적인 정칙성의 증명의 일부인데, 일반적인 정칙성 이론은 G. B. Folland/ J. J. Kohn 교수들의 저서 [Folland/Kohn 1972]에서 읽을 수 있는데, 우리에게 필요한 내용만 간단히 정리하면 아래와 같다.

일반적인 (p,q) 미분 형식에 대해서는 작용소를 $\Box = \bar\partial\bar\partial^* + \bar\partial^*\bar\partial$로 정의하는데 이것은 공간 $\Lambda^{p,q}(\Omega)$ 위에 정의되며, 타원형 선형 편미분 작용소라는 것도 쉽게 확인할 수 있다.[13] 이제 미분 형식 $f \in \Lambda^{p,q+1}(\Omega)$가 조건 $\bar\partial f = 0$을 만족한다고 하자. 만약 $u \in L^2_{p,q}(\Omega, \varphi)$가 방정식 $\bar\partial u = f$를 만족할 뿐만 아니라 또 하나의 방정식 $\bar\partial^* u = 0$도 만족한다면, 당연히

$$\Box u = \bar\partial^*\bar\partial u = \bar\partial^* f$$

가 성립하게 된다. 따라서 만일 $f \in \Lambda^{p.q+1}(\Omega)$가 성립하는 매끄러운 미분 형식이라면, u도 매끄러운 미분형식이 되어 조건 $u \in \Lambda^{p,q}(\Omega)$가 만족되는 것이 당연하게 되는 것이다.

그렇다면 홀연히 나타난 부대 조건 $\bar\partial^* u = 0$은 무엇일까? 이건

$$\langle \bar\partial^* u, \alpha\rangle_{\varphi-\psi} = \langle u, \bar\partial\alpha\rangle_\varphi, \quad \forall\alpha \in \mathrm{Dom}\,(\bar\partial)$$

에서 바로 관찰할 수 있듯이,

$$u \perp \mathrm{Range}\,(\bar\partial)$$

라는 관계식이 공간 $L^2_{p,q}(\Omega, \varphi)$의 내적 $\langle\ ,\ \rangle_\varphi$에 의한 방정식으로 주어지는 조건과 동등하다. 그러므로 이 부대 조건은 소위 말하는 직교 정사영을 이용하면 항상 성취할 수 있는 조건이고, 따라서

[13] 이 작용소 $\Box$는 보통 J. J. Kohn 교수의 이름을 붙여 "콘 라플라스 작용소 (Kohn's Laplacian)", 또는 기호의 모양을 따라 "박스 라플라시안 (Box Laplacian)"이라는 이름으로 부른다. 물론 이 구성은 하지 이론 (Hodge theory)의 "라플라스-벨트라미 작용소 (Laplace-Beltrami operator)의 일종이다.

정칙성을 만족하는 $\bar{\partial}$ 방정식의 풀이는 항상 존재한다는 멋지고도 유용한 결론을 얻을 수 있는 것이다.

이것으로

> **정리 3.3.9 ($\bar{\partial}$-코호몰로지 소멸정리)** **임의의 자연수** $n \geq 1$ **에 대하여** $\mathbb{C}^n$ **안의 부분영역** Ω**가 하톡스 준볼록이면,** $H^{0,1}(\Omega) = 0$**가 성립한다.**

의 증명이 완결되었다. 물론 같은 증명방법으로 $H^(0, q) = 0$가 임의의 자연수 $q \in \{1, \ldots, n-1\}$에 대해 성립한다는 것을 얻을 수 있으나 이 책에서는 비교적 계산을 추적하기 쉬운 위 정리만 명확히 증명하였다.

그러나 위의 정리만 가지고도 레비 문제를 완결하는 데에는 불편함이 없다. 다음 절에서 이를 매듭지을 것이다.

보충 3.3.1 정칙성 문제의 기초는 "약한 의미(weak sense)"로 조화함수인 함수는 "강한 의미(strong sense)"로, 즉 $\mathcal{C}^2$급으로 조화함수인, 다시 말해서 라플라스 연산자 Δ가 정의하는 미분방정식 $\Delta u = 0$의 풀이가 된다는 해석학적인 이해에서 출발하였다고 해도 과언이 아니다. 조화함수가 만족하는 평균값정리와 그 결과인 최대/최소값정리, 그리고 디리클레 문제의 해결 등에 의해 이 결과가 쉽게 얻어지는 것을 기본 복소함수론에서 독자들이 이미 배웠을 것이다. 결과적으로 약한 의미의 복소해석함수가 항상 강한 의미의 복소해석함수라는 결론을 얻을 수 있다. 이를 이용하면 특히 $\bar{\partial} u = f$를 레비 문제의 해결을 위해 $(0, 1)$ 형식

f에 대해 풀어낼 때 사용했던 경우로 국한할 때 u의 정칙성을 매우 쉽게 얻어낼 수 있다. 위의 일반적인 이론을 쓸 필요가 없는 것이다. 이것을 독자 스스로 확인해 보기 바라는 마음에서—약간 난삽할 수도 있을 것 같지만—연습문제로 남겨 둔다.

3.4 레비 문제의 해결

이제 레비 문제의 결론을 맺으려 한다. 이를 위해 정리 3.2.1의 증명을 다시 조명해 보자. 우선 그 논증 방법으로부터 아래 정리가 쉽게 얻어진다.

정리 3.4.1 $\mathbb{C}^n$ **안에 있는 영역** Ω**와** $\Omega \cap \Pi$**가 공집합이 아닌 복소** $n-1$**차원 초평면** Π**가 있다고 하자. 만일** $H^{0,1}(\Omega) = 0$ **가 성립하면, 임의의 해석함수** $f \in \mathcal{O}(\Omega \cap \Pi)$ **에 대하여 조건** $\tilde{f}(z) = f(z), \forall z \in \Omega \cap \Pi$ **를 만족하는 해석함수** $\tilde{f} \in \mathcal{O}(\Omega)$ **가 존재한다.**

이 정리와 이제까지의 많은 논증과 정리를 이용하여 이제 레비 문제의 해결을 주는 정리를 증명하려고 한다.

정리 3.4.2 (레비 문제의 해결) $\mathbb{C}^n$ **안의 영역** Ω**가 하톡스 준볼록이면, 이** Ω**는 항상 해석영역이다.**

증명. 하톡스 준볼록 영역 $\Omega \subset \mathbb{C}^n$ 이 주어졌고, 조건

$$V \not\subset \Omega, \quad V \cap \Omega \neq \varnothing$$

를 만족하는 연결된 열린 집합 V 이 임의로 주어졌다고 하자. 그러면 내부에서부터 구면접촉성을 가지는 Ω 의 경계점 p를 하나 택하고 이 점과 구면의 중심—q라 하자—을 지나는 복소 $n-1$ 차원 복소 아핀(affine) 초평면 Π_1 을 하나 선택하자.

$$\Omega_1 := \Pi_1 \cap \Omega$$

로 두고, 이번에는 Π_1 안에서 구의 중심 q와 경계점 p를 지나는 복소 $n-2$차원 복소 아핀 초평면 Π_2를 택한다. 다시

$$\Omega_2 := \Pi_2 \cap \Pi_1 \cap \Omega$$

라 두고 이를 반복하여

$$\Omega \supset \Omega_1 \supset \cdots \supset \Omega_{n-1}$$

을 얻는다. 자연수 $k \in \{1, \ldots, n-1\}$ 마다, Π_k는 $\mathbb{C}^{n-k}$와 복소 아핀 함수에 의해 해석동형관계에 있으며 각 $\Omega_k, k = 1, \ldots, n-1$는 Π_k의 열린 부분집합이다. 영역이 하톡스 준볼록이라는 조건과 영역에 다중버금조화 채움함수 (plurisubharmonic exhaustion function)이 존재한다는 조건이 서로 동치관계에 있고, 다중버금조화 채움함수를 위의 Ω_k에 국한시킨 함수가 다시 다중버금조화 채움함수가 된다는 특징 때문에 각각의 Ω_k 들이 하톡스 준볼록이며, 그래서 조건 $H^{0,1}(\Omega_k) = 0$가 임의의 $k \in \{1, \ldots, n-1\}$에 대해 만족된다.

이제 Ω_{n-2}에 이 조건을 사용하여 정리 3.2.1를 적용하면,

$$\lim_{\Omega_{n-1} \ni z \to p} f_{n-2}(z) = \infty$$

를 만족하는 $f_{n-2} \in \mathcal{O}(\Omega_{n-2})$가 구성된다. ($f_{n-1}(z) = (z-p)^{-1}$로부터 출발하여 확장을 시작한다.) 여기에 정리 3.4.1를 다시 적용하면, 단계적으로 f_{n-2}를 확장한 $f_{n-3} \in \mathcal{O}(\Omega_{n-3})$, 그리고 계속해서 $f_{n-k} \in \mathcal{O}(\Omega_{n-k})$가 $k = 1, \ldots, n-1$까지

만들어진다. 그러면 최후로 $H^{0,1}(\Omega) = 0$를 이용하여 $f_1 \in \mathcal{O}(\Omega_1)$을 확장한 $f \in \mathcal{O}(\Omega)$가 구성되는데, 이 함수 f는 여전히 $\lim_{\Omega_{n-1} \ni z \to p} f(z) = \infty$를 만족한다. 따라서 위에 설정한 V에 대해서는 공집합이 아닌 열린 집합 $U \subset V \cap \Omega$를 어떻게 택하더라도, 임의의 $z \in U$에 대해서 $\tilde{f}(z) = f(z)$를 만족하는 해석함수 $\tilde{f} \in \mathcal{O}(V)$가 존재할 수 없다. $p \in V$이므로 $\tilde{f}(p) \in \mathbb{C}$가 성립해야 하겠지만 f의 구성 때문에

$$\tilde{f}(p) = \lim_{\Omega_{n-1} \ni z \to p} f(z) = \infty$$

도 성립해야 하기 때문이다.

결론적으로 Ω가 해석영역이어야 하며, 따라서 증명이 완결되었다. □

본질적으로 같은 생각과 논증을 거치지만 아래 정리도 그 자체로 의미가 있다.

> **정리 3.4.3** 영역 $\Omega \subset \mathbb{C}^n$이 조건
>
> $$(\star_n) \quad H^{0,q}(\Omega) = 0, \forall q = 1, \ldots, n-1$$
>
> 를 만족하면, Ω는 해석영역이다.

증명. 위와 마찬가지로 $p \in \partial\Omega$가 영역에 포함되며 중심이 $p_0 \in \Omega$에 있으며 반지름이 $\|p - p_0\|$인 단위구 영역이 존재하는 경계점—이를 앞에서 "구면접촉형 경계점"이라고 불렀다—을 택하고 두 점 p, p_0를 지나며 $\mathbb{C}^n$과 복소 아핀(affine) 해석함수에

의해 해석동형인 복소 $n-1$ 차원 복소 초평면을 택하여 Π라 쓰자. 그러면 우리의 목표는

$$(\star_{n-1})\quad H^{0,q}(\Omega\cap\Pi)=0, \forall q\in\{1,\ldots,n-2\}$$

를 증명하는 데 있다. 일단 증명이 되고 나면, 수학적귀납법으로 $(\star_n),\ldots,(\star_2)$를 증명할 수 있게 될 것이고, 그 후의 과정 즉, p점에서 무한대가 되는 해석함수 $f\in\mathcal{O}(\Omega)$를 앞에서와 같은 방법으로 구성할 수 있어서 원하는 증명이 만들어지기 때문에, 우리는 $(\star_n)\Rightarrow(\star_{n-1})$만 증명할 예정이다.

이제, $\bar\partial\omega=0$를 만족하는 미분형식 $\omega\in\Lambda^{0,q}(\Omega\cap\Pi)$을 택하고, $\bar\partial\alpha=\omega$를 만족하는 $\alpha\in\Lambda^{0,q-1}(\Omega\cap\Pi)$가 존재함을 보이려고 한다.

논증의 일반성을 잃지 않으면서도 $\Pi=\{(z_1,\ldots,z_n)\in\mathbb{C}^n : z_n=0\}$라고 가정할 수 있으므로 그리 하기로 하자. 그리고

$$\hat\omega(z_1,\ldots,z_{n-1},z_n)=\omega(z_1,\ldots,z_{n-1})$$

으로 정의하면, $\Omega\cap\Pi$의 적절한 열린 근방으로 조건 $\Omega\cap\Pi\subset V\subset\Omega$가 존재하게 된다. 이제 $\mathcal{C}^\infty$ 급 함수 $\rho\colon\Omega\to\mathbb{R}$ 중에서 토대가 조건 supp $\rho\subset V\cap\partial(\Omega\cap\Pi)$를 만족하면서도 토대의 내포(interior)안에 들어 있으면서 동시에 $\Omega\cap\Pi$를 포함하는 충분히 작은 열린 집합 위에서 $\rho\equiv1$을 만족하는 것을 택한다. (이 구성은 매끄러운 단위 분할(smooth partition of unity)을 사용하면 된다.) 그런 다음

$$\bar\partial\hat u=\bar\partial\Big(\frac{1}{z_n}\rho\hat\omega\Big)$$

를 만족하는 $\hat{u} \in \Lambda^{0,q}(\Omega)$를 택한다. 이것은 $(\star_n)$ 덕분에 가능하다.

이제 $\rho\hat{\omega} - z_n\hat{u} \in \Lambda^{0,q}(\Omega)$와 $\bar{\partial}(\rho\hat{\omega} - z_n\hat{u}) = 0$가 만족되므로,

$$\bar{\partial}v = \rho\hat{\omega} - z_n\hat{u}$$

가 만족되는 $v \in \Lambda^{0,q-1}(\Omega)$가 존재한다. 직접 계산에 의해

$$\bar{\partial}|_{\Pi}(v|_{\Pi\cap\Omega}) = (\bar{\partial}v)|_{\Pi} = \big(\rho\hat{\omega} - z_n\hat{u}\big)\big|_{\Pi} = \hat{\omega}|_{\Pi} = \omega$$

를 얻는다. 이제 증명하려던 바를 얻었다. 이것으로 논증 과정을 줄인다. □

보충 3.4.1 $\bar{\partial}$-편미분 방정식이든 $\bar{\partial}$-사슬복체의 돌보 코호몰로지이든 레비 문제 해결을 위해 가장 결정적인 부분은 이들이 한 부분에 정의된 해석함수를 보다 큰 영역으로 확장시킨다는 사실을 확립하고 이용하는 것이었다. 이 점은 복소함수론 뿐 아니라 복소기하학 전반에 무척 유용한 원리임을 메모해 두었으면 한다.

레비 문제의 해결의 원조는 일본 오사카 태생의 수학자 오카 기요시 (岡潔) 교수였다. 그이는 $\bar{\partial}$ 방정식이나 $\bar{\partial}$-사슬복체, 돌보 코호몰로지를 쓰지 않았고, 본질적으로 동등한 쉬프 코호몰로지의 개념의 원조인 쿠산(Cousin) 방법론을 사용하였다. 쿠산 방법론은 그 자체로 또다른 의미가 있으므로 다음 절에서 다시 다룰 예정이다.

레비 문제의 해결은 다변복소함수론의 기초를 다지는데 꼭 필요한 것이지만 이제 그 목적을 이룬 후에는 집착을 풀고 다변

복소함수론의 이론을 개발하고 발전시켜야 할 것이다. 어떻게 해야 할 것인가? 선진들은 어떻게 무엇을 시도하고 성취했으며, 후학들은 무엇을 시도하고 성취할 것인가? 계속 배우면서 상상의 나래를 펼칠 마음의 준비를 한 채로 고차원 복소함수론의 세계로 들어가 보기로 하자.

4 코호몰로지 소멸정리와 동형정리

4.1 쿠산 문제와 쉬프 코호몰로지

레비 문제 해결의 첫 번째 관문은 복소 2차원의 경우 **오카 키요시 (岡潔; Oka, Kiyoshi)**[1] 교수가 열었고, 이 업적이 레비 문제에 관한 한 만족스러운 수준의 해결까지에 이르는 결정적인 열쇠를 제공하였는데, 오카 교수는 이제까지 우리가 소개한 $\bar{\partial}$ 편미분 방정식 방법론이 아니라 함수의 확장 문제를 다룬 쿠산 문제[2]를 해결하는 방법, 즉 현대 언어로는 쉬프 코호몰로지 방법론을 사용하였다. 역사적인 의미 뿐만이 아니라 그 자체로 수학적인 의미가 큰 이 방법론을 소개하려는 것이 이 마디의 목적이다.

이 방법론에 관하여 저자가 처음 배운 것은 1변수 복소함수론의 유명한 정리인 미타그레플러 정리를 원래 증명과 완전히 다른 코호몰로지 방법론으로 이해할 수 있다는 것이었다.[3] 그 내용부터 소개해 보자.

4.1.1 미타그레플러 정리와 제1 쿠산 문제

일변수 복소함수론의 미타그레플러 정리는 아래와 같다.

---

[1] K. Oka (1901-1978, 일본), 다변복소함수론.

[2] P. Cousin (1895), "Sur les fonctions de variables," Acta Math.

[3] Gösta Mittag-Leffler (1846-1927, 스웨덴), 함수론.

정리 4.1.1 (Mittag-Leffler) 만약, 복소평면 $\mathbb{C}$ 안의 임의의 영역 Ω에 집적점을 가지지 않는 점열 $\{a_j\}$와 유리함수 $P_j(z) = \sum_{k=1}^{N_j} \frac{b_{-k}}{(z-a_j)^k}$ 가 임의로 주어졌다면, 각 점 a_j 근방에서 로랑 전개식의 주요부분(**principal part**)이 $P_j(z)$와 일치하는 해석분수함수(**meromorphic function**)[4] $g\colon \Omega \setminus \{a_j\colon j=1,2,\ldots\} \to \mathbb{C}$가 존재한다.

영역 Ω와 점열 $\{a_j\}$ 및 유리함수 P_j가 정리의 가정대로 주어졌다고 하자. 그러면 각 j마다 충분히 작은 양수 r_j를 택하여 $U_j = \{z \in \mathbb{C}\colon |z-a_j| < r_j\}$가 포함 관계 조건인 $U_j \subset \Omega$와, $k \neq j$일 때 $a_k \notin U_j$라는 조건부 포함관계를 만족하게 하고, $U_0 := \Omega \setminus \{a_j\colon j=1,2,\ldots\}$로 둔 다음 집합 $\mathcal{U} := \{U_j\colon j=0,1,2,\ldots\}$를 정의하자. 그러면 당연히 $\mathcal{U}$는 Ω의 피복(cover)이 된다.

이제, 조건 $U_i \cap U_j \neq \varnothing$가 성립할 경우 해석함수 $g_{ij}\colon U_i \cap U_j$들을 대응시키되 조건

(1) $g_{ij} + g_{ji} = 0$과

(2) $U_i \cap U_j \cap U_k \neq \varnothing$가 성립할 경우에는 이 집합의 임의의 점에서 $g_{ij} + g_{jk} + g_{ki} = 0$

가 만족되게 하는 경우, **쿠산의 첫 번째 문제(The first Cousin problem)**는 조건

$$g_{ij} = g_j - g_i$$

가 영역 $U_i \cap U_j$ 의 임의의 점에서 성립하게 하도록 하는 해석함수 $g_j : U_j \to \mathbb{C}$가 각 첨수 j마다 존재하는가 여부를 묻는 것이었다.

매우 형식논리에 치우친 듯이 보이는 이 문제의 답이 긍정적이라면, 이로부터 미타그레플러의 정리의 결론이 바로 도출되는데, 그것이—최소한 이 책의 저자에게는—무척 놀라웠다. 지금 그 도출 과정을 잠시 감상해 보자.

쿠산 문제 I ⇒ 미타그레플러 정리: $U_j \cap U_k \neq \varnothing$의 경우,

$$g_{jk}(z) := P_k(z) - P_j(z)$$

로 두면 물론 당연히 $g_{jk} \in \mathcal{O}(U_j \cap U_k)$가 성립한다. 그리고 위의 조건 (2)도 성립한다. 그러므로 쿠산 문제 I의 답이 긍정적이라면, 적절한 해석함수 $g_k \in \mathcal{O}(U_k)$, $\forall k$에 의해 관계식

$$g_{jk}(z) = g_k(z) - g_j(z)$$

가 임의의 $z \in U_j \cap U_k$에 대해 성립하게 된다. 이제 $z \in \Omega$를 임의로 택하면 $z \in U_\ell$이 적절한 정수 $\ell \geq 0$에 대해 성립하여야 하고, 따라서 우리는 관계식

$$g(z) = P_\ell(z) - g_\ell(z)$$

를 통해 g를 정의하려고 한다. 우선 임의의 점 $z \in U_\ell \cap U_k$에서

$$\begin{aligned}[P_\ell(z) - g_\ell(z)] - [P_k(z) - g_k(z)] \\ = [P_\ell(z) - P_k(z)] - [g_\ell(z) - g_k(z)] \\ = g_{k\ell}(z) - g_{k\ell}(z) = 0\end{aligned}$$

가 성립하기 때문에 함수 g가 잘 정의되고 또 조건 $g \in \mathcal{O}(U_0)$가 자연스럽게 만족되며, 또 이 함수의 로랑 전개를 생각하면 각각의 점 a_j에서는 그 주요부분이 정확히 P_j가 되는 것도 당연하므로 미타그-레플러 정리의 결론이 얻어진다. □

원래 미타그-레플러 교수의 증명이 **룽에 근사정리(Runge approximation theorem)**를 사용하였기 때문에, 이 도출과정에서 추론 과정에 근사정리가 아예 보이지 않는다는 점이—저자가 이 증명을 처음 접했을 때에는 특히—꽤 놀라웠다. 또한 국소적으로 정의된 해석함수 조각들을 이어 붙여 대역적으로 정의되는 해석함수를 만들어 내는 방법론을 구성하였다는 점에서 이 착상의 위대함이 엿보인다. 따라서, 첫 번째 쿠산 문제의 답이 언제 긍정적인지를 밝히는 것은, 이 방법론이 형식논리의 범주를 뛰어넘어 쓸모가 많게 해 줄 것으로 보이므로, 상당히 의미가 큰 연구임을 느낄 수 있다.

4.1.2 "$H^{0,1}(\Omega) = \{0\}$" $\Rightarrow$ 제1 쿠산 문제의 해결

그렇다면 쿠산 문제 I의 답은 언제 긍정적일까? 이를 파고 들어가기 전에 먼저 쿠산 문제의 속성을 잠시 검토해 보면, 이 구성이 매우 일반적이라는 점이 눈에 띈다. 임의의 복소다양체 Ω의

경우라 하더라도 이 복소다양체의 피복들이 자연스럽게 주어지며, 또한 피복들 사이에 부분 순서 (partial ordering) 즉, 피복 $\mathcal{U}$ 보다 피복 $\mathcal{V}$가 보다 세밀(finer)한 경우 $\mathcal{U} \prec \mathcal{V}$로 정의하는 순서 (order relation)도 자연스럽게 주어지게 되는데, 이로부터 소위 체흐 (Čech) 코호몰로지[5] 이론의 형식논리가 자연스럽게 쿠산 문제를 체계적으로 만들어 준다는 것을 관찰하게 된다.

조금 더 자세히 설명해 보자. 논리적으로는 쉬프 이론(sheaf theory)을 따르는 것이 보다 효율적이겠으나, 이 책의 전개로는 소위 말하는 **원시 쉬프(presheaf)**를 사용하는 편이 보다 직관적이고 전통적인 복소함수론의 관점이라고 여기기 때문에, 이 관점을 택한다.

잠시 k를 고정하고, 자연수의 집합 $\{0, 1, \ldots, k\}$의 치환 (permutation) σ가 주어졌을 때, sgn(σ)를 정의하되, σ가 홀치환이면 -1로, 짝치환이면 $+1$로 두자. 피복 $\mathcal{U}$가 주어졌을 때 원소 $U \in \mathcal{U}$에 대하여 그 위에 정의된 해석함수(complex analytic functions)의 집합 $\mathcal{O}(U)$을 생각하고, 조건 $U_{i_0} \cap \cdots \cap U_{i_k} \neq \varnothing$가 만족될 때마다 해석함수 $f_{i_0 \cdots i_k} \in \mathcal{O}(U_{i_0} \cap \cdots \cap U_{i_k})$를 순열 $(i_0 i_1 \cdots i_k)$에 대응시키되, 대응관계 f가 조건

$$f_{i_{\sigma(0)} \cdots i_{\sigma(k)}} = (\mathrm{sgn}(\sigma)) f_{i_0 \cdots i_k}$$

를 만족하면, 이런 f를 **체흐 (쌍대) k사슬(Čech k-cochain)**이라 부르기로 한다.[6] 체흐 k사슬들의 집합은 물론 복소 벡터 공간을

[5]에두아르드 체흐 (Eduard Čech, 1893–1960): 체코 출신 위상수학자.

[6]여기에서 사용하는 복체가 코호몰로지 군을 만들어 내기 때문에 쌍대사슬이 옳은 용어이지만 지금은 호몰로지 군을 사용하지 않기 때문에 수식어

이룬다. 이를 기호 $\check{C}^k = \check{C}^k(M, \mathcal{U}, \mathcal{O})$로 적기로 하자.

이제 (쌍대) 경계작용소 $\delta^k : \check{C}^k \to \check{C}^{k+1}$는 식

$$(\delta f)_{i_0 i_1 \cdots i_{k+1}} := \sum_{j=0}^{k+1} (-1)^j f_{\cdots \widehat{i_j} \cdots}$$

로 (단, 여기에서 삿갓 $\widehat{p}$는 그 아래 원소 p가 빠진 것을 표현함!) 정의된다. 그러면 임의의 k에 대하여 $\delta^{k+1} \circ \delta^k = 0$가 성립하는 것은 단순 계산으로 확인할 수 있다. 결론적으로 준 완전열 (semi-exact sequence)

$$\check{C}^{k-1} \xrightarrow{\delta^{k-1}} \check{C}^k \xrightarrow{\delta^k} \check{C}^{k+1}$$

을 얻으며 동시에 일종의 코호몰로지 군인

$$\check{H}^k(\Omega, \mathcal{U}, \mathcal{O}) := \frac{\text{Kernel}\,(\delta^k)}{\text{Image}\,(\delta^{k-1})}$$

도 정의된다. 이 정의는 복소다양체 Ω뿐만 아니라 피복 $\mathcal{U}$에도 의존하므로, 엄밀하게 말해서, 아주 만족스럽지는 아니하다. 하지만 앞에서 소개한 피복들을 비교하는 순서(order relation)는

$$\mathcal{U} \prec \mathcal{V} \Leftrightarrow \forall x \in U \in \mathcal{U}, \exists V \in \mathcal{V} : x \in V \subset U$$

로 정의되고, 이 순서에 의하면 임의의 두 피복 $\mathcal{U}, \mathcal{V}$가 주어졌을 때 조건 $\mathcal{U} \prec \mathcal{W}$와 $\mathcal{V} \prec \mathcal{W}$를 만족하는 피복 $\mathcal{W}$이 존재한다는 성질이 성립한다. 따라서 소위 말하는 대수적 극한(algebraic

---

"쌍대"를 생략해도 혼동할 염려가 적다.

limit)을 취할 수 있어서

$$\check{H}^k(\Omega, \mathcal{O}) := \varinjlim_{\mathcal{U}} \check{H}^k(\Omega, \mathcal{U}, \mathcal{O})$$

가 피복에 무관하게 정의된다. 이것이 **쉬프 $\mathcal{O}$를 계수로 가지는 k번째 체흐 코호몰로지 군**이다.

이렇게 개념이 정리되고 나면 제1 쿠산 문제(the first Cousin problem)은 사실상

$$\check{H}^k(\Omega, \mathcal{O}) = 0$$

임을 증명하라는 문제와 거의 동등한 문제임을 알 수 있다.

4.2 $\bar{\partial}$-코호몰로지와 쉬프 코호몰로지

이 마디에서는 체흐 이론으로 소개한 $\mathcal{O}$를 계수로 가지는 쉬프 코호몰로지의 소멸성과 더 앞에서 다룬 $\bar{\partial}$-코호몰로지의 소멸성 사이의 관계를 공부해 보기로 하자.

Ω를 $\mathbb{C}^n$ 안에 있는 준볼록 영역이라고 가정하고 체흐 1사슬 f가 주어졌다고 하자. 피복 $\mathcal{U}$가 주어졌고 조건 $U \cap V \cap W \neq \varnothing$를 만족하는 임의의 원소 $U, V, W \in \mathcal{U}$에 체흐 1사슬 f를 구성하는 $f_{UV} \in \mathcal{O}(U \cap V)$들이 대응된다고 할 때, $\delta f = 0$조건과 동등한 조건인 등식

$$f_{UV} + f_{VW} + f_{WU} = 0$$

가 $\mathcal{O}(U \cap V \cap W)$의 원소로서 만족된다고 하자. 그러면 방정식 $\delta g = f$를 만족하는 체흐 0사슬 g 즉, 조건

$$f_{UV} = g_V - g_U$$

가 $U \cap V$에서 성립하겠는가를 점검해야 할 것이다.

그러므로, 지금은 피복 $\mathcal{U}$에 부속된 $\mathcal{C}^\infty$급 단위분할 $\{\rho_U : U \in \mathcal{U}\}$ 즉 두 조건 $\rho_U \in \mathcal{C}_0^\infty(U)$와 $\sum_{U \in \mathcal{U}} \rho_U = 1$을 만족하는 국소적으로는 유한히 많은 원소를 제외하고는 모두 0 값을 가지는 함수족을 선택하고, 임의의 $V \in \mathcal{U}$마다,

$$\beta_V = \sum_{U \in \mathcal{U}} \rho_U f_{UV}$$

를 정의하자. 그러면 $\beta_V \in \mathcal{C}^\infty(V)$가 성립하고,[7]

$$\begin{aligned}\beta_W - \beta_V &= \sum_{U\in\mathcal{U}} \rho_U f_{UW} - \sum_{U\in\mathcal{U}} \rho_U f_{UV} \\ &= \sum_{U\in\mathcal{U}} \rho_U (f_{UW} - f_{UV}) \\ &= \sum_{U\in\mathcal{U}} \rho_U (f_{VU} + f_{UW}) \\ &= \sum_{U\in\mathcal{U}} \rho_U f_{VW} \\ &= f_{VW}\end{aligned}$$

가 $V \cap W$ 위에서 성립한다. 하지만 아직은 결론을 낼 수 없다. β_V 들이 일반적으로 해석함수가 아니기 때문이다.

하지만

$$\bar{\partial}(\beta_W - \beta_V) = \bar{\partial} f_{VW} = 0$$

가 성립하기 때문에,

$$\omega(z) = \bar{\partial}\beta_U(z), \;\; z \in U$$

로 두면, ω가 $\Lambda^{0,1}(\Omega)$의 원소가 되고, 조건 $\bar{\partial}\omega = 0$를 만족하게 된다. Ω의 준볼록성으로부터 도출된 $\bar{\partial}$ 방정식에 관한 앞 장의 이론에 의해 방정식 $\bar{\partial} u = \omega$를 만족하는 $u \in \mathcal{C}^\infty(\Omega)$가 존재하게

[7]단위분할의 정의로부터 따라 온다. 확인은 연습문제로 둔다.

된다. 이제 $U \in \mathcal{U}$마다

$$g_U = \beta_U - u|_U$$

로 두면 $g_U \in \mathcal{O}(U)$와

$$g_W - g_V = f_{VW}$$

가 성립한다. 이로부터 아래 정리를 얻는다.

정리 4.2.1 (제1 쿠산 문제의 해결) 영역 Ω가 $\mathbb{C}^n$의 준볼록 영역이면, 제*1* 쿠산 문제는 항상 해결 가능하다.

복소 1차원의 경우, $\mathbb{C}$의 부분영역은 모두 준볼록 영역이므로 아래 따름정리, 즉 미타그-레플러 정리의 또 다른 증명을 얻는다.

정리 4.2.2 $\mathbb{C}$ 안의 임의의 영역 Ω에서 제*1* 쿠산 문제가 항상 해결 가능하며, 따라서 미타그레플러 정리의 결론이 항상 성립한다.

4.2.1 제2 쿠산 문제

쿠산 (Cousin) 교수가 제시한 두 번째 문제는 아래와 같다. 전과 같이 복소다양체 M의 피복 $\mathcal{U}$가 주어졌고, 각 원소 $U \in \mathcal{U}$에

대하여 어느 점에서도 0이 되지 않는 해석함수의 집합을 기호 $\mathcal{O}^*(U)$로 정의하기로 하자. **제2 쿠산 문제(the second Cousin problem)**는 아래와 같다.

임의의 두 원소 $U, V \in \mathcal{U}$가 조건 $U \cap V \neq \varnothing$를 만족할 때면 언제나 $h_{UV} \in \mathcal{O}^*(U \cap V)$를 대응시키되, 임의의 세 원소 $U, V, W \in \mathcal{U}$가 조건 $U \cap V \cap W \neq \varnothing$을 만족하는 경우에는 조건

(1) $h_{VU} = 1/h_{UV}$

(2) $h_{UV} \cdot h_{VW} \cdot h_{WU} - 1$

를 만족한다고 가정하면, 임의의 $U \in \mathcal{U}$마다 $h_U \in \mathcal{O}^*(U)$가 조건

$$h_{UV} = h_V/h_U$$

를 만족하도록 구성할 수 있겠는가?

이 문제의 해결 방안으로 첫 번째로 떠오르는 생각은 아마도 log를 취하여 제1 쿠산 문제를 사용하려는 것이 아닐까? 이 방법을 사용하여 보기로 하자.[8]

피복 $\mathcal{U}$을 충분히 세밀하게 잡으면 $h_{UV}(UV)$가 충분히 작아져서 로그를 취할 수 있게 되므로,

$$h_{UV} = \exp(G_{UV})$$

[8]이미 표준으로 되어 있는 해법은 쉬프의 짧은 완전열(short exact sequence)로부터 얻어지는 코호몰로지 군의 긴 완전열(long exact sequence)을 이용하는 것이지만 고전적인 방법론도 나름대로 시사하는 바가 크므로 여기에 소개한다.

를 만족하는 $G_{UV} \in \mathcal{O}(U \cap V)$가 존재하게 된다. $G_{VU} = -G_{UV}$를 만족하도록 안배하는 것도 가능하다. 하지만

$$\sigma_{UVW} := \frac{1}{2\pi i}(G_{UV} + G_{VW} + G_{WV}) \tag{4.1}$$

는 일반적으로 0이 되지 아니한다. 단지

$$\begin{aligned} e^{2\pi i \sigma_{UVW}} &= \exp(G_{UV} + G_{VW} + G_{WV}) \\ &= g_{UV} g_{VW} g_{WU} = 1 \end{aligned}$$

가 성립하기 때문에 $\sigma_{UVW} \in \mathbb{Z}$ (정수)라는 정도만 알 수 있는 것 같다. 하지만 그것이 알 수 있는 전부는 아니다. σ_{UVW}들이 (4.1)로 정의되어 있기 때문에 원소 $U_a, \ldots, U_d \in \mathcal{U}$들이 조건 $U_a \cap U_b \cap U_c \cap U_d \neq \varnothing$를 만족하는 경우에는

$$\sigma_{bcd} - \sigma_{acd} + \sigma_{abd} - \sigma_{abc} = 0$$

를 만족함을 확인할 수 있다. 그러므로 만일 $\check{H}^2(\Omega, \mathbb{Z}) = \{0\}$가 성립하는 경우에는 계수를 $\mathbb{Z}$에 가지는 체흐 1-사슬 π가 존재하여 피복의 원소들에 대하여

$$\sigma_{UVW} = \pi_{VW} - \pi_{UW} + \pi_{UV}$$

를 만족하게 될 것이다. 따라서,

$$\hat{G}_{UV} := G_{UV} - 2\pi i \pi_{UV}$$

는 $\mathcal{O}_\Omega$ 에 계수를 가지는 체흐 1-사슬이 되고, $\delta h = 0$을 만족한다. 그러므로 만일 $\check{H}^1(\Omega, \mathcal{O}) = \{0\}$ 이 성립하는 경우라면

$$\hat{G}_{UV} = \hat{G}_V - \hat{G}_U$$

를 만족하는 $\hat{G}_U \in \mathcal{O}(U)$ 가 임의의 $U \in \mathcal{U}$ 에 대하여 존재하게 될 것이고, 이제 $h_U = \exp G_U$ 로 정의하면, 당연하게도 $h_U \in \mathcal{O}^*(U)$ 가 성립하고, 또

$$h_{UV} = h_V / h_U$$

가 성립하게 된다. 이로부터 아래 정리를 얻는다.

정리 4.2.3 (제2 쿠산 문제의 해결) **만약 쉬프 코호몰로지에 대한 두 조건 $\check{H}^1(\Omega, \mathcal{O}) = 0$ 와 $\check{H}^2(\Omega, \mathbb{Z}) = 0$ 가 성립한다면, 영역 Ω 위의 제2 쿠산 문제는 항상 긍정적으로 해결된다.**

4.3 쉬프 코호몰로지 및 돌보 동형정리

이 절의 목적은 쿠산 문제 1, 2를 보다 일관성 있게 정리하고 돌보(Dolbeault) 동형정리를 간략히 소개하는 한편 몇 가지 주석을 달아두려는 것이다. 이 마디의 공부만으로 쉬프 이론 전체를 공부하려는 것이 독자의 목표라면 이 절의 내용은 매우 부족하다.[9]

보다 정확한 이론 전개를 위하여 가환군 쉬프(sheaf of abelian groups)의 개념과 그에 관한 정확한 정의를 먼저 소개하는 것이 수학 이론 전개의 "정석"이지만, 이번에는 순서를 바꾸어 보기부터 먼저 들고 시작하려고 한다.

보기 4.3.1 (매끄러운 함수싹의 원시 쉬프과 준동형) X가 $\mathcal{C}^\infty$급 미분다양체라 하고, U를 임의의 열린 부분집합이라 하고, $\mathcal{A}$를

$$\mathcal{A}(U) = \{f\colon U \to \mathbb{C} \mid \mathcal{C}^\infty\text{급 함수}\}$$

로 정의되는 대응관계라 하자. 이 집합의 원소는 **단면(section)**이라는 이름을 가지고 있고, 이 집합에는 자연스러운 가환군(사실은 벡터공간!) 구조가 들어 있다.

이렇게 정의된 $\mathcal{A}$가 매끄러운 함수의 **원시 쉬프(presheaf of smooth functions)**인데 여기에는 또, 자연스럽게 정의되는 **국한함수(restriction map)** 개념이 이미 들어 있다. 즉, 포함관계 $V \subset U$를 만족하는 임의의 두 열린 집합 U, V에 대하여

$$\rho_{VU}(s_U) = s_U|_V, \quad \forall s_U \in \mathcal{A}(U)$$

[9] R, Gunning/ H. Rossi (2009, Reprint of 1965 original) Analytic functions of several complex variables, AMS Chelsea Publ. Co.등을 읽기를 권한다.

로 정의되는 함수 $\rho_{VU} : \mathcal{A}(U) \to \mathcal{A}(V)$가 그것인데, 이 국한함수는 물론 가환군 준동형(abelian group homomorphism)이다.

이 원시 쉬프는 또 다른 좋은 성질을 만족하는데, 그렇기때문에 $\mathcal{A}$는 **매끄러운 함수싹의 쉬프(sheaf of germs of smooth functions)**라고 부르게 된다. 보다 자세한 것은 아래의 정의에서 밝혀진다.

거의 같은 방법으로 임의의 복소다양체 X 위에 복소해석함수싹의 쉬프(sheaf of germs of holomorphic functions)를 만들 수 있고, 기호는 $\mathcal{O}_X$를 사용하면 된다. 상수함수싹의 쉬프는 $\mathbb{C}$ 또는 $\mathbb{C}_X$로 쓰면 되겠고, 이 중에서 특히 정수값을 가지는 함수싹의 쉬프는 $\mathbb{Z}$ 또는 $\mathbb{Z}_X$로 쓰면 되겠다.

이제 이 책에서 사용하는 대수적인 쉬프(sheaf)의 정의를 소개하려고 한다.

정의 4.3.1 (쉬프와 준동형; Sheaves and morphisms) 다양체 X 위에 정의된 **가환군의 원시 쉬프(presheaf of abelian groups)**라는 개념은, 다양체의 임의로 선택된 열린 부분집합 U마다 가환군 $\mathcal{F}(U)$를 대응시키되, 조건

(PSh 1) $\mathcal{F}(\varnothing) = \{0\}$.

(PSh 2) 포함관계 $V \subset U$를 만족하는 임의의 열린 집합 U, V가 주어지면 군 준동형(group homomorphism) $\rho_{VU} : \mathcal{F}(U) \to \mathcal{F}(V)$가 대응되고 *(*이 함수는 보통 **국한함수(restriction map)**라 부른다.*)* 또, 포함관계

$W \subset V \subset U$를 만족하는 임의의 세 열린 집합 U, V, W에 대하여는

$$\rho_{WV} \circ \rho_{VU} = \rho_{WU}$$

가 성립한다.

를 만족하는 대응관계 $\mathcal{F}$를 말한다.

다양체 X 위에 정의된 가환군의 원시쉬프 $\mathcal{F}$가 또다른 성질

(†) 임의의 열린 집합 U와, U에 포함되는 모든 열린 집합의 모임 $\mathcal{V}$에 대하여 데카르트 곱 함수 $\prod_{V \in \mathcal{V}} \rho_{VU} : \mathcal{F}(U) \to \prod_{V \in \mathcal{V}} \mathcal{F}(V)$ 가 조건

$$\Big[\prod_{V \in \mathcal{V}} \rho_{VU}\Big](\mathcal{F}(U)) = \{(s_V)_{V \in \mathcal{V}} : \\ \rho_{(W \cap V)V}(s_V) = \rho_{(W \cap V)W}(s_V),\ \forall V, W \in \mathcal{V}\}$$

를 만족한다.

를 가지면, $\mathcal{F}$를 X 위에 정의된 **가환군의 쉬프(sheaf of abelian groups)**라 부른다.

계속해서 필요한 정의, 특히 쉬프 준동형의 정의를 소개한다.

정의 4.3.2 (쉬프 준동형; sheaf morphism) 두 원시쉬프 $\mathcal{F}, \mathcal{G}$ 사이에 정의되는 **준동형**(morphism)은 국소 국소 단면(local section, 또는 "켜"들이 이루는 가환군 사이의 준동형 (homomorphism)

$$\psi_U : \mathcal{F}(U) \to \mathcal{G}(U)$$

들의 집합으로서 임의의 열린 집합 $V \subset U$에 대하여 조건

$$\rho_{VU} \circ \psi_U = \psi_V \circ \rho_{VU}$$

를 만족하는 것을 말한다.

보충 4.3.1 보다 일반적인 쉬프(sheaf) 이론이 개발되어 있고, 원시 쉬프로부터 단면(section)의 싹(germ) 개념을 이용하여 위상공간으로서 쉬프를 정의하는 방법 등이 이미 잘 정립되어 있다. 하지만 우리는 굳이 그와 같이 일반적인 접근 방법을 택하지 않고 함수론의 관점에서 볼 때 보다 직관적인 접근 방법을 택하였다.

쉬프들과 쉬프 준동형들이 이루는 완전열 및 준 완전열, 쉬프 코호몰로지군 등이 앞에서 이미 소개한 체흐 방법론(Čech method)을 따라 자연스럽게 구성된다.

그러면 $\mathcal{O}, \mathcal{O}^*, \mathbb{Z}$들 사이에 정의되는 두 개의 쉬프 준동형:

(1) $f : \mathbb{Z} \to \mathcal{O}$은 자명함수(identity map),

(2) $g : s \to e^{2\pi i s} : \mathcal{O} \to \mathcal{O}^*$

들이 이루는 완전열

$$0 \longrightarrow \mathbb{Z} \xrightarrow{\ f\ } \mathcal{O} \xrightarrow{\ g\ } \mathcal{O}^* \longrightarrow 0$$

가 존재하고, 호몰로지 대수학의 방법론에 의해 긴 완전열

$$\cdots \to \check{H}^1(X, \mathcal{O}) \to \check{H}^1(X, \mathcal{O}^*) \to \check{H}^2(X, \mathbb{Z}) \to \cdots$$

를 얻게 된다. 이제 유명한 정리를 소개한다.

정리 4.3.1 (Dolbeault) 만약 Ω가 $\mathbb{C}^n$ 안에 있는 연결된 열린 영역이면, *0*보다 작지 않은 임의의 자연수 q에 대하여 $\bar{\partial}$ 코호몰로지 벡터공간과 쉬프 코호몰로지 벡터 공간 사이에 선형 동형

$$\check{H}^q(\Omega, \mathcal{O}_\Omega) \cong H^{0,q}(\Omega)$$

가 성립한다.

이로부터 하톡스 준볼록 영역에서는 제1 쿠산문제가 항상 해결된다는 것과,

제1 쿠산문제의 해결과 $\check{H}^2(\Omega, \mathbb{Z}) = \{0\}$

$\Rightarrow$ **제2 쿠산 문제의 해결**

이라는 명제 등도 얻을 수 있다. 뿐만 아니라 돌보 교수의 정리에

의해 **쉬프 코호몰로지 이론에 입각한** 레비 문제의 해결을[10] 독자들께서 어느 정도 짐작할 수 있게 되었을 것으로 믿는다.[11]

사족(蛇足)?: 일변수복소함수론을 처음 배울 때에 저자는 이론 전개의 갈피를 잡지 못하여 많은 어려움을 겪었다. 가장 근본 개념이 되는 해석함수(=복소미분가능함수) 개념을 정의하는 서로 동등한 방법론이 최소한 다섯 가지 이상 등장하며 그들 사이의 관계를 정립하는 동안 방향을 잃어버렸기 때문이다. 후에는 이들 개념이 모두 동등할 뿐만 아니라 한 개념이 다른 방법으로 서술되며 다른 개념으로 변하는 과정에서 근본 개념 자체가 엄청난 역동성을 품고 있어서, 이 때문에 복소함수론이 보다 흥미롭게 전개된다는 점을 이해하고 또다른 흥분에 휩싸였고, 결국 복소함수론에 빠져들게 되었지만...

다변복소함수론은 그 위에 "해석영역"이라는 개념을 정립하고 또다른 역동성을 제공하고 있다. 이것이 혼동을 야기하기도 하지만 이로부터 풍부한 결론을 도출할 수 있게 하기도 한다는 점을 독자들이 보아 주셨으면 한다. 이제 다음 장부터는 진정한 함수 이론을 시작할 것인데, 때로는 이제까지 개발한 "역동적인" 준비 과정과 개발된 이론이 다시 끼어들어 이론 전개에 공헌하게 될 것이다. 이런 점을 이해하고 다음 장으로 넘어갔으면 좋겠다.

---

[10] 오카 교수의 레비 문제 해결 방법을 공부하려는 독자에게는 "Lipman Bers (1964), Introduction to Several Complex Variables, Courant Inst. of Math."를 추천한다.

[11] P. Dolbeault (1924-2015, 프랑스), 쉬프 이론에 공헌하였다.

5

기하학적 함수론과 불변거리

5.1 슈바르츠-픽 도움정리와 포앙카레 거리

1935년에 발표된 픽(Pick)의 정리에서 출발해 보자.

> **정리 5.1.1 (슈바르츠/픽 보조정리)** 단위원 영역 $D = \{z \in \mathbb{C} \colon |z| < 1\}$ 에서 자기자신으로 들어가는 함수 $f \colon D \to D$ 가 복소미분가능함수이면, 임의의 점 $z \in D$ 에 대하여 부등관계
>
> $$\frac{|f'(z)|}{1 - |f(z)|^2} \leq \frac{1}{1 - |z|^2}$$
>
> 가 성립한다.

증명. 픽의 증명은 슈바르츠 보조정리를 영리하게 잘 사용하였다. 이해를 위해 먼저 점 $z \in D$가 임의로 주어졌다고 하자.

점 $p \in D$가 주어지면 바로 정의되는 뫼비우스 변환 함수 $\mu_p(\zeta) := \frac{\zeta - p}{1 - \bar{p}\zeta}$ 를 사용하여 합성함수

$$g(\zeta) := \mu_{f(z)} \circ f \circ \mu_z(\zeta)$$

를 구성하면, 이 함수는 복소미분가능하고 조건 $g(D) \subset D$와

$g(0) = 0$를 만족한다. 따라서 슈바르츠 보조정리에 의해

$$|g'(0)| \leq 1$$

이 성립하게 된다. 이제 이 부등식을 풀어 쓰면 위 정리의 결론을 얻는다. (이 부분을 확인하는 것은 독자에게 넘긴다.) □

슈바르츠 보조정리에는 이 외에도 $|g'(0)| = 1$이 성립하면 $g(\zeta) = c\zeta$가 되게 하는 절대값이 1인 복소 상수 c가 존재한다는 결론이 포함되어 있다. 따라서 위 정리의 증명을 다시 추론해 보면 슈바르츠/픽 보조정리의 결론인 부등식에도 적용된다. 즉, 등식이 성립하게 해 주는 점 $z \in D$가 존재한다면 f가 쌍대해석함수(biholomorphic map)가 된다는 결론을 얻게 되는 것이다. 이것 역시 픽의 정리에 원래부터 포함되어 있었다.

이제 함수 $P_D \colon D \times \mathbb{C} \to \mathbb{R}$을 식

$$P_D(z, v) := \frac{|v|}{1 - |z|^2}$$

으로 정의하자. 이것이 유명한 **포앙카레 미분거리 (Poincaré differential metric)** 개념이다.

이제 단위원 영역 D에 정의되는 $\mathcal{C}^1$ 곡선 $\gamma \colon [0, 1] \to D$가 주어졌다고 하자. 그러면

$$L_P(\gamma) = \int_0^1 P_D(\gamma(t), \gamma'(t))dt$$

가 자연스럽게 (리만 기하학의 관점에서는!) 고려되는데, 이것이 곡선 γ의 **포앙카레 길이 (Poincaré length)**라고 부르는 개념이다.

계속하여

$$\rho_D^P(p,q) = \inf\{L_P(\gamma) \mid \gamma \in \mathcal{C}^1([0,1],D), \gamma(0)=p, \gamma(1)=q\}$$

즉, 영역 D 안에서 점 p, q를 잇는 $\mathcal{C}^1$ 곡선들의 길이의 최대 하한 값을 택하여 이를 두 점 p, q 사이의 거리로 정하는 이 함수가 만들어지는데, 이것이 바로 **포앙카레 거리 함수(Poincaré distance function)**이다.

이렇게 소개된 포앙카레 미분거리, 길이, 거리함수들은 위에 소개한 픽의 정리에 의해 특별한 거리 축약성, 즉 모든 복소해석함수 $f\colon D \to D$를 축약함수(contraction map; distance/metric decreasing map)로 만드는 특징을 가진다. 보다 정확하게 서술하면 아래와 같다.

정리 5.1.2 (Schwarz-Pick) **함수 $f\colon D \to D$가 복소미분 가능하다고 하자. 그러면**

$$P_D(f(z), df_z(v)) \le P_D(z,v)$$

가 임의의 $(z,v) \in D \times \mathbb{C}$에 대하여 성립하고, 이어서 임의의 $\mathcal{C}^1$ 곡선 $\gamma\colon [0,1] \to D$에 대하여

$$L_P(f \circ \gamma) \le L_P(\gamma)$$

도 성립한다. 결과적으로 임의의 두 점 $p, q \in D$에 대하여

$$\rho_D^P(f(p), f(q)) \leq \rho_D^P(p, q)$$

가 성립한다.

이제까지의 추론 과정을 보면, $\rho_D^P(p, q)$의 값을 구체적으로 계산할 수 있는지 궁금할 것이다. 답부터 먼저 얘기하자면

$$\rho_D^P(p, q) = \tanh^{-1}\left|\frac{p - q}{1 - \bar{q}p}\right|$$

이다. 이것을 계산하는 방법을 지금부터 간략히 설명하려고 한다.

우선 위 정리로부터 포앙카레 미분거리, 길이, 거리함수 등은 단위원 영역 D의 (해석적) 자기동형인 뫼비우스 변환에 의해 보존된다는 것을 알 수 있다. (이를 **불변성 (invariance)**이라 부른다.) 따라서 $\mu_q(p) = \alpha$라 두면,

$$\rho_D^P(p, q) = \rho_D^P(\mu_q(p), \mu_q(q)) = \rho_D^P(\alpha, 0)$$

를 알 수 있다. 회전운동 역시 자기동형이므로

$$\rho_D^P(\alpha, 0) = \rho_D^P(|\alpha|, 0)$$

도 얻는다. 그러므로 원하는 계산을 얻으려면, $0 \leq a < 1$를 만족하는 상수 a에 대하여 $\rho(0, a)$를 계산하면 된다. 이제 $\gamma \in \mathcal{C}([0, 1], D)$가 $\gamma(0) = 0, \gamma(1) = a$를 만족한다고 하고,

실수부와 허수부를 나누어 재구성하여

$$\gamma(t) = u(t) + iv(t)$$

로 쓰자. 그러면

$$\begin{aligned}
L_P(\gamma) &= \int_0^1 \frac{\sqrt{(u'(t))^2 + (v'(t))^2}}{1-(u(t)^2+v(t)^2)}dt \\
&\geq \int_0^1 \frac{|u'(t)|}{1-u(t)^2}dt \\
&\geq \int_0^1 \frac{u'(t)}{1-u(t)^2}dt \\
&= \int_0^a \frac{du}{1-u^2} \\
&= \tanh^{-1} a \\
&= L_P(u)
\end{aligned}$$

를 얻는데, 이제 여기에 기본적인 논리를 사용하면 원하는 바를 모두 얻는다. 또한 두 점을 잇는 최단거리 곡선과 관련된 여러 정보도 얻게 된다.

5.2 CRF체계

포앙카레 거리, 곡선의 길이, 두 점 사이의 거리 개념과 이로부터 파생되는 여러 결과가 임의의 차원을 가지는 복소 유클리드 공간 안의 일반적인 영역으로, 좀 더 나아가서 복소다양체와 같은 일반적인 공간으로 확장되어 옮겨심어질 수 있다면 복소함수론을 기하학적으로 이해할 수 있을 것이라는 생각이 1900년대 초엽부터 일어났다. 리만 기하학이 요구하는 조건을 다 만족하지 못하더라도 함수론에 유용할 수 있는 독특한 **길이 함수(length function)**라는 개념을 등장시켜 모든 해석함수를 '길이 축약' 함수(length-decreasing function)로 이해함으로써 복소해석학을 기하학적인 관점으로 이해할 수 있는 길이 열렸는데, 가장 먼저 등장한 방법론은 카라테오도리[1] 교수의 연구였다 [Wu H. 1993].

이제는 그와 그의 제자인 핀슬러[2], 그리고 카라테오도리 교수의 발견을 깊이 연구한 라이펜[3] 교수 등의 이름 첫 자들로 구성된, CRF시스템이라는 이름으로 알려진 개념이 정립되어 있다. 이를 소개하면서 이론 전개를 시작하려고 한다.

일반적인 거리공간론의 개념부터 시작해 보자. 임의의 집합 X에 대하여 함수 $\rho\colon X \times X \to \mathbb{R}$이 존재하여 세 조건

(1) $\rho(p,q) \geq 0,$

(2) $\rho(p,q) = \rho(q,p),$

---

[1] C. Carathéodory (1873-1950, 그리스), 복소함수론.

[2] P. Finsler (1893-1970, 스위스), 복소함수론.

[3] H.-J. Reiffen (독일)

(3) $\rho(p,q) \leq \rho(p,r) + \rho(r,q), \forall p,q,r \in X$

를 만족하면 ρ를 **거리함수(length function)**라고 부른다. 이렇게 정의하면 $\rho = 0$과 같은 무의미해 보이는 경우가 포함되기도 하지만 우리 이론의 전개에 따르면 그것도 유용한 경우가 있으므로 참고 따라와 주기 바란다. [4]

이제 CRF체계를 소개하려고 한다.

> **정의 5.2.1 (거리 CRF 체계)** 임의의 복소다양체 또는 영역 Ω 마다 거리 함수를 대응시키는 체계 $\Omega \to \rho_\Omega$가 존재하되, 먼저 단위원 영역 D에 대해서는 $\rho_D = D$의 포앙카레 거리, 즉 ρ_D^P와 일치하고, 또 임의의 복소해석함수 $f\colon \Omega_1 \to \Omega_2$가 **거리축약성(distance-decreasing property)** 조건
>
> $$\rho_{\Omega_2}(f(p), f(q)) \leq \rho_{\Omega_1}(p,q), \forall p,q \in \Omega_1$$
>
> 를 가진다는 조건을 만족하면, 이 대응관계 $\Omega \to \rho_\Omega$를 **CRF 체계(CRF system)**의 원소라고 정의한다.

이런 개념을 생각하는 이유가 무엇인지, 이런 체계가 존재하기는 하겠는지, 질문이 독자의 마음에 우후죽순처럼 솟겠지만

[4]우리가 지금 거리함수라고 부르는 것은 거리공간론의 표준 용어와 맞지 않다. 버금 거리(semi-distance, 또 pseudo-distance)가 올바르겠지만 번잡함을 피는 하기 위해 이를 단순히 거리함수라 부르는 무리한 일을 감행하고 있다. 하지만 이 책의 이론 전개에는 큰 문제가 없다.

대답을 잠시 미루고 이에 대응되는 미분거리 체계를 소개하려고 한다. 잠시 인내심을 발휘해 주기 바란다.

$\mathcal{C}^1$ 급 곡선 $\gamma = (\gamma_1, \ldots, \gamma_n) \colon [a, b] \to \Omega$ 에 대하여 이 함수의 속도벡터를 $\mathbb{C}^n$ 의 원소인 $\gamma'(t) = (\gamma_1'(t), \ldots, \gamma_n'(t))$ 로 정의하기로 하자.[5] 리만기하학의 관점을 따라 각 점 $\gamma(t)$ 에 의존하는 속도벡터(=접벡터)의 길이함수

$$F_\Omega(\gamma(t), \gamma'(t))$$

를 정의하는 것이 바람직해 보인다. 즉 $F_\Omega \colon \Omega \times \mathbb{C}^n \to \mathbb{R}$ 을 생각하되 조건

(1) $F_\Omega \geq 0$

(2) $F_\Omega(z, \lambda v) = |\lambda| F_\Omega(z, v), \forall \lambda \in \mathbb{C}$

를 만족하는 것을 **길이함수(length-function)**라고 부르기로 하자. 그러면 조금 전에 소개한 접벡터의 길이는 $F_\Omega(\gamma(t), \gamma'(t))$ 로 하면 되겠다. 이런 생각은 물론, 리만기하학의 정신을 준용한 것이다.[6]

이제 접벡터(공간)에 대한 CRF 체계의 정의를 소개하려고 한다.

---

[5] 지금의 환경에서는 자연스러우나 다양체 위로 이 정의를 옮길 때에는 주의가 필요하다. 다음 권에서 자세히 토의할 것이다.

[6] 이 두 조건만으로는 보통 사용하는 내적을 이용한 길이보다 손색이 많다. 최소한 벡터에 관한 삼각부등식 정도는 만족하는, 소위 '세미노름(seminorm)' 정도는 되어야 할 것 같다. 하지만 지금의 이론전개에는 딱히 필요하지 않다.

정의 5.2.2 (미분 CRF 체계) 복소 유클리드 공간 $\mathbb{C}^n$ 안에 속한 임의의 영역 Ω마다 접벡터의 길이함수를 대응시키는 관계 $\Omega \mapsto F_\Omega$가 존재하되, 첫째로 단위원 영역 D에 대하여는 F_D가 포앙카레 미분거리 P_D와 일치하고, 둘째로 임의의 해석함수 $f: \Omega_1 \to \Omega_2$가 축약성 조건

$$F_{\Omega_2}(f(z), df_z(v)) \leq F_{\Omega_1}(z, v), \forall (z, v) \in \Omega \times \mathbb{C}^n$$

를 만족하는 특성을 가지면, 이 대응관계 $\Omega \mapsto F_\Omega$를 ***CRF* 체계 (CRF system)**의 원소라고 정의한다.

이렇게 정의하면 서로 정확히 같지 않은 두 개념에 같은 이름을 부여하게 되는 결점이 발생하기는 하지만, 이 책의 이론 전개에서 "...가 CRF 체계에 속한다..." 라는 식의 표현을 쓸 때에는 딱히 길이 CRF 체계인지 미분 CRF 체계인지 구분하여 쓰지 않아도 문맥에서 정확한 상황이 밝혀지는 경우가 대부분이기 때문에 크게 문제가 되지 않을 것이다. 혼동의 위험이 있을 때에는 물론 정확히 명시할 것이다.

한 편, 포앙카레 미분거리, 길이, 거리함수를 생각하였던 경우와 같은 맥락으로, 위에 주어진 곡선 γ의 길이는

$$L_{F_\Omega}(\gamma) := \int_a^b F_\Omega(\gamma(t), \gamma'(t))dt$$

로 주어지고, 이로부터 두 점 사이의 거리—기호 ρ_{F_Ω}로 표시하

자—를 정의할 수 있다. 두 점을 잇는 $\mathcal{C}^1$급 곡선들의 길이의 집합의 하한(infimum)으로 정의할 수 있어서, 거리 함수가 자연스럽게(!)

$$\rho^F_\Omega(p,q) = \inf\{L_{F_\Omega}(\gamma)\colon \gamma\text{는 }\Omega\text{의 }p,q\text{를 잇는 }\mathcal{C}^1\text{급 곡선}\}$$

로 만들어진다. 지나는 길에 형식논리만을 이용하여 증명 가능한 명제 하나를 소개한다.

정리 5.2.1 **길이함수 대응관계** $F\colon \Omega \mapsto F_\Omega$**가 *CRF* 체계에 속하면 대응관계** $\rho^F\colon \Omega \mapsto \rho^F_\Omega$**도 *CRF* 체계에 속한다.**

5.3 카라테오도리 체계

CRF 체계 중에서 역사적으로 처음 발견된 카라테오도리 체계를 소개하려고 한다. 'CRF 체계' 라는 이름의 기원이 되기도 하는 이 개념은 오늘날의 연구에도 중요한 역할을 담당하고 있다.

5.3.1 카라테오도리 거리 함수

두 복소 영역 $\Omega \subset \mathbb{C}^n$ Ω_1, Ω_2에 대하여 기호

$$\mathcal{O}(\Omega_1, \Omega_2) := \{f\colon \Omega_1 \to \Omega_2 \mid \text{복소해석가능}\}$$

를 정의하자. 그리고 단위 원반 D 위에 정의되는 포앙카레 거리

$$P_D(\alpha, \beta) = \tanh^{-1} \left|\frac{\alpha - \beta}{1 - \bar{\alpha}\beta}\right|$$

를 이용하여, 임의의 두 점 $p, q \in \Omega$에 대하여

$$\begin{aligned} &\rho_\Omega^C(p, q) \\ &\quad := \sup\{P_D(\alpha, \beta)\colon f \in \mathcal{H}(\Omega, D), f(\alpha) = p, f(\beta) = q\} \end{aligned}$$

로 두면, 이 개념은 조건

$$\begin{aligned} \rho_\Omega^C &\geq 0 \\ \rho_\Omega^C(p, q) &\leq \rho_\Omega^C(p, r) + \rho_\Omega^C(r, q) \end{aligned}$$

를 만족한다. 양의 정부호성을 일반적으로 만족하지 못함에도, 이 개념 ρ_Ω^C를 Ω의 **카라테오도리 거리(Carathéodory distance)**

라고 부른다.

이 거리 개념은 CRF 거리계에 속하겠는가? 우선 거리 축약성은 자명하다. 이는 기본 논리와 복소미분가능(=복소해석가능) 함수들의 합성이 다시 복소미분가능하다는 사실로부터 바로 따라온다. 따라서, 남은 점검 사항은 등식 $\rho_D^C = \rho_D^P$가 성립하는지 여부가 된다. 우선 임의의 $f \in \mathcal{O}(D, D)$와 임의의 두 점 $a, b \in D$에 대하여 $\rho_D^P(f(a), f(b)) \le \rho_D^P(a, b)$가 성립하는 것은 슈바르츠/픽 정리의 결과임을 앞에서 이미 확인하였으므로, 이로부터

$$\rho_D^C(a, b) \le \sup_{f \in \mathcal{O}(D,D)} \rho_D^P(f(a), f(b)) \le \rho_D^P(a, b)$$

를 얻는다. 한편, 반대쪽 부등식은 자명함수 $id\colon D \to D$가 $\mathcal{O}(D, D)$의 원소이기 때문에 카라테오도리 거리 함수의 정의에 의해 얻어진다. 결론적으로 $\rho_D^C = \rho_D^P$가 성립하는 것이 확인되었고, 따라서 카라테오도리 거리는 CRF 체계에 속함을 알 수 있게 되었다.

보충 5.3.1 만일 영역이 연결되어 있지 않은 경우에는 어떻게 해야 하겠는가? 이 경우에는 연결된 성분(connected component) 안에서는 이제까지 개발한 이론을 쓰고, 서로 다른 두 성분에 속하는 두 점 사이의 거리는 무한대로 두면 될 것이다. 이로써 위의 이론이 수정할 필요 없이 성립한다는 것을 확인할 수 있고 앞으로의 이론 전개에 영역이 연결되어야 한다는 조건을 달 필요가 없어진다.

정리 5.3.1 임의의 영역 $\Omega \subset \mathbb{C}^n$ 에 대하여,

(1) 카라테오도리 거리 $\Omega \to \rho_\Omega^C$ 는 ***CRF*** 체계에 속한다.

(2) ***CRF*** 체계에 속하는 또 하나의 거리 $\Omega \to \rho_\Omega^F$ 가 만일 존재한다면 부등관계

$$\rho_\Omega^C \leq \rho_\Omega^F$$

가 성립한다. 즉, 카라테오도리 거리함수가 ***CRF*** 체계에서는 가장 작다.

증명. (1)은 위에서 이미 확인하였다. (2)의 증명을 위해 상수 $\epsilon > 0$과 두 점 $p, q \in \Omega$를 임의로 선택하자. 카라테오도리 거리의 정의에 의해

$$\rho_\Omega^C(p,q) < \rho_D^P(f(p), f(q)) + \epsilon$$

가 성립하게 하는 $f \in \mathcal{O}(\Omega, D)$ 가 존재한다. ρ^F 도 CRF 체계이므로 정의를 이용하면,

$$\rho_D^P(f(p), f(q)) = \rho_D^F(f(p), f(q)) \leq \rho_\Omega^F(p,q)$$

가 성립한다. (두 번째 관계는 거리축약성에 의해 성립한다.) 따라서

$$\rho_\Omega^C(p,q) - \epsilon < \rho_\Omega^F(p,q)$$

을 얻는데, $\epsilon > 0$이 이 부등식의 다른 항과 무관한 임의의 수로서 이 부등식을 성립하게 하고 있기 때문에 결론적으로

$$\rho_\Omega^C(p,q) \le \rho_\Omega^F(p,q)$$

를 얻으며, 이로써 증명이 완결되었다. □

5.3.2 카라테오도리 길이 함수

카라테오도리 미분거리도 1920년대부터 연구되었다. 카라테오도리와 핀슬러 및 라이펀 등의 학자들에 의해 주로 연구된 것으로 보이는 이 개념을 간략히 소개한다.

영역 Ω의 임의의 점 p와 $v \in \mathbb{C}^n$에 대하여

$$\mathfrak{c}_\Omega(p;v) := \sup\{|df_p(v)| : f(p)=0, f \in \mathcal{O}(\Omega, D)\}$$

로 정의되는 함수 $\mathfrak{c}_\Omega : \Omega \times \mathbb{C}^n \to \mathbb{R}$는 성질

$$\begin{aligned}\mathfrak{c}_\Omega(p,v) &\ge 0\\ \mathfrak{c}_\Omega(p,rv) &= |r|\mathfrak{c}_\Omega(p;v)\\ \mathfrak{c}_\Omega(p;v+w) &\le \mathfrak{c}_\Omega(p;v)+\mathfrak{c}_\Omega(p;w)\end{aligned}$$

를 임의의 $p \in \Omega$, $v, w \in \mathbb{C}^n$, $r \in \mathbb{R}$에 대하여 모두 만족한다. 이 개념 $\mathfrak{c}_\Omega$)이 유명한 **카라테오도리 길이함수(Carathéodory length function)**이다.

정리 5.3.2 복소영역 사이에 정의된 함수 $f\colon \Omega_1 \to \Omega_2$가 복소해석함수이면 아래 두 성질

(1) $\mathfrak{c}_D = P_D$.

(2) $\mathfrak{c}_{\Omega_2}(f(z), df_z(v)) \le \mathfrak{c}_{\Omega_1}(z, v)$.

가 임의의 $z \in M$과 $v \in T_zM$에 대하여 성립한다.

증명은 앞 절의 증명과 매우 비슷하다. 비교적 평이한 논증을 사용한다. 독자들을 위한 연습문제로 남겨 두지만, 정리가 의미하는 바는 분명하다. 물론 카라테오도리 길이힘수 역시 CRF 체계에 속한다.

5.3.3 적분 카라테오도리 거리

카라테오도리 세미노름 $\mathfrak{c}_M$은 연속함수이다. 증명은 어렵지 않으므로 독자에게 연습문제로 남겨 둔다. 이제, 미분기하학의 방법론을 따라

$$\rho^{\mathfrak{c}}_{\Omega}(p,q) = \inf\Big\{ \int_0^1 \mathfrak{c}(\gamma(t), \gamma'(t))dt\colon \\ \gamma\colon [0,1] \to \Omega, \gamma \in \mathcal{C}^1, \gamma(0) = p, \gamma(1) = q\Big\}$$

를 정의할 수 있고, 이렇게 정의된 함수가 연속함수이며 삼각부등식을 증명한다는 것도 쉽게 확인할 수 있다. 이것이 **적분 카라테오도리 거리 (integrated Carathéodory distance)**이다. 이 개념 역시 CRF 체계에 속하는데, 이의 증명도 독자에게 연습문제로 남겨 둔다. 다만,

보충 5.3.2 앞 절의 정리 *5.3.1*에 의해, 부등 관계 $\rho_\Omega^C \leq \rho_\Omega^{\mathfrak{c}}$가 성립한다는 점을 밝혀 둔다.

5.3.4 팃츠 재처리법

일반적으로 거리 개념은 단순히 위상 공간 M 위에 정의된 연속 함수 $\rho\colon M \times M \to [0, \infty)$로서 세 조건

(1) $\rho(x, y) = 0 \Leftrightarrow x = y$

(2) $\rho(x, y) = \rho(y, x), \ \forall x, y \in M$

(3) $\rho(x, z) \leq \rho(x, y) + \rho(y, z)$

가 성립하는 것일 뿐이다. 따라서 두 점 사이의 거리와 두 점을 잇는 최단거리를 나타내는 곡선의 존재 등은, 최소한 원천적으로는, 아무 관계가 없다. 심지어 위상공간 M이 우리가 늘 다루는 다양체라 하더라도 거리 개념 자체가 워낙 추상적이어서 다른 조건이 없으면 상황은 마찬가지이다. 이런 아쉬운 점을 보정하는 의미에서라도 팃츠 (J. L. Tits) 교수의 구성을 음미할 필요가 있을 것 같다.[7]

두 점 $p, q \in M$이 주어졌다고 하자. 이제

$$\hat{\rho}(p, q) = \inf \Big\{ \sum_{i=1}^{m} \rho(p_{i-1}, p_i) \colon \\ p = p_0, p_1, \ldots, p_m = q \in M, \ m\text{은 양의 정수} \Big\}$$

[7] Jacques Tits (1930–), 벨기에 태생, 프랑스로 귀화.

를 정의하고, 이를 ρ의 **팃츠 재처리 (Tits' refinement)**라 부르기로 하자. 우선 눈에 띄는 부분만 생각하더라도 $\rho \leq \hat{\rho}$가 성립하는 것은 삼각부등식 때문에 당연하고, 그 외의 성질이 더 있을 것이라는 느낌이 들겠지만, 동시에 이 '재처리' 과정이 필요한 가장 중요한 이유가 무엇이냐는 질문이 자연스럽게 들 것이다. 차근차근 생각해 보기로 하자.

우선 카라테오도리 세미노름의 경우 거기에 "대응"하여 '거리'라는 이름을 가진 함수가 두 개나 소개 된 것을 기억할 것이다. 아주 자연스럽게 정의 되었음에도, 두 거리 함수는 일반적으로 일치하지 아니한다는 것이 알려져 있다. 실제로는

$$\widehat{\rho_M^C} = \rho_M^{\mathfrak{c}}$$

가 성립한다.

팃츠 재처리가 이미 되어 있는 거리 함수는 또 재처리하여도 더 이상의 변화가 없는 것도 쉽게 확인할 수 있다는 점도 흥미로울 수 있을 것이다.[8]

[8] 재처리하여도 변화가 없는 거리 함수를 **inner metric**이라는 이름으로 부른다. 우리말 용어는 아직 없는 것 같지만 굳이 만들지 않고 넘어 간다.

5.4 코바야시 체계

1960년대 말엽에 코바야시[9]에 의해 발견되고 연구되었다. 코바야시 거리함수의 발견 직후에 할시 로이든[10]에 의해 이 함수에 대응하는 미분거리함수(differential metric)이 발견되었기에, 어떤 이들은 이 개념을 두 학자의 이름을 함께 붙여 코바야시-로이든 거리/길이 함수라고 부르기도 한다. 이 체계에 관련된 여러 연구는 복소함수론, 복소 및 리만기하학 및 관련 분야에 대단히 큰 영향을 미치고 있다.

5.4.1 코바야시 거리함수

복소 영역 $\Omega \subset \mathbb{C}^n$와 두 점 $p, q \in \Omega$가 주어졌다고 하자. 그러면 자연스럽게 생각할 수 있는 함수는

$$\begin{aligned}\delta_\Omega^K(p,q) := \inf\{&P_D(a,b): \\ &f(a)=p, f(b)=q, f \in \mathcal{O}(D,\Omega)\}\end{aligned} \tag{5.1}$$

일 것이다. (왜 최대하한(infimum)을 택해야 하는지는 차차 밝혀지겠지만, 최소상한(supremum)을 택하는 것은 수학적으로 의미가 없다는 것은 금방 알 수 있을 것이다. 독자 스스로 생각하여 보도록 남겨 둔다.) 이렇게 정의하면 일단 임의의 두 복소영역

[9]Kobayashi, Shoshichi (1912-2012, 일본), 리만기하학과 복소기하학. University of California, Berkeley의 교수.

[10]Halsey Royden (1928-1993, 미국), 복소함수론. Stanford 대학교 교수.

Ω_1, Ω_2 사이에 정의된 복소해석함수 $F \in \mathcal{O}(\Omega_1, \Omega_2)$에 대하여

$$\delta^K_{\Omega_2}(F(p), F(q)) \le \delta^K_{\Omega_1}(p, q),\ \forall p, q \in \Omega_1 \tag{5.2}$$

가 성립한다. 거리축약성이 성립하기는 하지만 이렇게 정의한 δ^K_Ω가 삼각부등식을 만족하는지 여부는 분명치 않다. 뿐만 아니라 일반적으로 inf 값이 유한하게 되려면 소위 두 점을 잇는 함수가 집합 $\mathcal{O}(D, \Omega)$ 안에 존재해야 하는데 얼른 보아 그것이 가능한지도 그리 쉽게 보이지 않는다. (증명할 수는 있지만 그것은 연습문제로 독자에게 넘긴다.)

따라서 코바야시 교수는 이 함수에 팃츠 재처리 방식을 도입하였다. 그 내용을 정확히 소개하려 한다. 일단 주어진 두 점 $p, q \in \Omega$에 대하여 Ω에 속하는 점 유한개로 이루어진 집합

$$p_0 = p, p_1, \ldots, p_N = q$$

가 주어지면 이것을 p, q의 **분할(partition for p and q)**이라고 부르기로 하고, p, q의 분할들이 이루는 집합을 $\Pi_\Omega(p, q)$로 표시하기로 하자. 이제

$$\begin{aligned} d^K_\Omega(p, q) = \inf\Big\{ &\sum_{j=1}^{N} \delta^K_\Omega(p_{j-1}, p_j) \\ &: \{p = p_0, p_1, \ldots, p_N\} \in \Pi_\Omega(p, q)\Big\} \end{aligned} \tag{5.3}$$

로 정의되는 함수 $d^K_\Omega : \Omega \times \Omega \to \mathbb{R}$를 생각하면, 이 함수는 삼각부등식을 만족한다. 이것이 영역 Ω의 **코바야시 거리함수 (Kobayashi distance)**이다.

정리 5.4.1 (Kobayashi) 코바야시 거리함수는 *CRF* 체계에 속한다.

증명. 거리축약성은 정의로부터 바로 따라온다. 텃츠 재처리 과정이 조금 신경쓰일 수 있지만 포앙카레 거리가 텃츠 재처리 과정에 의해 아무런 변화가 없는 "inner" 거리이므로 증명에 아무런 어려움이 없게 된다. 또한 같은 이유로 인해 단위원 영역에서 코바야시 거리함수와 포앙카레 거리가 일치함도 쉽게 얻는다. 보다 자세한 것은 스스로 점검하도록 독자에게 남겨 둔다. □

5.4.2 코바야시 미분거리와 적분 코바야시 거리

이제 로이든(Royden)의 발견을 따라 임의의 $(p, v) \in \Omega \times \mathbb{C}$에 대하여

$$\kappa_\Omega(p, v) := \inf\{|\lambda| : f \in \mathcal{O}(D, \Omega), f(0) = p, f'(0)\lambda = v\}$$

를 미분거리로 삼고, 이를 바탕으로 임의의 $\mathcal{C}^1$급 곡선 $\gamma : [0, 1] \to \Omega$에 대하여 함수 $L^\kappa_\Omega(\gamma) = \int_0^1 \kappa_\Omega(\gamma(t), \gamma'(t))dt$를 정의하고 이것을 곡선의 길이로 삼고 싶다. 하지만 우선 맞닥뜨리는 문제가 있다. 즉 적분이 제대로 정의되는지 여부를 알 수 없다는 것이 문제인 것이다. 이제 아래 정리의 중요성을 감상해 보자.

정리 5.4.2 (로이든) 위에 정의된 함수 κ_Ω는 위쪽 반연속(upper semicontinuous) 함수이고, 따라서 위에 표시한 $L^\kappa_\Omega(\gamma)$가 잘 정의되어 있으며,

$$
\begin{aligned}
d^K_\Omega(p,q) &= \inf\{L^\kappa_\Omega(\gamma): \\
&\qquad \gamma\colon [0,1]\to\Omega \text{는 } \mathcal{C}^1\text{급}, \gamma(0)=p, \gamma(1)=q\} \\
&= \rho^\kappa_\Omega
\end{aligned}
$$

가 성립한다.

보충 5.4.1 코바야시 혹은, (코바야시-로이든) 미분거리에 관하여 알려진 몇 가지 특성을 정리해 두기로 하자.

1. $\kappa_\Omega(p,\lambda v) = |\lambda|\kappa_\Omega(p,v)$는 임의의 $\lambda\in\mathbb{C}$에 대하여 항상 성립한다.

2. $\kappa_\Omega(p,\lambda v + w) \le \kappa_\Omega(p,\lambda v) + \kappa_\Omega(p,\lambda w)$는 일반적으로 성립하지 않는다. 하지만 볼록영역에서는 항상 성립한다는 것이 알려져 있다.

3. 코바야시 미분거리는 일반적으로 매끄러운 함수도 아니고 평행사변형 법칙을 만족하지도 않지만 (즉, 내적으로부터 유도되는 세미노름이 아니지만) 임의로 주어진 두 점에 대하여, 그들을 잇는 곡선 중에 두 점 사이의 거리와 거의 비슷한 길 이를 가지는 것이 존재한다. 보다 정확히 말하자면 임의의 $p,q\in\Omega$와 임의의 양수 ϵ에 대하여 조건 $\gamma(0)=p, \gamma(1)=q$ 및

$$d^K_\Omega(p,q) \le L^\kappa_\Omega(\gamma) < d^K_\Omega(p,q) + \epsilon$$

를 만족하는 $\mathcal{C}^1$급 곡선 $\gamma \in \mathcal{C}^1([(0,1],\Omega)$가 존재한다.

5.4.3 쌍곡성, 그리고 관련 복소함수론 정리들

코바야시 교수에 의하면[11] 코바야시 거리 함수를 발견하고 나서 이 거리함수가 복소함수론의 피카드 소정리(The Little Picard Theorem)를—처음에는 리우빌 정리(Liouville's theorem)를—기하학적으로 설명하는 원리를 제공하는 점이 가장 자랑스러웠다고 한다. 차례대로 배워 보기로 하자.

정리 5.4.3 Ω가 유계 영역이면 코바야시 거리함수는 항상 양의 정부호성, 즉 조건

$$\text{“}d_\Omega^K(p,q) = 0\text{”} \Rightarrow p = q$$

를 만족한다.

증명. 코바야시 거리의 축약성에 의해 단위구 영역 $B^n(0;1)$의 임의의 두 점 p, q에 대하여 $\mu(p) = 0$이 성립하게 하는 뫼비우스 변환 $\mu \in \mathrm{Aut}\, B^n(0;1)$가 존재한다. 유니타리 선형 변환 역시 단위구 영역의 해석 자기동형이므로 적절한 유니타리 변환 u를 적용하면, $u \circ \mu(q) = (\|\mu(q)\|, 0, \ldots, 0)$가 성립하게 할 수 있다. 이제 $(a_1, \ldots, a_n) \mapsto a_1$으로 정사영하는 함수와 $a \mapsto (a, 0, \ldots, 0))$로 대응시키는 함수 등을 사용하여 복소함수

---

[11] 저자가 직접 코바야시 교수와 대화를 통해 배운 바이다.

열 $B^1(0;1) \to B^n(0;1) \to B^1(0;1)$과 이 함수들의 축약성을 사용하면 코바야시 거리함수의 값을

$$\begin{aligned}\rho^K_{B^n(0;1)}(p,q) &= \rho^K_{B^n(0;1)}(0, \|\mu(q)\|) \\ &= \rho^P_D(0, \|\mu(q)\|) = \tanh^{-1}\|\mu(q)\|\end{aligned}$$

처럼 계산할 수 있다.

한 편, Ω가 유계영역이므로, 적절한 상수 $R > 0$에 대해 해석함수 $h(z) = z/R$은 $h(\Omega) \subset B^n(0;1)$이 성립하게 해 주는데, 따라서 거리축약성에 의해

$$\rho^K_{B^n(0;1)}(z/R, w/R) \le \rho^K_\Omega(z,w)$$

가 성립한다. 이제까지의 추론을 적절히 조절하여 $p = z/R$. $q = w/R$인 경우를 생각하면,

$$\begin{aligned}\rho^K_\Omega(z,w) = 0 &\Rightarrow \rho^K_{B^n(0;1)}(z/R, w/R) = 0 \\ &\Rightarrow z = w\end{aligned}$$

가 성립하게 되어 원하는 결론을 얻게 된다. □

한 편, 임의의 두 점 $x, y \in \mathbb{C}^n$이 주어졌다면 임의의 양수 R에 대하여 함수 $z \to Rz$는 $\mathbb{C}^n$의 해석동형이다. 따라서

$$\rho^K_{\mathbb{C}^n}(x,y) = \rho^K_{\mathbb{C}^n}(x/R, y/R)$$

을 성립하게 한다. 코바야시 거리함수의 정의에 의해 우변은

R이 무한히 커져가면 그 값이 0으로 수렴하고 ($\delta^K_\Omega(x/R, y/R)$이 0으로 수렴하므로), 따라서 좌변의 값은 항상 0이라는 결론에 도달한다. 즉 $\rho^K_{\mathbb{C}^n}$의 함수값은 항상 0과 같다. 이제까지의 토의의 결과로 다음 정리의 기하학적(!)인 증명이 얻어진다.

정리 5.4.4 (리우빌 Liouville) 유계 완전함수는 항상 상수함수이다. (Bounded entire functions are constant.)

증명. 임의의 완전함수 $f\colon \mathbb{C} \to \mathbb{C}$가 주어졌다고 하자. 이 함수가 유계이면 어떤 $z \in \mathbb{C}$에 대해서도 $r|f(z)| < 1$가 성립하게 하는 f에만 의존하는 양수 r이 존재한다. 따라서 $rf\colon \mathbb{C} \to D$도 해석함수이다. 이제 코바야시 거리계의 축약성에 의해

$$0 \leq \rho^K_D(rf(0), rf(z)) \leq \rho^K_{\mathbb{C}}(0, z) \equiv 0$$

를 얻는데, 이로부터

$$\begin{aligned} 0 =& \rho^K_D(rf(0), rf(z)) = \rho^P_D(rf(0), rf(z)) \\ &= \tanh^{-1}|rf(0) - rf(z)| \end{aligned}$$

가 도출되며 바로 $f(z) = f(0)$도 얻어진다. 이 등식이 임의의 $z \in \mathbb{C}$에 대해서 성립해야 하므로, f가 상수함수임이 증명되었다. □

이 증명은 코바야시 거리가 양의 정부호성을 가지는 치역을 가지는 완전함수에 똑같이 적용된다. 따라서 영역 $\Omega := \mathbb{C} \setminus \{0, 1\}$

의 코바야시 거리함수가 양의 정부호성을 가진다는 명제—이미 증명되었고, 이에 대한 토의는 다음 절에서 할 것이다—가 복소함수론의 유명한 결과인 피카드 소정리를 증명한다는 점을 이해할 수 있을 것이다.

5.5 곡률과 쌍곡 및 피카드 정리

이제까지의 토의를 보면 아래 정의가 등장해야 하는 이유가 충분하다.

> **정의 5.5.1 (코바야시 쌍곡성)** 복소 유클리드 공간 $\mathbb{C}^n$에 속하는 영역 Ω의 코바야시 거리 ρ_Ω^K가 양의 정부호성을 가지면, 즉 명제 "$\rho_\Omega^K(p,q) = 0 \Rightarrow p = q$"가 참이면, **영역 Ω가 코바야시 쌍곡성(Kobayashi hyperbolicity)을 가진다**고 정의한다. (때로는 단순히, "영역 Ω가 **코바야시 쌍곡(Kobayashi hyperbolic)**이다."라고 말하기도 한다.)

같은 맥락에서 카라테오도리 쌍곡성 등도 정의할 수 있고, 이 개념도 중요성을 지닌다. 하지만 당장은 코바야시 거리에만 집중하려 한다.

앞 절의 토의에 의하면 어떤 복소영역이 코바야시 쌍곡성을 가지는지 여부를 이해할 필요가 분명한데, 우선 유계 영역은 모두 코바야시 쌍곡임을 알 수 있지만 유계 영역인지 여부가 불분명한 경우에는 쌍곡성 판정이 그리 단순한 문제가 아니다.

한 가지 방법은 미분기하학의 곡률 개념을 이용하는 것이고, 이 방면으로 상당히 많은 연구가 이루어져 있다. 이 방향 연구로 들어가기 위한 첫 번째 관문의 열쇠로 여겨지는 유명한 정리를 소개한다. [정직하게 말하자면 미분기하학의 내용에 대한 상당한 이해가 필요하지만, 자세한 토의를 하지 않고 증명을 슬쩍 넘어

가도 이론 전개가 어느 정도 가능하므로, 지금은 편법을 쓰려고 한다. 독자들의 인내심과 양해를 구한다.]

정리 5.5.1 ([Ahlfors 1938]) **리만곡면 M이 그 곡률이 음의 상수 $-K < 0$ 이하인 에르미뜨 거리 h를 가지면, 임의의 해석함수 $f\colon D \to M$는 부등식**

$$f^*h_z(v,v) \le \frac{4}{K}(P_D(z,v))^2, \quad \forall (z,v) \in D \times \mathbb{C}$$

를 만족한다.

여기에 쓰인 미분기하학에서 통상적으로 쓰이는 기호 $f^*h_z(v,v)$를 풀어 쓰면

$$f^*h_z(v,v) = h(df_z(v), df_z(v))|_{f(z)}$$

이고 점 $f(z)$에서 택한 에르미뜨 내적을 의미한다. 일반적인 당김 (pull-back) 개념과 일치하는 것이다. 이 방향 이론에 대하여 보다 자세한 내용을 원하는 독자는 필자의 다른 저서 [Kim/Lee 2010]를 참조하기 바란다.

다시, 우리의 당면한 관심사인 코바야시 쌍곡성에 관한 토의를 계속한다.

따름정리 5.5.2 **곡률이 음수 $-K < 0$ 이하인 에르미뜨 거리를 가지는 리만곡면은 항상 코바야시 쌍곡이다.**

증명. 에르미뜨 거리와 함께 주어진 리만곡면을 (M,h)라 쓰면, 임의의 점 $p \in M, v \in T_pM$에 대하여 조건 $f(0) = p, df_0(\lambda) = v$를 만족하는 $\lambda \in \mathbb{C}$와 해석함수 $f\colon D \to M$이 주어졌을 때, 위 정리에 의하여

$$\begin{aligned} h_p(v,v) &= h_{f(0)}(df_0(\lambda), df_0(\lambda)) \\ &\le \frac{4}{K} P_D(0,\lambda)^2 = \frac{4}{K}|\lambda|^2 \end{aligned}$$

를 얻는다. 이로부터

$$k_M(p,v) \ge \frac{\sqrt{K}}{2}\sqrt{h_p(v,v)}$$

가 바로 얻어지며, 여기에 로이든의 정리를 쓰면 따름정리의 결론을 얻는다. □

이제 또 하나의 정리를 소개한다.

정리 5.5.3 ([Grauert/Reckziegel 1965]) 영역 $\mathbb{C} \setminus \{0,1\}$에는 곡률이 -4 이하인 완비 에르미뜨 거리가 존재한다.

이제 아래의 결과를 얻는다.

정리 5.5.4 (피카드 소정리 Little Picard Theorem) 완전함수 $f\colon \mathbb{C} \to \mathbb{C}$에 대하여, 집합 $\mathbb{C} \setminus f(\mathbb{C})$의 원소의 개수가 *2* 이상이면, f는 상수함수이다.

증명은 **정리 5.4.4**의 증명에 쓰인 논증 방법과 같다. 다만 $f(\mathbb{C})$를 포함하는 코바야시 쌍곡 영역이 있다는 사실이 필요한

데, 그것은 바로 앞에 소개한 그라우에르트-레크치겔 정리와 알포스 정리에 의해 얻어진다. 따라서 위 정리가 간단히 증명된다.[12]

이 마디를 마무리하기 전에 곡률과 관련하여 알포스의 정리는 아래와 같이 확장되는데, 이 부분은 (복소다양체의 기본을 이해하는 이에게는) 별도의 작업이 필요 없이 바로 얻어진다.

정리 5.5.5 **복소다양체 M에 에르미뜨 거리 h가 존재하여 해석단면곡률(holomorphic sectional curvature)이 $-K < 0$ 이하이면, 단위원 영역에 정의된 해석함수 $f\colon D \to M$은 부등식**

$$f^*h \leq \frac{4}{K}(P_D)^2$$

을 만족한다. 결과적으로 이런 복소다양체는 코바야시 쌍곡성을 가진다.

[12]물론, 알포스 정리와 그라우에르트-레크치겔 정리의 증명이 아주 단순하지는 않다. 증명 방법은 둘 다 (대부분의 미분기하학자에게는) 기초적인 기술만 사용한다는 점에서 기본적이라고 할 수는 있겠다. 타원함수와 피복함수를 사용하는 원래 증명보다 쉬운지는 판단하기 어려우나, 방법론이 다른 점은 분명하다.

5.6 쌍곡성과 정규족, 우홍시의 정리

다변복소함수론의 창시자 중 하나이며 레비 문제를 최초로 해결하였던 오카 키요시 교수는 복소함수론에서 가장 깊이 있는 이론으로 코시 적분정리와 슈바르츠 보조정리 그리고 정규족(normal family) 기법, 이렇게 세 가지를 즐겨 언급하였다고 한다.[13] 코바야시 거리/길이 함수 개념은 물론 정규족 이론과 기법과 깊은 관계를 가지고 있는데, 사실은 코바야시 거리/길이 이론이라는 것 자체가 당시 같은 대학 수학과의 동료 교수인 H. Wu 교수의 정규족에 관한 유명한 논문[14]을 기하학적으로 재구성하려는 노력으로부터 만들어졌다고 한다.[15] 어쨌든, 아래 정리와 같이 완비 코바야시 쌍곡성, 즉 특정 영역의 코바야시 거리가 양의 정부호성과 함께 완비성(completeness)을 가지는 경우에는 다른 복소영역/복소다양체로부터 이 영역으로 들어가는 해석함수의 집합이 정규족을 이룬다는 성질이 있다.

정리 5.6.1 (코바야시) **영역 Ω의 코바야시 거리함수가 양의 정부호성과 완비성을 가지면, 임의의 복소다양체/영역 M과 그 위의 점 p, 그리고 영역 Ω의 임의의 콤팩트 부분집합**

[13] 오카 교수의 문하생이었던 야마구치 히로시 교수께 저자가 직접 들었다.

[14] H. Wu, Normal families of holomorphic mappings, Acta Mathematica, 1967.

[15] 저자의 사조(師祖: 지도교수의 지도교수)인 H. Wu 교수와 코바야시 교수 두 분께 저자가 직접 확인한 바 있다.

A에 대하여 집합

$$\mathcal{F}(p, K) := \{f \in \mathcal{O}(M, \Omega) \colon f(p) \in A\}$$

는 $\mathcal{O}(M, \Omega)$ 위에 자연스럽게 주어지는 위상인 콤팩트 집합 위의 고른수렴성 위상(topology of uninform convergence on compact subsets)에 관하여 콤팩트 집합이다.

증명은 아르젤라-아스콜리 정리의 증명과 거의 같지만 코바야시 거리를 유클리드 거리 대신 사용한다는 점만 다르다. 위상 역시 코바야시 거리 위상을 유클리드 위상 대신 사용해야 되는 문제점이 등장할 것 같은데 쌍곡성이 있는 영역에서는 두 위상이 일치한다는 것이 알려져 있어서 정리와 증명의 구성을 용이하게 해 준다 [Barth 1972]. 이 정리를 포함하여 여러 중요한 관련 결과가 [Kobayashi 1970]에 수록되어 있다.

우홍시의 정리 중, 특히 응용도가 높은 슈바르츠 정리의 고차원 버전(version)은 다른 마디에서 따로 자세히 소개할 예정이다.

5.7 피카드 대정리와 확장

코바야시 거리/길이 함수와 연관된 정리들을 소개하는 이 장은, 피카드 대정리 (Big Picard Theorem)의 확장을 소개하면서 마무리를 지으려 한다. 원래 피카드 대정리는 논리적으로 동치인 명제가 여럿 알려져 있는데, 여기에서는 아래의 버전을 소개한다.

정리 5.7.1 (피카드 대정리) 구멍난 단위원 영역 $D^\times := \{z \in \mathbb{C}\colon 0 < |z| < 1\}$에 정의된 해석함수 $f\colon D^\times \to \mathbb{C} \setminus \{0, 1\}$는 원점에서 근본적 특이점(**essential singularity**)을 가지지 않는다. 다른 표현으로 말하자면, 조건 $f(z) = \tilde{f}(z), \forall z \in D^\times$를 만족하는 해석함수 $\tilde{f}\colon D \to \mathbb{C} \cup \{\infty\}$가 존재한다.

이 정리는 여러 모양으로 확장되었는데, 그 중 가장 많은 관심을 받은 정리를 소개한다. [16]

정리 5.7.2 (곽명혜, [Kwack 1969]) 만일 M이 콤팩트 복소다양체로서 코바야시 쌍곡성을 가지면, 임의의 해석함수 $f\colon D^\times \to M$은 원점에서 제거 가능한 특이점(**removable singularity**)을 가진다.

[16] M.H. Kwack, Ann. Math. 1969. 원래 한국 이름은 손명혜이며 미국에 귀화하였고 결혼 후 남편의 성을 따라 곽씨가 되었다. 코바야시 교수의 지도하에 쓴 이 논문은 선생의 박사학위 논문이다.

따름정리 5.7.3 M이 콤팩트 고바야시 쌍곡 복소다양체이고, N은 복소다양체이며, A가 N의 부분집합으로서 복소해석 진부분 집합 **(proper complex analytic subset)**이라고 하자. 만일 $f\colon N \setminus A \to M$가 해석함수라면, 조건 $\tilde{f}(z) = f(z), \forall z \in N \setminus A$를 만족하는 해석함수 $\tilde{f}\colon N \to M$이 존재한다.

이 외에도 많은 정리가 언급될 자격이 충분함에도 이 정도에서 기본적인 맛을 본 것으로 만족하고 다음 토픽으로 넘어가기로 한다.

6

베르그만 기하학 연구

앞 장에서 소개한 미분 거리 개념들은 거리축약성이라는 장점을 지니고 있어서 복소함수론 전반에 아주 유용하다. 그러나 이들은 각 접공간에서 길이함수를 제공할 뿐 에르미트형 복소 내적을 정의하지 못하는 경우가 대부분이다. 따라서 그 실수부를 택하여도 리만 거리를 정의하지 못하기에 미분기하학의 풍성한 방법론을 활용하기 어렵다. 한 편, 1930년 무렵에 폴란드 태생의 천재 수학자 슈테판 베르그만 교수가 [1] 발견한 불변거리계는 캘러형이라는 장점을 가지고 있다. (이제는 당연히 발견자의 이름을 따라 베르그만 거리계라 부른다.) 가 그것인데, 베르그만 거리계 개념과 연구는 자연스럽게 복소해석학과 미분기하학 양쪽 모두에 크게 공헌하였다. 이에 대한 입문 수준의 지식을 배우려는 것이 이 장의 목표이다.

6.1 베르그만 핵함수

6.1.1 핵함수의 생성

복소 영역 $\Omega \subset \mathbb{C}^n$ 이 유계인 경우 $\mathbb{C}^n$ 의 르베그 측도 λ에 의해 정의되는 제곱 적분가능한(square integrable) 복소해석함수들이

[1] 슈테판 베르그만 (Stefan Bergman: 1895-1977, 폴란드/미국) 복소함수론.

이루는 공간

$$\mathcal{A}^2(\Omega) := \{f \in \mathcal{O}(\Omega, \mathbb{C}) : \int_\Omega |f|^2 d\lambda < \infty\}$$

는 실함수론에서 다루는 복소수 함수값을 가지면서 제곱 적분가능한 측도가능 함수들의 공간 $L^2(\Omega)$의 벡터 부분공간이다. 한편, 코시 계측 (이 책의 제 10쪽에 있는 정리 1.3.1) 때문에 임의의 콤팩트 부분집합 $A \subset \Omega$가 주어지면 상수 $C_A > 0$이 존재하여 부등식

$$\sup_{z \in A} |f(z)| \le C_A \|f\|_{L^2(\Omega)}, \ \forall f \in \mathcal{A}^2(\Omega)$$

가 성립한다.

따라서 해석함수들이 L^2 노름에 관하여 코시 수열을 이루면 그들은 동시에 콤팩트 집합 위에서는 최대치 노름에 관하여 코시 수열을 이루게 된다. 따라서 공간 $\mathcal{A}^2(\Omega)$가 L^2 노름에 관하여 공간 $L^2(\Omega)$의 닫힌 부분공간이 된다. 따라서 $\mathcal{A}^2(\Omega)$는 완비공간이 되고, 그러므로 힐베르트 공간이 된다.

동시에 점 $z \in \Omega$에 대응하는 선형함수족(linear functional)

$$\Phi_z : \mathcal{A}^2(\Omega) \to \mathbb{C}$$

을 $\Phi_z(f) = f(z), \forall f \in \mathcal{A}^2(\Omega)$로 정의하면, 이 함수는 유계 선형함수가 된다. 따라서 리스 표현정리(Riesz representation theorem)에 의해 조건

$$\Phi_z(f) = \langle f, k_z \rangle_{L^2}, \forall f \in \mathcal{A}^2(\Omega)$$

를 만족하는 함수 $k_z \in \mathcal{A}^2(\Omega)$가 유일하게 결정된다. 이 식을 풀어 쓰면

$$f(z) = \int_\Omega f(\zeta)\overline{k_z(\zeta)}d\lambda(\zeta) \tag{6.1}$$

를 얻게 된다. 이제 잠시 함수 $k_z(\zeta)$에 대하여 조사해 보기로 하자. 우선

$$\begin{aligned} k_z(\zeta) &= \int_\Omega k_z(\xi)\overline{k_\zeta(\xi)}d\lambda_\xi \\ &= \overline{\int_\Omega k_\zeta(\xi)\overline{k_z(\xi)}d\lambda_\xi} \\ &= \overline{k_\zeta}(z), \quad \forall z, \zeta \in \Omega \end{aligned} \tag{6.2}$$

가 얻어진다. 따라서 기호 $K_\Omega(z,\zeta) := \overline{k_z(\zeta)}$를 사용하면, 일종의 대칭성인

$$K_\Omega(z,\zeta) = \overline{K_\Omega(\zeta,z)}$$

가 성립한다는 성질이 자연스럽게 얻어지는데, 이것이 영역 Ω의 **베르그만 핵함수(Bergman kernel function)**이다.

정리 6.1.1 (Bergman) 베르그만 핵함수 $K_\Omega\colon \Omega \times \Omega \to \mathbb{C}$는 아래 세 조건을 만족한다.

(1) 임의로 선택된 $\zeta \in \Omega$를 고정하면, $K_\Omega(z,\zeta)$는 $\mathcal{A}^2(\Omega)$의 원소이다.

(2) $K_\Omega(z,\zeta) = \overline{K_\Omega(\zeta,z)}$, $\forall z, \zeta \in \Omega$.

(3) 임의의 $f \in \mathcal{A}^2(\Omega)$에 대하여, 재생적분공식 **(Repro-**

ducing formula)

$$f(z) = \int_{\Omega} f(\zeta) K_{\Omega}(z, \zeta) d\lambda(\zeta)$$

가 성립한다.

역으로, 위 세 조건이 베르그만 핵함수를 유일하게 결정한다. 즉 $\tilde{K}_{\Omega} : \Omega \times \Omega \to \mathbb{C}$가 위의 세 조건을 만족하는 함수라면, $\tilde{K}_{\Omega} = K_{\Omega}$가 반드시 성립해야 한다. 또한 베르그만 핵함수는 실해석가능(real analytic) 함수이다.

이 정리의 증명은 정리를 기술하기 전까지 가졌던 토의의 내용으로부터 자연스럽게 따라오기 때문에 독자 스스로 해 보도록 두려고 한다. 세 조건이 베르그만 핵함수를 유일하게 결정한다는 증명도 근본적으로는 K_{Ω}와 $\tilde{K}_{\Omega}$의 적절한 곱을 적분하는 과정을 통해 얻어진다. 식 (6.2)와 같은 종류의 추론을 잘 적용하면 된다.

6.1.2 핵함수의 변환

공간 $\mathbb{C}^n$ 안에 있는 두 영역 사이에 정의된 해석함수 F가 좌표를 통해 $F(z) = (f_1(z_1, \ldots, z_n), \ldots, f_n(z_1, \ldots, z_n))$으로 표현되었다고 하자. 이 함수의 **야코비 행렬(Jacobian matrix)**은

$$J_F(z) := \begin{bmatrix} \frac{\partial f_1(z)}{\partial z_1} & \cdots & \frac{\partial f_1(z)}{\partial z_n} \\ \vdots & \ddots & \vdots \\ \frac{\partial f_n(z)}{\partial z_1} & \cdots & \frac{\partial f_n(z)}{\partial z_n} \end{bmatrix}$$

를 의미하고, **야코비 행렬식(Jacobian determinant)**은 이 행렬의 행렬식(determinant)인

$$\mathcal{J}_F(z) = \det J_F(z)$$

를 의미한다. 때로는 이 행렬과 행렬식이 해석함수임을 강조하기 위하여 복소해석가능(holomorphic) 야코비 행렬, 또는 복소해석가능 야코비 행렬식이라고 부르기도 한다.

이제 베르그만 핵함수의 변환공식을 소개한다.

정리 6.1.2 (Bergman) 공간 $\mathbb{C}^n$ 안에 있는 두 유계 영역 Ω_1, Ω_2 사이에 해석동형 $F\colon \Omega_1 \to \Omega_2$가 주어졌다고 하자. 각 영역의 베르그만 핵함수를 각각 K_1, K_2라 하면 등식

$$K_1(z,w) = \mathcal{J}_F(z) K_2\big(F(z), F(w)\big) \overline{\mathcal{J}_F(w)}, \quad \forall z, w \in \Omega_1$$

가 성립한다.

증명. 함수 F는 물론 $2n$개의 실변수에 의해 주어지고 값 역시 $2n$개의 실수값 성분으로 표현되는 매끄러운 함수이므로 이 관점에서 얻어지는 야코비 행렬은 $2n \times 2n$ 행렬이며 야코비 행렬식은 이 행렬의 판별식(determinant)이다. 그런데 이 함수가 원래 해석함수였으므로 코시-리만 방정식을 만족하고, 따라서 위의 관점에 입각하여 점 z에서 얻는 야코비 행렬식의 값—$D(z)$라고 쓰기로 하자—은 관계식

$$D(z) = |\mathcal{J}_F(z)|^2$$

를 만족한다. 따라서 임의의 함수 $g \in \mathcal{A}^2(\Omega_2)$ 에 대하여 치환적분법을 적용하면

$$\begin{aligned}\int_{\Omega_1} &|g \circ F(z)|^2 |\mathcal{J}_F(z)|^2 d\lambda_z \\ &= \int_{\Omega_2} |g(\xi)|^2 |\mathcal{J}_F(z)|^2 |\mathcal{J}_F(z)|^{-2} d\lambda_\xi \\ &= \int_{\Omega_2} |g(\xi)|^2 d\lambda_\xi\end{aligned}$$

가 성립하기 때문에, $\mathcal{J}_F \cdot (g \circ F) \in \mathcal{A}^2(\Omega_1)$ 라는 것이 확인된다. 한 편,

$$\begin{aligned}g(\xi) &= \int_{\Omega_2} g(\eta) K_2(\xi, \eta) d\lambda_\eta \\ &= \int_{\Omega_1} g(F(\zeta)) K_2(\xi, F(\zeta)) |\mathcal{J}_F(\zeta)|^2 d\lambda_\zeta, \quad (\eta = F(\zeta)) \\ &= \int_{\Omega_1} \big(g(F(\zeta)) \mathcal{J}_F(\zeta)\big) K_2(\xi, F(\zeta)) \overline{\mathcal{J}_F(\zeta)} d\lambda_\zeta\end{aligned}$$

가 임의의 점 $\xi \in \Omega_2$ 에 대하여 성립하고, 또

$$\begin{aligned}g(F(z)) &= \frac{1}{\mathcal{J}_F(z)} \cdot \mathcal{J}_F(z) g(F(z)) \\ &= \frac{1}{\mathcal{J}_F(z)} \int_{\Omega_1} \mathcal{J}_F(\zeta) g(F(\zeta)) K_1(z, \zeta) d\lambda_\zeta\end{aligned}$$

가 성립하므로 결과적으로

$$\int_{\Omega_1} \big(g(F(\zeta))\mathcal{J}_F(\zeta)\big)\, [\mathcal{J}_F(z)K_2(F(z),F(\zeta))\overline{\mathcal{J}_F(\zeta)}]\, d\lambda_\zeta$$
$$= \int_{\Omega_1} \big(g(F(\zeta))\mathcal{J}_F(\zeta)\big)\, K_1(z,\zeta)d\lambda_\zeta$$

가 임의의 $g \in \mathcal{A}^2(\Omega_2)$ 에 대하여 성립하게 된다. 그런데 $F\colon \Omega_1 \to \Omega_2$ 가 해석동형이어서 대응관계

$$g \mapsto g(F(\zeta))\mathcal{J}_F(\zeta)\colon \mathcal{A}^2(\Omega_2) \to \mathcal{A}^2(\Omega_1)$$

가 힐베르트 공간의 선형동형이므로 등식

$$K_1(z,\zeta) = \mathcal{J}_F(z)K_2(F(z),F(\zeta))\mathcal{J}_F(\zeta)$$

가 측도 0인 부분집합에 속하는 점을 제외한 Ω_1 의 모든 다른 점에서 반드시 성립해야 한다. 한편, 이 함수들이 연속함수이므로 결론적으로 Ω_1 의 모든 점에서 등식이 성립하고, 이로써 원하던 증명이 완결되었다. □

실제로 베르그만 핵함수는 함수로 보는 것보다는 부피원소 (volume element)로 간주하는 것이 보다 합리적이라는 (기하학적인 관점의) 견해가 있으며, 이런 관점에서는 베르그만 부피원소 (Bergman volume form)를

$$\mathcal{K}_\Omega(z,w) := K_\Omega(z,w)dz_1 \wedge \cdots \wedge dz_n \wedge dw_1 \wedge \cdots \wedge dw_n$$

로 정하는 것이 (모든 기호는 다양체론의 표준기호를 따르며 복소 선형적으로 확장한 개념을 따른다) 표준이다. 그러면 위 정리는 아래의 따름정리와 같다.

따름정리 6.1.3 **공간 $\mathbb{C}^n$ 안에 있는 두 유계 영역 Ω_1, Ω_2 사이에 해석동형 $F\colon \Omega_1 \to \Omega_2$가 주어졌다고 하자. 각 영역의 베르그만 핵함수 부피원소를 각각 K_1, K_2라 하면 등식**

$$(F^*\mathcal{K}_2)(z,w) = \mathcal{K}_1(z,w), \quad \forall z, w \in \Omega_1$$

가 성립한다.

6.1.3 핵함수의 재구성과 보기

유계 영역 Ω 위에 구성된 $\mathcal{A}^2(\Omega)$가 $L^2(\Omega)$의 부분공간이면서 동시에 그 자신이 완비 선형공간인 힐베르트 공간이라는 점은 앞에서 이미 설명하였다. 따라서 $\mathcal{A}^2(\Omega)$는 분리가능(separable)한 힐베르트 공간이고, 따라서 완비단위직교기저(complete orthonormal system)가 존재한다. 이를 기호 $\{\varphi_\nu : \nu = 0, 1, 2, \ldots\}$로 표시하기로 하자.

이제 베르그만 핵함수가 $K_\Omega(z,w) = k_w(z) \in \mathcal{A}^2(\Omega)$를 만족하기 때문에 $\sum_{\nu=0}^{\infty} |a_\nu|^2 < +\infty$를 만족하는 복소수열 $\{a_\nu\colon \nu = 0, 1, 2, \ldots\}$이 존재하여

$$k_w(z) = \sum_{\nu=0}^{\infty} a_\nu \varphi_\nu(z)$$

가 성립해야 한다. 따라서

$$\begin{aligned} a_\nu &= \overline{\langle k_w(z), \varphi_n u(z)\rangle} \\ &= \overline{\int_\Omega \varphi_n u(z)\overline{k_w(z)}d\lambda_z} \\ &= \overline{\varphi_\nu(w)} \end{aligned}$$

를 얻으며, 결론적으로 다음 표현을 얻는다.

정리 6.1.4 (Bergman) 유계 영역 Ω 위에 구성된 $\mathcal{A}^2(\Omega)$ 위에 구성된 단위직교기저를 하나 택하여 $\{\varphi_\nu : \nu = 0, 1, 2, \ldots\}$ 로 쓰면,

$$K_\Omega(z, w) = \sum_{\nu=0}^{\infty} \varphi_\nu(z)\overline{\varphi_\nu(w)}$$

가 성립한다.

이 정리를 이용하면 특별한 영역의 베르그만 핵함수를 구할 수 있다.

보기 6.1.1 $D = \{z \in \mathbb{C}\colon |z| < 1\}$ 의 경우에

$$K_D(z, w) = \frac{1}{\pi}\frac{1}{(1 - z\bar{w})^2}$$

이 성립한다.

이 계산을 해 보자. 먼저

$$\begin{aligned}\langle z^m, z^n\rangle_{L^2(D)} &= \int_0^{2\pi}\int_0^1 r^m e^{im\theta} r^n e^{-in\theta}\ r\ drd\theta \\ &= \frac{1}{m+n+2}\int_0^{2\pi} e^{i(m-n)\theta} d\theta \\ &= \begin{cases} \frac{\pi}{m+1} & \text{if}\, m=n \\ 0 & \text{otherwise}\end{cases}\end{aligned}$$

가 성립한다. 따라서 단위직교기저를

$$\varphi_\nu(z) = \sqrt{\frac{m+1}{\pi}} z^m, \quad m = 0, 1, 2, \ldots$$

로 택할 수 있다. 동시에 베르그만 핵함수는

$$K_D(z, w) = \frac{1}{\pi}\sum_{m=0}^{\infty}(m+1)(z\bar{w})^m$$

로 얻어진다. 이제 $|t| < 1$를 만족하는 범위에 있는 실변수 t에 대해서

$$\sum(m+1)t^m = \frac{d}{dt}\sum t^{m+1} = \frac{d}{dt}\frac{1}{1-t} = (1-t)^{-2}$$

가 성립함을 이용하면,

$$K_D(z, w) = \frac{1}{\pi(1-z\bar{w})^2}$$

를 얻는다. □

참고로 $f \in \mathcal{A}^2(D)$에 대하여, $w = u + iv$라면,

$$f(z) = \frac{1}{\pi}\int_D \frac{f(z)}{(1 - z\bar{w})^2} du\, dv,\ \forall z \in D$$

가 성립해야 한다. 물론 베르그만 핵함수의 이론에 의해 이 식이 성립하는 것을 알 수 있지만 직접 계산으로 확인할 수도 있다. (적분을 극좌표로 다시 쓴 다음 $e^{i\theta}$에 관한 적분을 유수정리(Residue theorem)로 계산하고 나머지 단계를 계산하여 직접 밝힐 수 있다! 자세한 것은 독자의 즐거움을 위해 연습문제로 남긴다.)

보기 6.1.2 다중원반 $D^n := D \times \cdots \times D \subset \mathbb{C}^n$의 경우에는

$$\begin{aligned} K_{D^n}&\big((z_1, \ldots, z_n), (w_1, \ldots, w_n)\big) \\ &= K_D(z_1, w_1) \cdot \ldots \cdot K_D(z_n, w_n) \end{aligned}$$

가 성립하고, 단위구 영역 $B^n \subset \mathbb{C}^n$에 대해서는

$$K_{B^n}(z, w) = \frac{n!}{\pi^n} \cdot \left(1 - \sum_{j=1}^{n} z_j \bar{w}_j\right)^{-n-1}$$

가 성립한다. 계산은 기본적으로 단위원 영역의 경우와 비슷하지만 주의를 요한다. 단위구 영역의 경우에는 구면좌표계(spherical coordinate system)를 쓰는 편이 편리할 것이다. 자세한 계산은 독자에게 남겨 둔다.

보충 6.1.1 유계 영역이 아니더라도 유계 영역과 해석 동형관계에 있는 복소다양체에는 베르그만 핵함수가 자연스럽게 정의된다. W가 임의의 영역이고 유계 영역 Ω와 해석동형 $f\colon W \to \Omega$가

주어지면 임의의 $z, w \in W$ 에 대하여 관계식

$$K_W(z,w) := \mathcal{J}_f(z) K_\Omega(f(z), f(w)) \overline{\mathcal{J}_f(w)}$$

을 통하여 W 의 베르그만 핵함수가 정의되는 것이다. 예를 들어, 위쪽 반공간(upper-half space) $H = \{z \in \mathbb{C}\colon Im\, z > 0\}$ 이나 지겔 위쪽 반공간(Siegel upper-half space) $S = \{(z_0, \ldots, z_n) \in \mathbb{C}^{n+1}\colon Im\, z_0 > |z_1|^2 + \ldots + |z_n|^2\}$ 등의 영역에도 핵함수가 정의된다. 이들은 단위원 영역, 단위구 영역들과 구체적으로 알려진 해석동형을 가지고 있으므로 베르그만 핵함수도 구체적인 표현을 가진다. 이들을 직접 계산해 보는 것도 좋은 연습문제이다.

보충 6.1.2 유계 영역과 해석동형인지 분명치 않은 영역이라 하더라도 공간 $\mathcal{A}^2$ 에 속하는 원소가 충분히 많으면 이 공간의 단위 직교기저 $\{\varphi_\mu\}$ 를 택하여 이들로부터

$$K(z,w) = \sum \varphi_\mu(z) \overline{\varphi_\mu(w)}$$

를 구성하면 이것이 곧 베르그만 핵함수가 된다는 것이 이 마디의 주요 내용 중 하나이다. 이 시점에서 보면, 어떤 영역이 굳이 유계 영역과 해석동형이 아니더라도 0이 아닌 베르그만 핵함수를 가질 수도 있을 가능성을 완전히 배제할 수 없다. 이와 같은 특이한 영역에 관하여는 거의 알려진 바가 없다. 이에 관하여 다음 마디에서 더 설명하고 연구 문제를 보다 확실히 제시하려 한다.

6.2 베르그만 거리

베르그만 핵함수로부터 만들어지는 유용한 개념으로 베르그만 거리를 소개한다.

정의 6.2.1 유계영역 $\Omega \in \mathbb{C}^n$ 에 베르그만 핵함수 K_Ω 가 주어졌다고 하자. 임의로 주어진 두 벡터 $v = (v_1, \ldots, v_n), w = (w_1, \ldots, w_n) \in \mathbb{C}^n$ 에 대하여 $\hat{K}_\Omega(z) := K_\Omega(z, z)$ 라 둔 다음

$$\beta_z^\Omega(v, w) := \sum_{j,k=1}^{n} \frac{\partial^2 \log \hat{K}_\Omega}{\partial z_j \partial \bar{z}_k}\Big|_z v_j \overline{w_k}$$

를 정의하고, 이를 **베르그만 거리(Bergman metric)**라고 부른다.

정의는 이렇게 할 수 있지만, 이 개념이 이름에 걸맞는 대상인지 점검해야 할 필요가 있다.

도움정리 6.2.1 $\mathbb{C}^n$ **안에 있는 두 유계 영역 사이에 정의된 해석동형** $F\colon \Omega \to W$ **는 각 영역의 베르그만 거리에 대하여 거리동형 조건** $F^*\beta^W = \beta^\Omega$**, 또는 이것을 풀어 쓴 조건**

$$\beta_{F(z)}^W(dF_z(v), dF_z(w)) = \beta_z^\Omega(v, w), \quad \forall v, w \in \mathbb{C}^n$$

를 만족한다.

증명. 합성함수의 미분공식 (=연쇄미분공식)에 의하여

$$\begin{aligned}
&\frac{\partial^2 \log \hat{K}_\Omega}{\partial z_j \partial \bar{z}_k}\Big|_z \\
&\quad = \frac{\partial^2}{\partial z_j \partial \bar{z}_k}\big(\log \hat{K}_W(F(z), F(z)) + \log |\mathcal{J}_F(z)|^2\big)\Big|_z \\
&\quad = \frac{\partial^2}{\partial z_j \partial \bar{z}_k}\big(\log \hat{K}_W(F(z), F(z))\Big|_z \\
&\quad = \sum_{\mu,\nu=1}^{n} \frac{\partial^2 \log \hat{K}_W}{\partial \zeta_\mu \partial \bar{\zeta}_\nu}\Big|_{\zeta=F(z)} \frac{\partial F_\mu}{\partial z_j} \overline{\left(\frac{\partial F_\nu}{\partial z_k}\right)}
\end{aligned}$$

를 얻을 수 있고, 이를 베르그만 거리의 정의 (정의 6.2.1)에 대입하면 원하는 결론을 얻는다. □

정리 6.2.2 (Bergman) $\mathbb{C}^n$ **안에 있는 유계 영역** Ω**의 임의의 점** $p \in \Omega$**에 대해 정의된 이중 선형 형식** β_p^Ω**는 양의 정부호성을 가지는 에르미트 형식이다.**

증명. 위 도움정리를 적용하면, 임의의 선형동형 $L\colon \mathbb{C}^n \to \mathbb{C}^n$에 대하여 β_p^Ω의 양의 정부호성은 $\beta_{U(p)}^{U(\Omega)}$의 양의 정부호성과 논리적으로 동치임을 알 수 있다. 따라서 이 정리의 증명을 위하여는

$$\frac{\partial^2}{\partial z_1 \partial \bar{z}_1} \log K_\Omega(z, z)\Big|_{z=p} > 0$$

가 성립함을 보이면 충분하다. 이제 공간 $\mathcal{A}^2(\Omega)$의 단위직교기저를 하나 선택하여 $\{\varphi_j\}$라 쓰면,

$$K_\Omega(z, z) = \sum |\varphi_j(z)|^2$$

와

$$\frac{\partial}{\partial \bar{z}_1} \log K_\Omega(z,z) = \Big(\sum_j \varphi_j(z)\tfrac{\partial \bar{\varphi}_j(z)}{\partial \bar{z}_1}\Big)\Big/\Big(\sum_j \varphi_j(z)\bar{\varphi}_j(z)\Big)$$

및

$$\begin{aligned}
&\frac{\partial^2}{\partial z_1 \partial \bar{z}_1} \log K_\Omega(z,z) \\
&\quad = \frac{1}{\left(\sum_j |\varphi_j(z)|^2\right)^2} \cdot \Big\{ \sum \varphi_j \bar{\varphi}_j \cdot \sum_k \frac{\partial \varphi_k}{\partial z_1} \\
&\qquad\qquad - \sum_k \varphi_k \overline{\tfrac{\partial \varphi_k}{\partial z_1}} \sum_j \tfrac{\partial \varphi_j}{\partial z_1} \bar{\varphi}_j \Big\} \\
&\quad = \frac{1}{\left(\sum_j |\varphi_j|^2\right)^2} \sum_{j,k} \left| \varphi_j \tfrac{\partial \varphi_k}{\partial z_1} - \varphi_k \tfrac{\partial \varphi_j}{\partial z_1} \right|^2
\end{aligned}$$

를 얻는다.

이제, 베르그만의 원래 착상을 따라 특별한 직교기저를 얻고 그 결과로 바로 위에 계산한 복잡한 식의 값이 0보다 확실히 큼을 보임으로써 증명을 완결하려 한다. (한편, 이 특별한 베르그만 기저는 그 자체로 활용도가 높아 파급효과가 상당함을 미리 얘기해 둔다.) 이제 직교기저 $\{\varphi_\nu : \nu = 0, 1, 2, \ldots\}$의 구성을 시작한다.

φ_0 **의 구성**: 함수 공간 $\mathcal{A}^2(\Omega)$ 안에서 부분공간

$$\mathcal{F}_0(p) := \{f \in \mathcal{A}^2(\Omega) : \|f\|_{L^2(\Omega)} = 1\}$$

을 먼저 생각한 다음, 두 조건

(1) $\varphi \in \mathcal{F}_0(p)$

(2) $|\varphi(p)| = \sup\{|f(p)| \colon f \in \mathcal{F}_0(0)\}$

을 만족하는 함수를 하나 택하여 φ_0 로 두려 한다. 우선 코시 계측에 의해 $\sup\{|f(p)| \colon f \in \mathcal{F}_0(0)\}$ 의 값은 유한함을 알 수 있고 (이 시점에서, 영역 Ω 가 유계인 경우를 생각하는 이유가 하나 밝혀진다!) 이 상한값을 실현하는 함수가 존재하는 이유도 정규족 (normal family; 몽텔의 정리) 이론에 의해 얻어진다. 따라서 φ_0 가 구성되었다.

이 시점을 지나기 전에 $\varphi_0(p) \neq 0$ 를 포함한 몇 가지를 관찰, 검토하려고 한다. 우선 이 구성과 쌍대성을 가지는 구성이 있다. 소위 **최소적분(minimum integral)**이라고 불리는

$$I_0^\Omega(p) := \min\{\|f\|_{L^2(\Omega} \colon |f(p)| = 1, f \in \mathcal{A}^2(\Omega)\}$$

개념이 정의되며, 이를 실현하는 원소—이를 ψ_0 라 두자—도 존재하는데 (역시 정규족 이론의 산물이다) 이 경우 적절한 실수 t 에 대하여 $\varphi_0 = e^{it}\psi_0/\|\psi_0\|_{L^2(\Omega)}$ 가 성립함을 알 수 있다. 따라서 $\varphi(p) \neq 0$ 도 금방 알 수 있다. 이 부분의 세밀한 논증은 독자를 위한 연습문제로 남겨 둔다.

φ_1 의 구성: 방금 선택한 원소 φ_0 의 직교 여공간 (orthogonal complement)

$$(\varphi_0)^\perp := \{f \in \mathcal{A}^2(\Omega) \colon \langle f, \varphi_0 \rangle_{L^2(\Omega)} = 0\}$$

를 생각하면

$$(\varphi_0)^\perp = \{f \in \mathcal{A}^2(\Omega) \colon f(p) = 0\}$$

가 성립하는데 그 이유는 이렇다. 위에서 선택한 $\psi_0 \in \mathcal{A}^2(\Omega)$를 사용하기로 하자. 그러면 아래의 세 조건

- $\alpha(p) = 0$를 만족하는 임의의 $\alpha \in \mathcal{A}^2(\Omega)$에 대하여

$$\|\psi_0\|^2_{L^2(\Omega)} \leq \|\psi_0 + \alpha\|^2_{L^2(\Omega)}$$

  가 성립한다.

- $\alpha(p) = 0$를 만족하는 임의의 $\alpha \in \mathcal{A}^2(\Omega)$에 대하여

$$0 \leq 2\text{Re}\,\langle \psi_0, \alpha \rangle + \langle \alpha, \alpha \rangle$$

  가 성립한다.

- $(\varphi_0)^\perp = \{f \in \mathcal{A}^2(\Omega) \colon f(p) = 0\}$.

들이 서로 동치이기 때문이다.

이제 φ_1을 두 조건

(1) $\|\varphi_1\|_{L^2(\Omega)}$

(2) $\left|\frac{\partial \varphi_1}{\partial z_1}(p)\right| = \sup\left\{\left|\frac{\partial \varphi}{\partial z_1}(p)\right| \colon \varphi \in (\varphi_0)^\perp\right\}$

를 만족하는 원소 중에서 임의로 하나 택하기로 하자. 이런 원소의 존재성 역시 영역의 유계성과 코시 계측 그리고 몽텔의 정규족 정리에 의해 보장된다. 뿐만 아니라 이 구성의 쌍대 개념도 만들 수 있고 이로부터

$$\frac{\partial \varphi_1}{\partial z_1}(p) \neq 0$$

도 얻는다.[2]

이와 같은 과정을 얼마든지 계속할 수 있겠으나, 지금은 일단 이 두 함수를 택하였으므로 나머지는 임의로 채워넣어 직교단위 기저를 구성하기로 하자. 그러면

$$\sum_{j,k} \left| \varphi_j \frac{\partial \varphi_k}{\partial z_1} - \varphi_k \frac{\partial \varphi_j}{\partial z_1} \right|^2 = |\varphi_0(p)| \left| \frac{\partial \varphi_1}{\partial z_1}(p) \right| > 0$$

와

$$K_\Omega(p,p) = |\varphi_0(p)|^2 > 0$$

를 얻게 되고 따라서

$$\frac{\partial^2}{\partial z_1 \partial \bar{z}_1} \log K_\Omega(z,z) > 0$$

를 얻으므로 증명이 완결된다. □

이 정리의 결과로 β_z^Ω 의 이름이 적절히 붙여졌음을 알 수 있게 되었고, 실수부 $\operatorname{Re} \beta_z^\Omega$ 가 영역 Ω 위에 정의되는 리만 거리의 일종이라는 것을 알 수 있으며, 따라서 곡선의 길이와 두 점 사이의 거리 등이 리만 기하학의 방법론을 따라 자연스럽게 정의되는 것과 아래 정리가 성립하는 것을 모두 알 수 있다.

---

[2]쌍대 문제는

$$I^\Omega_{\xi=(1,0,\ldots,0)} := \min\{\|f\|_{L^2(\Omega)} : f(p) = 0, D_\xi f|_p = \xi \cdot \nabla f(p) = 1\}$$

를 실현하는 함수를 찾는 문제가 된다.

정리 6.2.3 (Bergman) 베르그만 거리가 정의되는 영역들 사이에 정의된 임의의 해석동형 함수는 이 영역들의 베르그만 거리에 대한 등거리함수(isometry)이다.

이제 자연스럽게 여러 질문이 발생한다.

유계 영역의 경우 언제 베르그만 거리의 완비성(completeness)을 얻을 수 있는가? 유계 영역이 해석영역이라는 성질과 베르그만 거리의 완비성은 동치 관계에 있는가? 영역이 비 유계인 경우에는 어떤가? 어떤 성질이 베르그만 거리의 양의 정부호성을 보장하며, 완비성은 무엇이 보장하겠는가?

이들은 지금 이 시점에서도 관련 연구가 활발히 진행중인 좋은 질문들이다. 일부는 이제부터 소개하는 여러 마디를 통해 다룰 예정이다.

6.3 페퍼만 임계적 전개 정리

베르그만 핵함수에 관한 가장 유명한 정리는 아무래도 1974년에 발표된 임계적 전개 정리가 아닐까 한다. 정리를 소개하기 위하여 먼저 영역의 정의함수(defining function) 개념과 매우 레비 준볼록(strictly pseudoconvex)한 영역의 개념을 각각 정의 2.4.1와 정의 2.4.4에서 확인할 것을 권한다. 이제 정리를 소개한다.[3]

정리 6.3.1 ([Fefferman 1974]) $\mathbb{C}^n$ 안에 있는 유계 영역 Ω 가 $\mathcal{C}^\infty$ 급 경계를 가지는 매우 레비 준볼록 영역이며 함수 ρ 가 이 영역의 $\mathcal{C}^\infty$ 급 정의함수라 하자.

1. **(임계 전개식 정리)** p가 이 영역의 경계점이면 등식

$$K_\Omega(z, z) = \frac{\Phi(z)}{(-\rho(z))^{n+1}} + \Psi(z)\log(-\rho(z))$$

가 임의의 $z \in V \cap \Omega$에 대하여 성립하게 하며 조건 $\Phi(p) \neq 0$ 를 만족하는 $\mathcal{C}^\infty$ 급 함수 $\Phi, \Psi : V \to \mathbb{C}$들이 존재한다.

2. **(확장정리)** 또 다른 $\mathcal{C}^\infty$ 급 경계를 가지는 매우 레비 준볼록 유계 영역 W와 해석동형 $f : \Omega \to W$가 주어지면 이 함수 f는 두 영역의 폐포에 정의되는 미분동형으로 유일하게 확장된다.

이 정리는 후에 보다 쉬운 방법으로 다시 증명되고 여러 모

[3] C. Fefferman (1974), Inventiones Mathematicae. (미국, 이 논문은 그의 필즈메달 수상의 주요 업적이었다.)

양으로 확장되고 개선되었으나 다변복소함수론과 복소기하학의 발전에 크게 기여하였다. 하지만 이 방향 연구는 이 책의 주요 관심사는 아니어서 증명을 포함하여 이 정리의 방향으로 더 이상의 토의는 하지 않으려 한다.

6.4 완비성과 영역의 준볼록성

유계 영역이 콤팩트 다양체가 아니기 때문에 베르그만 거리의 완비성 여부는 기하학적 관점에서는 매우 당연한 탐구 대상이다. 이에 대해서 여러 학자들의 연구가 있었는데, 그중의 압권은 1981년 오사와[4]의 연구를 들 수 있겠다.

정리 6.4.1 (오사와) $\mathcal{C}^1$ **급 경계를 가지는 레비 준볼록 유계 영역의 베르그만 거리는 항상 완비성을 가진다.**

증명은 그리 어렵지 않다. 앞에서 간략히 소개했던 최소적분을 이용하여 베르그만 거리를 이해한 다음 주어진 경계점 근처에서 해석다각형을 내접시키는 방법을 적절히 잘 사용하여 베르그만 거리에 관한 증가 속도의 하한 계측을 얻어 이를 활용하면 된다. 더 자세한 설명은 생략한다.

6.5 한/루 비교정리와 연구문제

한경택 교수와[5] 중국 과학원의 루치컹 교수의[6] 이름이 붙은 정리를 개선하여 강화한 결과를 소개한다.

정리 6.5.1 (한/루 비교정리) $\mathbb{C}^n$ **의 영역** Ω **의 베르그만 핵 함수가 조건** $K_\Omega(p,p) > 0$ **를 영역의 어느 점** p **에서나 만족시키면, 카라테오도리 길이 함수** $\mathfrak{c}_\Omega$ **와 베르그만 거리** β_z^Ω

[4]T. Ohsawa (大沢健夫), 일본, 다변복소함수론.

[5]한경택(Hahn, K. T. 1928- , 한국/미국), 다변복소함수론.

[6]루치컹(Lu, Q.-K. 1927-2015, 중국) 다변복소함수론.

사이에 비교 부등식

$$\mathfrak{c}_\Omega(z,v)^2 \le \beta_z^\Omega(v,v), \quad \forall (z,v) \in \Omega \times \mathbb{C}^n$$

이 성립한다. 이 정리는 영역에 유계 조건이 필요 없을 뿐 아니라, 임의의 복소다양체의 경우까지 확장된다.

따름정리 6.5.2 베르그만 핵함수가 어느 점에서도 *0*이 아닌 복소다양체의 경우, 카라테오도리 적분거리의 양의 정부호성과 완비성이 각각 베르그만 거리의 양의 정부호성과 완비성을 보증한다.

한-루 비교정리의 증명. 베르그만 교수의 원래 착상을 따라

$$B_0(p) := \sup\{|\psi(p)|^2 : \psi \in \mathcal{A}^2(\Omega), \|\psi\|_{L^2(\Omega)} \le 1\}$$

와, 기호 $\partial_v = \sum_j v_j \frac{\partial}{\partial z_j}$ 를 사용한 정의

$$\begin{aligned} &B_1(p,v) \\ &\quad := \sup\{\big|\partial_v \varphi|_p\big|^2 : \varphi \in \mathcal{A}^2(\Omega), \varphi(p)=0, \|\varphi\|_{L^2(\Omega)} \le 1\} \end{aligned}$$

를 생각하자. 그러면 $K_\Omega(p,p) \neq 0$ 이므로 $K_\Omega(p,p) = B_0(p)$ 가 성립하고, 따라서 $B_0(p)$ 도 0이 아니다. 또한 앞에서 베르그만의 특수 기저를 선택하는 과정에서 보았듯이 $B_1(p,v) = B_0(p)\beta_p^\Omega(v,v)$ 도 성립한다.

코시 계측(Cauchy estimate)과 몽텔의 정규족 정리에 의해 상한값을 실현하는 함수들, 즉 조건 $\|\hat\psi\|_{L^2(\Omega)} \le 1$ 와 $|\hat\psi(p)|^2 =$

$B_0(p)$를 만족하는 함수 $\hat{\psi} \in \mathcal{A}^2(\Omega)$가 존재한다. 한편, 카라테오도리 길이함수를 실현하는 함수, 즉 조건 $\eta(p) = 0$, $\| |\partial_v \eta|_p(v)| = \mathfrak{c}_\Omega(p, v)$를 만족하는 해석함수 $\eta\colon \Omega \to D = \{z \in \mathbb{C}\colon |z| < 1\}$를 택하자. 그러면 $|\eta\hat{\psi}| \le |\hat{\psi}|$가 성립하기 때문에 $\|\eta\hat{\psi}\|_{L^2(\Omega)} \le \|\hat{\psi}\|_{L^2(\Omega)} \le 1$와 $\eta\hat{\psi} \in \mathcal{A}^2(\omega)$ 등이 모두 성립하며, 특히 $\eta(p) = 0$ 덕분에 $|\partial_v(\eta\hat{\psi})(p)| = |\partial_v(\eta)(p)||\hat{\psi}(p)|$가 성립한다. 이제까지 얻은 바를 종합하면

$$
\begin{aligned}
B_1(p.v) &\ge |\partial_v(\eta\hat{\psi})(p)|^2 \\
&\qquad = |\partial_v(\eta)(p)|^2|\hat{\psi}(p)|^2 = \mathfrak{c}_\Omega(p, v)^2 B_0(p)
\end{aligned}
$$

를 얻고 이로부터 원하던 결론인

$$
\beta_p^\Omega(v, v) = \frac{B_1(p, v)}{B_0(p)} \ge \mathfrak{c}_\omega(p, v)^2
$$

가 도출되므로, 증명이 완결된다. (참고로, 이 증명은 복소다양체의 경우로 쉽게 확장된다는 점을 밝혀 둔다.) □

이와 같이 유용한 기법을 제공하는 이 정리의 논증 방법은 루치컹 교수가 1966년에 처음 발견한 것이지만 [Lu Q.-K. 1966], 원래 논증은 라테오도리 거리함수와 베르그만 거리가 모두 양의 정부호성을 가지는 유계영역의 경우만 취급하였고, 이를 1970대에 독립적으로 (복소다양체의 경우까지 확장하여) 증명하였던 한경택 교수께서도 [Hahn 1978] 여전히 두 거리가 모두 양의 정부호성을 가지는 경우만 취급하였다. 두 학자 모두 불변거리들 사이의 비교정리를 얻는 데에만 관심을 두었기 때문이다. 하지만 그 때문에 원래 정리는 베르그만 거리에 대한 양의 정

부호성 또는 더 나아가 완비성을 밝히려는 연구에는 적용될 수 없었다. 김강태/안태용/H. Gaussier는 기존 루치컹, 한경택의 증명에 쓰인 논증을 논리 순서만 조절하여 위 정리를 얻었고 [Ahn/Gaussier/Kim 2016], 이로부터 콘-니렌버그 영역을 포함한 여러 비 유계 영역의 베르그만 거리가 양의 정부호성과 함께 완비성을 가진다는 점을 여러 경우에 증명하였다. 같은 논증이라도 때로는 재정비/개선을 통해 더 많은 파급효과를 낼 수 있다는 것을 볼 수 있다.

한편, 코바야시 거리의 경우에는 베르그만 거리와 비교가 가능하지만 다른 방법론을 사용해야 한다. 플루그(P. Pflug) 등 교수들에 의해 만들어진 유용한 방법론이 있다는 점만 말해 두고, 더 자세한 것은 생략한다.

6.6 곡률과 함수론

복소 영역 Ω에 정의된 베르그만 거리는 복소수 값을 가지는 에르미트 형식 (Hermitian form)이므로 실수부

$$\mathfrak{b}_p^{\Omega}(v, w) = \mathrm{Re}\, \beta_p^{\Omega}(v, w)$$

가 리만 거리가 된다. 따라서 이렇게 얻어진 리만 거리의 곡률을 생각하는 것은 자연스럽다. 그런데, 원래 복소 영역에 존재하던 복소 구조, 즉 코시-리만 방정식과 어울리는 복소 구조로 인해 접공간 안에 복소 부분공간이라는 개념이 존재하고, 특히 실수 2차원 복소평면 방향으로 측정되는 단면 곡률은 복소해석곡률 (holomorphic sectional curvature)라는 이름을 가지는 것으로 거리 동형인 복소해석동형에 의해 보존되는 특수성을 지녔기에, 불변량으로서의 역할을 담당하기도 한다. 베르그만 거리가 해석동형에 의해 보존되기 때문에 유계 영역의 베르그만 거리의 복소해석곡률이 불변량이 되는 것이다. 국소적으로 특별한 불변량이 얼른 관찰되지 않는 유계 영역에 이처럼 발견되는 특수한 국소 불변량이 유용함은 물론이다. 하지만 지금은 특별히 이 방향의 연구와 응용을 다루지는 않고 언급한 정도로 만족하려고 한다.

6.7 베르그만 대표좌표계

베르그만 교수 스스로 상당한 관심을 쏟았고 연구했던 개념인 베르그만 표준좌표계를 원시적인 형태로 일단 소개하려고 한다.

공간 $\mathbb{C}^n$ 안에 있는 영역 Ω의 베르그만 핵함수를 K_Ω로 쓴 다음, 임의의 $z_0 \in \Omega$에 대하여 대응관계

$$R_j(z) := \frac{\partial}{\partial \bar{w}_j}\Big|_{w=z_0} \log \frac{K_\Omega(z,w)}{K_\Omega(w,w)}$$

를 이용하여 함수

$$R_p^\Omega(z) := \left(R_{\Omega,p}^1(z), \ldots, R_{\Omega,p}^n(z)\right)$$

를 정의할 수 있다. 이 함수가 **베르그만 대표좌표계 (Bergman representative coordinate system)**라는 이름을 가진 유명한 함수이다. 이 함수의 특징이자 유용한 점은 아래 정리에서 드러난다.

정리 6.7.1 (Bergman) **$\mathbb{C}^n$의 유계 영역 사이에 정의된 해석동형 $f\colon \Omega \to U$와 조건 $f(p) = q$를 만족하는 두 점 $p \in \Omega$, $q \in U$가 주어졌다면, 각 점의 적절한 근방에서 베르그만 대표좌표계 R_p^Ω와 R_q^U가 각각 잘 정의되고, 합성함수 $R_q^U \circ f \circ (R_p^\Omega)^{-1}$는 $\mathbb{C}^n$의 선형동형이다.**

증명. 논증은 1900년대 전반에 많이 보였던 미분기하학 연구의 방법을 따르면 되고 비교적 당연하다. 좌표계 기호

$$\zeta^j := R_{\Omega,p}^j, \quad \xi^k := R_{U,q}^k \qquad (j,k = 1,\ldots,n)$$

를 사용하여, $\xi = (\xi^1, \ldots, \xi^n)$ 를 $\zeta = (\zeta^1, \ldots, \zeta^n)$ 로 계산한 후 표현이 선형변환을 따르는지를 점검하면 된다. 계산이 명확히 보이도록 돕기 위해 Ω 의 좌표계를 $z = (z_1, \ldots, z_n), w = (w_1, \ldots, w_n)$ 로 쓰고 $\mathbb{C}^n$ 의 좌표계를 $Z = (Z_1, \ldots, Z_n), W = (W_1, \ldots, W_n)$ 로 쓰고, $f(z) = (f^1(z), \ldots, f^n(z))$ 로 쓰기로 하고 논증을 시작하자. 그러면,

$$\begin{aligned}
\zeta^j(z) &= \frac{\partial}{\partial \bar{w}_j} \log \frac{K_W(z,w)}{K_W(w,w)}\Big|_{w=p} \\
&= \frac{\partial}{\partial \bar{w}_j} \log \frac{K_W(f(z),f(w))}{K_W(f(w),f(w))}\Big|_{w=p} \\
&= \sum_{k=1}^{n} \left[\frac{\partial \bar{f}^k}{\partial \bar{w}_j} \cdot \frac{\partial}{\partial \bar{W}_k} \log \frac{K_U(f(z),W)}{K_U(W,W)} \right]\Big|_{W=f(p)}
\end{aligned}$$

를 얻는다. 이로부터

$$\zeta^j(z) = \sum_{k=1}^{n} \frac{\partial \bar{f}^k}{\partial \bar{w}_j}\Big|_{w=p} \cdot \xi^k(f(z))$$

를 얻게 되고, 따라서 $\xi = R_q^U \circ f \circ (R_p^\Omega)^{-1}(\zeta)$ 가 선형함수임이 증명되었다. □

베르그만의 원래 착상은 유클리드 공간에서 시작되었으므로 유클리드 좌표계를 이용한 모든 정의가 자연스럽다. 그러나 미분기하학의 입장에서는 (국소)좌표계가 임의로 선택될 여지가 있으므로 표준 좌표계를 선택할 필요가 있어 보인다. 베르그만 거리가 이미 주어져 있으므로, 미분작용소 $V_1, \ldots, V_n$ 을 선택하

되 점 p의 베르그만 내적 $\mathfrak{b}_p^{\Omega}$에 관하여 단위직교벡터들

$$A_\mu = (a_{\mu 1}, \ldots, a_{\mu n}) \qquad (\mu = 1, \ldots, n)$$

을 선택한 다음 각각의 k마다

$$V_k := \sum_{\mu=1}^{n} a_{\mu k} \frac{\partial}{\partial w_j}$$

를 정의하고, 베르그만 대표좌표계를 새로이

$$R_{\Omega,p}^{k} = V_k \log \frac{K_\Omega(z,w)}{K_\Omega(w,w)}\Big|_{w=p}$$

를 이용하여 정의하면 되겠다. 아직도 $V_1, \ldots, V_k$ 들의 선택에 존재하는 모호한 점은 유니타리 변환에 의해 모두 이해되므로, 이 정도라면 베르그만 대표좌표계가 표준화 되었다고 하여도 미분기하학의 관점에서 받아들일 만 하다.

이렇게 표준화 된 대표좌표계를 사용하여 위의 정리를 다시 구성하면 결론에 등장하는 선형함수가 항상 유나타리 변환이 된다. 이 점을 확인하는 것은 독자를 위한 연습문제로 둔다.

7

해석함수열의 수렴과 극한 함수

7.1 몽텔(Montel)의 정리

함수열(sequence of functions)의 수렴에 관한 탐구의 주요 관심사는 수렴성 자체가 첫째이지만, 함수열을 구성하는 함수 각각이 지니고 있던 특성이 극한 함수에도 나타나는지 여부 또한 못지않게 중요하다. 그러하기에, 실함수론의 아르젤라-아스콜리 정리와 그것을 복소함수론에 알맞게 구성한 몽텔의 정리는 둘 다 독립적인 가치가 있다.

정의 7.1.1 열린 구간 $(0,1) := \{x \in \mathbb{R}\colon 0 < x < 1\}$ 위에 정의된 실함수열 $\{f_n\colon (0,1) \to \mathbb{R}\}$이 주어졌다고 하자. 임의로 선택된 상수 $\epsilon > 0$에 대하여 상수 $\delta > 0$가 존재하되, 부등식 조건 $|x-y| < \delta$를 만족하는 점 $x, y \in (0,1)$들에 관하여는 그 위치와 선택에 무관하게 $|f_j(x) - f_j(y)| < \epsilon$를 만족하면, 이 함수열이 **균등연속(equicontinuous)**하다고 정의한다.

정리 7.1.1 (아르젤라/아스콜리 Arzela/Ascoli) **함수들이 이루는 수열 $\{f_n\colon (0,1) \to \mathbb{R}\}$이 균등 유계 조건, 즉 적절한 상수 $C > 0$에 대하여 조건 $\sup_{\substack{x\in(0,1)\\ j=1,2,\ldots}} |f_j(x)| \le C$를 만족하고, 또 균등연속 조건도 만족하는 경우에는, 고르게 수렴하**

는 (uniformly convergent) 부분 수열이 존재하고, 그 극한 함수는 연속함수가 된다.

보충 7.1.1 $\{f_n : (0,1) \to \mathbb{R}\}$이 균등함수열이라는 정의 속에는 각 함수 f_j가 고른연속(uniformly continuous)이라는 성질이 이미 포함되어 있었음을 언급해 둔다.

함수열 $\{f_j : (0,1) \to \mathbb{R}\}$의 원소들이 미분가능한 경우에 만약 도함수열 $\{f_j' : (0,1) \to \mathbb{R}\}$가 유계 조건, 즉 적절한 상수 $C > 0$이 존재하여 부등식

$$\sup_{x\in(0,1),j=1,2,\ldots} |f_j'(x)| \le C$$

를 만족하면, 평균값정리에 의해 이 함수열의 균등연속성이 보장된다. 이를 확인하는 것은 독자에게 맡긴다.

이제 몽텔[1]의 정리를 얻는다.

정리 7.1.2 (몽텔 Montel) **복소평면 위의 임의의 영역 Ω에 대하여 해석함수열 $\{f_j : \Omega \to \mathbb{C}\}$가 유계 조건 즉, 적절한 양수 C에 대하여 부등식**

$$\sup_{z\in\Omega,j=1,2,\ldots} |f_j(z)| \le C$$

가 만족되면 부분함수열이 존재하여, 영역 Ω의 임의의 콤팩트 부분집합 위에서 수렴하게 할 수 있다. 특히, 이런 부분함

[1]P. Montel (1876-1975 프랑스), 복소함수론.

수열의 극한함수는 영역 전체에서 정의되는 해석함수이다.

증명을 회상해 보자. 코시 적분정리에 의해 복소미분에 대한 계측을 얻으며, 따라서 각 콤팩트 부분집합 위에서 균등연속성을 얻는다. 따라서 영역을 증가하는 콤팩트 부분집합의 합집합으로 표현하며 대각원소를 선택하는 방법을 사용하면 임의의 콤팩트 부분집합 위에서 고르게 수렴하는 부분함수열을 택할 수 있고, 그 극한은 연속함수이다. 이제 더 나아가, 코시 적분정리를 각 f_j 에 대하여 쓰고 극한을 취하면 극한 함수가 연속일 뿐 아니라 코시 적분정리를 만족한다. 이제 적분기호로 표시되는 함수의 미분을 생각하면 바로 극한 함수의 코시-리만 방정식을 얻으며 따라서 극한 함수는 해석함수가 된다.

이 정리는 Ω 가 $\mathbb{C}^n$ 의 부분 영역인 경우 뿐만 아니라 임의의 복소다양체인 경우까지 차원에 관계 없이 자연스럽게 확장된다. 확장은 물론 증명의 논증을 정확히 재구성하는 것은 독자에게 맡겨 두기로 하겠다.

7.2 우홍시의 슈바르츠 보조정리

이제 1960년대 말에 버클리의 우홍시(H. Wu)교수에 의해 정립된 정리를 소개한다.[2] [3]

> **정리 7.2.1 (우홍시(H. Wu))** **복소 유클리드 공간 $\mathbb{C}^n$ 안에 있는 유계영역 Ω와 점 $p \in \Omega$가 주어졌다고 하자. 만일 해석함수 $F : \Omega \to \Omega$가 조건 $F(p) = p$를 충족시키면, 이 함수의 야코비 행렬식 $\mathcal{J}_F(p)$이 부등식 $|\mathcal{J}_F(p)| \leq 1$을 만족한다. 뿐만 아니라, 등식이 성립한다는 조건과 F가 영역 Ω의 자기동형이라는 조건은 논리적으로 동치이다.**

증명. p 점에서 함수 F의 야코비 행렬 (Jacobian matrix)에 대한 조르단(Jordan) 표준형을 생각하면, 역행렬을 가지는 적절한 행렬 C와 행렬

$$Q = \begin{pmatrix} \lambda_1 & * & 0 & & & \cdots & 0 \\ 0 & \lambda_2 & * & 0 & & \cdots & 0 \\ & & & & & & \\ \vdots & & \ddots & \ddots & \ddots & \ddots & \vdots \\ & & & & & & 0 \\ 0 & & \cdots & & 0 & \lambda_{n-1} & * \\ 0 & \cdots & & \cdots & & 0 & \lambda_n \end{pmatrix} \tag{7.1}$$

[2]S. G. Krantz 교수의 책 Funtion theory of several complex variables에 Cartan-Carathéodory-Kaup-Wu theorem으로 수록된 이후 이를 되풀이하는 문헌이 많다. 물론 관련된 내용이 다른 세 학자의 저술에 포함된 바가 있지만, 여기 실린 정리의 완전한 명제는 [Wu H. 1967]에 처음 발표되었다.

[3]우홍시 (伍鴻熙, Wu Hung-Hsi) (1938- , 중국/미국), 미분기하학 및 다변복소함수론.

가 존재하여 야코비 행렬이

$$J_F(p) = C^{-1}QC$$

를 만족한다. Ω가 유계영역이므로 몽텔 정리와 코시 적분공식에 의해 거듭합성함수 $F^{\circ m} := F \circ \cdots \circ F$ 들은 정규족을 이루어야 하고, 연쇄미분공식에 의해 $J_F^{\circ m}(p) = C^{-1}Q^m C$가 성립해야 하므로 Q_m의 성분들도 모두 유계수열이어야 한다. Q_m의 대각 성분들은

$$\lambda_1^m, \ldots, \lambda_n^m$$

이므로 이로부터 $|\lambda_j| \leq 1$이 임의의 $j \in \{1, \ldots, n\}$에 대해 성립한다는 것을 추론할 수 있다. 따라서 야코비 행렬식이 조건

$$|\mathcal{J}_F(p)| = |\lambda_1| \cdots |\lambda_n| \leq 1$$

를 만족한다는 결론에 도달한다.

계속해서 만일 $|\mathcal{J}_F(p)| = 1$이 성립한다면, $|\lambda_j| = 1$가 모든 $j \in \{1, \ldots, n\}$에 대해 성립해야 한다. 그렇게 되면 0 또는 1 값을 가지는 $*$로 표시되었던 Q의 대각 성분 바로 뒤 성분이 모두 0이 되어야 한다. 그 이유를 밝히는 것은 계산에 의해 가능하다. 만일 0이 아닌 $*$ 성분이 있다면 그 중 맨 위에 있는 1을 택한다. 그리고 Q^m을 계산하면서 같은 위치에 있는 성분을 주시한다. 그러면 이 성분이 m과 0이 아닌 항의 곱으로 나타나는 항을 포함하며 그 이유 때문에 m이 무한히 커짐에 따라 결국은 무한대로 발산한다. 하지만 Q^m의 성분들은 반드시 유계이어야 한다는 코시 적분공식과 코시 계측 때문에 그런 현상이 일어날 수 없어서

모순에 도달하게 된다. 따라서 야코비 행렬의 조르단 표준형 Q는 대각행렬이며 대각 원소의 절대값은 1이다. 한 편, 적절한 부분수열을 택하여 Q^m이 단위행렬 I로 수렴하게 할 수도 있는데, 그것은 유명한 헤르만 바일(H. Weyl)의 정리에 의해 얻어진다.[4] 이런 현상이 일어나는 부분수열을 그냥 같은 기호로 쓰기로 하자.

따라서 $\{F^{\circ m}\}_m$의 수렴하는 부분수열을 택하여 다시 같은 기호를 쓰도록 하자. 이 수열의 극한을 $\hat{F}$로 표시하자. 그러면 카르탕의 유일성 정리 (정리 1.9.2)에 의해 $\hat{F}(z) = z$가 임의의 $z \in \Omega$에 대해 성립한다.

그리고 다시 이 새로운 수열 $\{F^{\circ m}\}_m$에 대하여 (비슷해 보이지만) 또 다른 수열 $\{F^{\circ m-1}\}_m$을 생각하자. 이 수열이 당장 수렴하는지는 알 수 없으나 여전히 몽텔의 정리가 적용되고 (영역 Ω가 유계이므로!) 적절한 부분수열 $\{F^{\circ(m_k-1)}\}_k$를 택하여 이를 수렴하게 할 수 있다. 이 수열의 극한을 G라 두자. 물론 $\{F^{\circ m_k}\}_k$는 원래 수렴하는 함수열의 부분수열이므로 여전히 같은 극한 $\hat{F}$로 수렴하고,

$$G \circ F = \hat{F} = F \circ G$$

가 성립한다. $\hat{F} = \mathrm{id}$이므로 이로부터 $F\colon \Omega \to \Omega$가 해석동형이 된다는 결론을 얻게 된다. 이로써 증명이 완결되었다. □

---

[4] "$\theta \in \mathbb{R}$이 무리수이면 집합 $\{e^{im\theta} \colon m = 1, 2, \ldots\}$가 단위원의 조밀한 (dense) 부분집합이다." 가 바일의 정리이다. 우선 유리수인 경우에 해당하는 Q의 고유값은 이들의 주기의 최소공배수만큼 거듭제곱하여 1로 만들고, 그런 과정 후, 무리수에 해당하는 남은 고유값은 거듭제곱을 무한히 계속하며 1로 수렴하는 수열을 발견하는 기법을 사용하면 된다.

위의 정리의 결과로 아래 정리도 자연스럽게 얻어진다.

정리 7.2.2 (우홍시 (H. Wu)) **복소 유클리드 공간 $\mathbb{C}^n$ 안에 있는 유계영역 Ω와 점 $p \in \Omega$가 주어졌다고 하자. 이 유계영역의 카라테오도리-아이젠만 부피원소 E_Ω^C와 코바야시-아이젠만 부피원소 E_Ω^K에 내하여 조건 $E_\Omega^C(p) = E_\Omega^K(p)$가 성립하면, 영역 Ω는 단위구영역 B^n과 해석동형이다.**

이 정리의 증명은 앞에 등장한 증명의 아류이다. 각 변량의 정의를 잘 사용하여 함수열을 만들고 바로 앞 정리를 적용하면 증명을 얻게 된다. 독자를 위한 연습문제로 남겨 둔다.

7.3 해석함수열과 극한함수의 전사 및 단사성

1변수 복소해석함수열에 관한 후르비츠 정리 (Hurwitz's theorem)는 아래와 같다.

정리 7.3.1 (후르비츠) **영역 $\Omega \subset \mathbb{C}$ 위에 정의된 해석함수열 $\{f_j : \Omega \to \mathbb{C} \mid j = 1, 2, \ldots\}$가 주어졌고, f_j 각각은 0점을 가지지 않는, 즉 영역 Ω 위의 어느 점에서도 0이 되지 않는 함수라 하자. 만일 이 함수열이 함수 $\hat{f} : \Omega \to \mathbb{C}$로 수렴하되 임의의 콤팩트 부분집합 위에서 극한함수 $\hat{f}$로 고르게 (uniformly) 수렴하면, 극한함수 $\hat{f}$는 모든 점에서 0이 되는 0함수이거나, 아니면 0점을 전혀 가지지 않는 함수이거나, 둘 중 하나가 성립한다.**

따름정리 7.3.2 **영역 $\Omega \subset \mathbb{C}$ 위에 정의된 함수열 $\{f_j : \Omega \to \mathbb{C} \mid j = 1, 2, \ldots\}$을 구성하는 함수 f_j가 각각 국소적으로 복소해석 단사함수—즉 임의의 점마다 적절한 근방이 존재하여 f_j를 거기에 국한시키면 이 함수가 복소해석 단사함수인 경우를 말한다—라면, 그리고 이 함수열이 임의의 콤팩트 부분집합 위에서 함수 $\hat{f}$로 고르게 수렴하면, 극한함수 $\hat{f}$는 상수함수이거나, 아니면 국소적으로 복소해석 단사함수이거나, 둘 중 하나가 성립한다.**

후르비츠 정리는 일변수 복소함수론의 중요 정리인데, 편각정리 (argument principle)를 이용하면 바로 도출된다. 위의 다변수 정리는 일변수 후르비츠 정리의 따름정리에 불과하고, 따름정리도 근본적으로 그러하다. (도함수에 후르비츠 정리를 적용하여 얻는다.) 그런데 영역 전체에서 단사 조건을 만족하는 해석함수열이 임의의 콤팩트 부분집합에서 상수가 아닌 극한함수 $\hat{f}$로 고르게 수렴하면 이 극한함수도 영역 전체에서 단사함수가 될까? 별로 어렵지는 않지만 그리 잘 알려져 있지 않다는 생각에 아래 보조정리를 비교적 자세한 논증과 함께 여기 싣는다.

도움정리 7.3.3 ([Kim/Krantz 2001]) **영역 $\Omega \subset \mathbb{C}^n$ 위에 정의된 함수열 $\{f_j \colon \Omega \to \mathbb{C}^n \mid j = 1, 2, \ldots\}$을 구성하는 함수 f_j가 각각 복소해석 단사함수라면, 그리고 이 함수열이 상수함수가 아닌 함수 $\hat{f}$로 임의의 콤팩트 부분집합 위에서 고르게 수렴하면, 극한함수 $\hat{f}$는 복소해석 단사함수이다.**

증명. 귀류법을 사용하기 위해, 서로 다른 두 점 $x, y \in \Omega$가 존재하여 조건 $\hat{f}(x) = \hat{f}(y) = \xi$를 만족한다고 가정하자. 그러면 $\hat{f} \colon \Omega \to \mathbb{C}^n$의 야코비 행렬식이 어디에서도 0이 되지 아니하기 때문에, 조건

$$B^n(x; 2r) \cup B^n(y; 2r) \Subset \Omega, \quad \overline{B^n(x; 2r)} \cap \overline{B^n(y; 2r)} = \varnothing$$

가 성립하며, 동시에 $\hat{f}|_{B^n(x;2r)}$와 $\hat{f}|_{B^n(y;2r)}$가 단사함수가 되게 하는 양수 r이 존재한다. $\hat{f}$가 열린 집합을 열린 집합에 대응시키는 열린 함수이고, 따라서 조건

$$B^n(\xi; s) \subset \hat{f}(B^n(x; r)) \cap \hat{f}(B^n(y; r))$$

를 만족하는 양수 s가 존재한다. 물론 집합

$$G_1 = \left(\hat{f}\big|_{B^n(x;2r)}\right)^{-1}(B^n(\xi; s))$$

과

$$G_2 = \left(\hat{f}\big|_{B^n(y;2r)}\right)^{-1}(B^n(\xi; s))$$

는 열린 집합이고 f_j는 항상 단사함수이므로

$$G_1 \cap G_2 \subset B^n(x; 2r) \cap B^n(y; 2r) = \varnothing$$

는 성질로부터

$$f_j(G_1) \cap f_j(G_2) = \varnothing, \ \forall j$$

를 얻고, 또 콤팩트 부분집합마다 그 위에서 고른수렴이 일어난다는 가정으로 인해

$$f_j(G_1) \cup f_j(G_2) \subset B(\xi, 2s), \ \forall j > N$$

가 성립하게 하는 자연수 N이 존재하게 된다. 이로부터 j가 무한대로 발산하는 동안

$$\begin{aligned} 0 &\le \operatorname{dist}\left(f_j(x), B^n(\xi; 2s) \setminus f_j(G_1)\right) \\ &\le \operatorname{dist}\left(f_j(x), f_j(y)\right) \\ &\to 0 \end{aligned}$$

가 성립함을 알 수 있고, 동시에 고른수렴 조건으로부터

$$\begin{aligned} 0 &= \lim_{j\to\infty} \operatorname{dist}\left(f_j(x), B^n(\xi; 2s) \setminus f_j(G_1)\right) \\ &= \operatorname{dist}\left(\hat{f}(x), B^n(\xi; 2s) \setminus \hat{f}(G_1)\right) \\ &= \operatorname{dist}\left(\xi, B^n(\xi; 2s) \setminus B^n(\xi; s)\right) \\ &= s > 0 \end{aligned}$$

가 성립한다는 결론에 도달한다. 이것은 명백한 모순이며, 따라서 보조정리의 증명이 완결되었다. □

이 증명에서 함수들이 복소해석함수인 성질은 그리 중요하지 않다. 실제로 이 결과는 미분동형의 함수열들에 관하여도 적절한 가정을 하면 성립하게 되지만, 그에 대한 정확한 명제는 독자들이 스스로 만들어 보도록 맡겨 두고, 이 마디는 여기서 맺기로 한다.

8

유계 준볼록 영역과 자기동형군

특정 기하학을 구성하는 가장 중요한 요소를 보존하는 변환 함수는 대개 단사(1대 1대응)이면서 동시에 전사(onto)인 함수를 말하며, 이들을 **동형 (isomorphism)**이라 부른다. 유클리드 공간의 강체운동(rigid motion)이 좋은 예다. 펠릭스 클라인[1] 교수의 에를랑엔 프로그램에 의하면 기하학은 동형들이 이루는 군에 의해 결정되고 이해된다.

이번 장에서는 특히 주어진 영역을 보존하는 해석동형이 풍부한 경우에 대하여 공부하려고 한다. 이런 생각은 역사적인 뿌리가 무척 깊다. 유클리드 기하학의 경우라면, 주어진 기하학적 대상을 보존하는 강체운동을 대칭 변환이라 불렀고, 대칭 변환이 풍부한 대상을 대칭 다면체라 불렀으며, 적절한 조건 하에서 대칭 다면체를 모두 찾아내고 분류하는 문제는 오랫동안 연구되기도 하였다. 주어진 다면체를 보존하는 동형은 **자기동형 (automorphism)**이라 불렸고, 이들이 또 합성과 역원 연산에 관하여 군(group)을 이루면서 자연스럽게 **자기동형군 (automorphism group)**이라는 이름을 받았다. 이제 각론으로 들어가려고 한다.

---

[1]F. Klein (1849-1925, 독일) 복소함수론, 군론, 기하학. 에를랑엔 프로그램으로 유명함.

8.1 자기동형군과 작용

$\mathbb{C}^n$ 의 부분 영역 Ω가 주어졌다고 하자. 그렇다면 집합

$$\mathrm{Aut}\,(\Omega) := \{\varphi : \Omega \to \Omega \mid \text{해석동형 (biholomorphism)}\}$$

는 함수의 합성과 역원(=역함수)을 택하는 두 연산에 의해 군 (group)을 이루는 것이 당연하고, 이 군이 바로 영역 Ω의 **자기동형군 (automorphism group)**임은 앞에서 설명한 바와 같다. 원소 각각이 해석함수여서 이 군에는 자연스러운 위상이 존재한다. **국소부분수렴 위상 (Topology of local uniform convergence)**라고 부를 이 위상은[2] 집합

$$\{\varphi \in \mathrm{Aut}\,\Omega\colon \varphi(K) \subset U, K \Subset \Omega, U \subset \Omega\text{는 열린 집합}\}$$

들을 기저로 생성된다. 응용 면에서만 보자면 이 위상으로 자기동형들이 이루는 수열 $\{\varphi_\mu\}$가 자기동형 φ로 수렴한다는 말은 임의의 콤팩트 부분집합 $K \subset \Omega$에 대하여

$$\lim_{\mu\to\infty} \sup\{\|\varphi_\mu(z) - \varphi(z)\|\colon z \in K\} = 0$$

가 성립한다는 말과 같다. 참고로 이 위상은 함수들의 집합에 일반적으로 정의될 수 있는 위상으로, 해석함수열의 극한함수는 항상 해석함수가 되게 하는 좋은 성질을 가지고 있어서—코시 적분정리 덕분이다—자기동형군의 위상으로도 매우 적합한 편이

[2]다른 이름으로는 Compact-open topology, 또는 Topology of uniform convergence on compact subsets 등이 있는데, 모두 같은 대상이다.

다. 또한 함수의 합성과 역함수를 대응시키는 연산을 각각 연속 함수로 만들어 주는 위상이어서, 자기동형군 Aut (Ω) 는 **위상군 (topological group)**을 이룬다.

잠시 위상군의 작용과 기본적인 부대 개념 몇 가지를 설명하기로 하자.

정의 8.1.1 (단위원소 성분 (identity component)) 위상군 G 의 단위원을 e 라고 하자. 그러면 e 를 포함한 연결된 부분 집합으로서 가장 큰 집합이 초온의 보조정리(Zorn's lemma)에 의해 존재하게 되는데, 이를 위상군 G 의 **단위원소 성분 (idcntity component)**이긔 부른다.

아래 정리가 잘 알려져 있다.

정리 8.1.1 단위원소 성분은 정규 부분군 **(normal subgroup)**이다.

정의 8.1.2 (군의 작용 group action) 군 G 와 위상공간 X 가 주어졌다고 하자. 함수 $(g, x) \in G \times X \to gx \in X$ 가 조건

(1) G 의 단위원 e 에 대해서 $ex = x, \forall x \in X$.

(2) 임의의 $g, h \in G$ 와 $x \in X$ 에 대하여 $g(hx) = (gh)x$.

들이 성립하면, 이 함수를 **공간 X 위의 군 G 의 작용 (action of the group G on the space X)**이라 부르기로 한다.

계속해서 군 G 가 위상공간 X 에 작용할 때, 자주 고려하는 궤적 (orbit)과 부동 부분군 (isotropy subgroup) 개념을 정의한다.

정의 8.1.3 점 $x \in X$에 대하여 정의되는 집합

$$Gx := \{gx \in X : g \in G\}$$

을 **점 x의 궤적(orbit of the point x)**이라 부른다. 또한

$$G_x := \{g \in G : gx = x\}$$

는 G의 부분군이 되는데, **점 x의 부동부분군(isotropy subgroup at x)**이라는 이름을 가지고 있다.

이런 개념에 대하여 대표적이고 유용한 기본 정리를 하나 소개한다. 증명은 군의 작용(Group action)을 다루는 위상수학 저서들을 참조하기 바란다.

정리 8.1.2 군 G가 공간 X에 작용하고 있는 경우에 궤적 Gx는, 자연스런 몫공간 위상(quotient space topology)을 갖춘 몫 위상공간 G/G_x와 서로 위상동형(homeomorphic) 관계에 있다.**

8.2 포앙카레 정리 (재방문)

이제 포앙카레의 정리로 알려져 있는 유명한 결과를 소개함으로써 자기동형군 개념의 영향력 감상을 시작하려고 한다. 1장에서 다른 방법으로 이미 증명한 바 있으나 지금 소개하려는 자기동형군을 이용한 논증이 역사적으로나 수학적으로 의미가 깊으므로 정리와 증명을 여기에 싣는다.

정리 8.2.1 (포앙카레) $n \geq 2$ **인 경우에는,** $\mathbb{C}^n$ **안에 있는 단위구 영역** $B^n := \{z \in \mathbb{C}^n : |z_1|^2 + \cdots + |z_n|^2 < 1\}$ **과 다중원반** $D^n := \{z \in \mathbb{C}^n : |z_1| < 1, \ldots, |z_n| < 1\}$ **사이에는 어떤 해석동형도 존재하지 아니한다.**

증명.[3] [4] 결론을 부정하여 해석동형 $f: B^n \to D^n$ 이 존재한다고 가정하자. 만일 $f(0) = a = (a_1, \ldots, a_n)$ 이라면, 뫼비우스 변환

$$\mu_a(z) = \left(\frac{z_1 - a_1}{1 - \bar{a}_1 z_1}, \cdots, \frac{z_n - a_n}{1 - \bar{a}_n z_n}\right)$$

과 합성한 함수 $\mu_a \circ f$ 도 해석동형이므로, $f(0) = 0$ 가 성립한다고 가정하여도 논증의 일반성을 잃지 아니한다. 그러면 식

$$H_f(\varphi) = f \circ \varphi \circ f^{-1}, \quad \forall \varphi \in \text{Aut}\,(D^n)$$

---

[3] H. Poincaré (1854-1912, 프랑스), 수학 전반에 대단한 업적을 남겼다.

[4] 포앙카레 교수가 이 정리와 증명을 생각하였으리라고 저자를 포함한 여러 수학자들이 배웠고, 그렇게 믿지만, 이 논증을 실제로 구성한 수학자는 카알 라인하르트(K. Reinhardt 1895–1941, 독일) 라는 지적을 하는 학자들이 여럿 있다.

에 의해 정의된 대응관계 $H_f\colon \mathrm{Aut}\,(D^n) \to \mathrm{Aut}\,(B^n)$는 자기동형군 사이의 위상군 동형 (즉, 위상동형이면서 대수적으로도 군 동형)을 이룬다. 따라서 두 자기동형군의 단위원소 성분 (identity component) 부분군인 $\mathrm{Aut}^{\,0}(D^n)$와 $\mathrm{Aut}^{\,0}(B^n)$에 대응관계 H_f를 국한시켜도 이 두 단위원성분 부분군끼리 군으로서 대수 동형 관계가 여전히 유지된다.

한편, $\mathrm{Aut}^{\,0}(D^n)$의 경우 원점을 고정하는 원소들이 구성하는 원점의 부동부분군(isotropy subgroup of the origin)은 각 좌표축에 해당하는 복소 평면의 회전운동에 해당하는 $(z_1, \ldots, z_n) \mapsto (e^{i\theta_1}z_1, \ldots, e^{i\theta_n}z_n)$으로 그 전부가 이루어진 까닭에 가환군 (Abelian group) 구조를 가진다. 그러나 $\mathrm{Aut}^{\,0}(B^n)$의 경우는 다르다. 원점을 고정하는 부동부분군이 복소 공간의 회전운동을 대표하는 유니타리 군 $U(n) = \{A \in GL(n, \mathbb{C})\colon A^*A = I = AA^*\}$이 포함되어 있고 [참고: A^*는 A의 켤레전치행렬(conjugate transpose matrix)을 표현한다.] 따라서 원점의 부동부분군은 차원 n이 2 이상이면, 가환군일 수 없다. 따라서 대수동형 관계와 모순을 일으키게 되며, 이로써 증명이 완결된다. □

이 결과를 다시 감상해 보자. 단위구 영역과 다중원반 영역은 모두 유계 영역이어서, 복소공간 $\mathbb{C}^n$ 전체와 해석동형일 수 없고, 또 단순연결되어있을 뿐만 아니라 심지어는 위상적으로는 축약가능(contractible) 영역이지만 두 영역이 서로 해석동형일 수 없다는 것이 위 정리의 결론이어서, 복소 1차원의 위대한 리만 함수정리(Riemann mapping theorem)을 고차원 복소공간으로 단순히 확장하려는 시도는 아예 불가능함을 보여주고 있다. 1

차원에서는 관찰되지 않던 현상이 고차원의 경우에 드러나는 좋은 예이다. 차원이 올라가며 어떤 것이 탐구되어야 할 것인지, 생각의 문을 두드리고 열어주며 여러 연구자들의 "가슴을 뛰게" 해 주는 정리이다.

8.3 매끄러운 경계와 준볼록성 분류

모든 차원, 특히 복소 변수를 두 개 이상 가지는 함수의 경우, 이런 함수 이론을 전개하기에 적절한 영역이나 다양체를 판정하는 효율적인 방법을 구성하기 위한 목적으로 정립되었던 과제인 레비 문제가 해결되던 시점에서 수학계에 내걸린 슬로건 중 하나가

"연구 대상은 준볼록(pseudoconvex) 영역이다."

였던 것은 당연한 일이었던 것 같다. 준볼록 영역을 다 찾아내고 분류하라는 것인데, 이런 문제는 말하기는 쉬울지 몰라도 해결에 이르는 길은 무척 멀어 어쩌면 영원히 해결되지 않을지 모른다. 타협안은 아마도 연구자들의 입장에서 충분히 일반성이 있고 적절히 큰 범위로 영역들을 구분짓는 것이리라.

첫째로는 E. E. Levi의 정의를 따라 임의의 준볼록 영역은 매끄러운 레비 준볼록 경계를 가지는 부분 영역들로 이루어지면서 단순 증가하는 영역들에 의해 채워져가는(exhausted) 것이고, 더 나아가 임의의 준볼록 영역은 매끄러운 다중 버금조화 채움 함수를 가진다는 결과를 회상해 보자. 그러면 이로부터 임의의 준볼록 영역은 안쪽으로부터 매우 레비 준볼록한 매끄러운 경계를 가지는 소위 매우 준볼록 (strictly pseudoconvex) 영역에 의해 얼마든지 가깝게 근사(approximate)된다.

이런 관점에서 볼 때, 매끄러운 경계를 가지는 준볼록 영역을 우선 연구 대상으로 지정하고, 더 나아가 그들 중에서도 매우 준볼록한 영역을 첫 번째 대상으로 삼자는 생각이 먼저 등장한 것은 납득할 만하다. 이제 여러 연구자들의 생각을 배워 보려고 한다.

정의 8.3.1 $\mathbb{C}^n$ 안에 있는 영역 Ω의 **정의함수 (defining function)**란, Ω의 폐포(closure) $\overline{\Omega}$를 포함하는 열린 근방 U에 정의된 실함수 $\rho\colon U \to \mathbb{R}$로서 조건

(1) $\Omega = \{z \in U\colon \rho(z) < 0\}$.

(2) $U \setminus \overline{\Omega} = \{z \in U\colon \rho(z) > 0\}$.

(3) $\partial\Omega = \{z \in U\colon \rho(z) = 0\}$.

를 만족하는 것을 말한다.

물론 정의함수는 유일하게 결정되지 아니한다. 그러나 영역의 경계가 매끄러운 초곡면인 경우에는 정의함수가 매끄러운 함수라는 조건 외에도

(4) 임의의 경계점 $p \in \partial\Omega$에서 쏠림벡터 $d\rho|_p$가 0이 되지 아니한다.

라는 조건을 만족하는 것을 택할 수 있고 (음함수 정리 덕분이다!) 따라서, 이제까지 서술한 네 조건을 모두 만족하는 매끄러운 함수를 영역 Ω의 정의함수(defining function)라고 정의한다. 물론 이렇게 해도 정의함수는 유일하게 결정되지 아니하지만, 최소한 두 정의함수가 주어지면 하나는 다른 하나에 매끄러운 양수함수를 곱한 형태가 되어, 애매함을 어느 정도 통제할 수 있게 된다.

정의 8.3.2 $\mathbb{C}^n$의 부분집합으로 주어진 영역 Ω의 정의함수 $\rho\colon V \to \mathbb{R}$가 주어졌고 이 함수가 경계점 p 근방 V에서 $\mathcal{C}^2$급 함수이며 양수 A에 대하여 조건

(6) $\displaystyle\sum_{j=1}^{n} \frac{\partial \rho}{\partial z_j}\Big|_p v_j = 0$

를 충족시키는 임의의 벡터 $v = (v_1, \ldots, v_n) \in \mathbb{C}^n$ 에 대하여, 부등식

(5) $\displaystyle\sum_{j,k=1}^{n} \frac{\partial^2 \rho}{\partial z_j \partial \bar{z}_k}\Big|_p v_j \bar{v}_k \geq A\|v\|^2$

가 성립하면, 영역 Ω가 경계점 p에서 **매우 준볼록 (strictly pseudoconvex)**하다고 말한다. 만일 영역이 모든 경계점에서 매우 준볼록하면, 영역 자체를 **매우 준볼록한 영역**이라고 부르기로 한다.

몇 가지 보충해 두기로 하자.

1. '공집합 논리'에 의하여 $\mathbb{C}^n$ 자신도 매우 준볼록한 영역이라는 점을 언급해 둔다.

2. 위 정의에서 A가 양수가 아니고 0인 경우가 보다 일반적인 경우이며, 이런 경우는 $\mathcal{C}^2$ **(레비) 준볼록 [(Levi) pseudoconvex]** 하다고 말한다. 모든 경계점이 $\mathcal{C}^2$ 레비 준볼록인 영역은 단순히 $\mathcal{C}^2$ **준볼록 영역 ($\mathcal{C}^2$ pseudoconvex domain)**이라고 부른다. 매우 준볼록 영역은 정의함수가 $\mathcal{C}^2$ 인 경우에 정의되므로 별도로 $\mathcal{C}^2$ 라는 점을 강조하기 아니하는 것이 보통이다.

3. 경계가 $\mathcal{C}^2$ 급이 아닌데도 준볼록이라고 말하면, 일반적인 준볼록의 경우를 말한다. 이 경우 하톡스 준볼록성과 레비 준볼록성은 동치관계에 있으므로 어느 쪽을 사용하여도 무방하다.

4. $\mathcal{C}^\infty$ 급 경계를 가지는 준볼록 영역의 경우, 정의함수 ρ가

조건 (6)을 만족하는 임의의 벡터 $v \in \mathbb{C}^n \setminus \{0\}$에 대하여 조건

$$\sum_{j,k=1}^{n} \frac{\partial^2 \rho}{\partial z_j \partial \bar{z}_k}\bigg|_p v_j \bar{v}_k = 0 \tag{8.1}$$

를 만족한다면, 이는 매우 준볼록한 경우와 차이가 가장 큰 경우에 해당할 것이며, 따라서 이렇게 심히 다른 두 경우 사이에 중간 단계들이 존재하리라는 바를 예상하는 것은 상식적이다. 실제로 이들 중간단계를 이루는 (유한) 접촉형 [(finite) contact type]이라는 이름으로 불리우는 이 개념에 대하여는 잠시 후에 다룰 예정이다.

8.4 비 콤팩트 자기동형군을 가지는 유계 영역

기하학의 역사를 되짚어 보면, 항상 대칭성이 많은 대상—정다각형이나 정다면체, 원, 구 같은 대상—을 먼저 찾아내고 분류하였다. 그리고는 이들을 기준으로 보다 일반적인 대상을 이해하기 위한 일종의 비교 정리를 개발하였다. 이런 관점은 대단히 효율적이어서 이제는 표준적인 관점과 방법론이 되었다. 따라서 해석영역의 분류라는 큰 과제를 바라보려면 먼저 대칭이라는 개념에 해당하는 복소기하학 및 복소함수론의 개념이 무엇인지 결정하려는 시도를 하는 것이 자연스럽다.

한편, 유클리드 기하에서 대칭이란 강체운동 중에서 주어진 입체를 보존하는 개념이고, 강체운동이란 각과 거리를 보존하는 대응관계(함수)이다. 따라서 복소기하학과 복소함수론에서는 복소 구조를 보존하는 일대 일 대응관계를 주는 해석함수로서 그 역함수도 해석함수인 **해석동형 (biholomorphism)** 중에서도 특히 주어진 영역을 보존하는 함수, 즉 **자기동형** (또는 보다 상세히 **자기 해석동형 (holomorphic automorphism)**이 되겠다. 자기동형들을 다 모은 집합이 함수의 합성과 역함수라는 연산에 의해 군을 이루는 것은 당연하지만, 이들은 복소해석함수여서 이들이 임의의 콤팩트 집합 위에서 고르게 수렴할 조건을 이용한 위상(topology)이 자기동형군 위에 덧입혀지는 것은 자연스럽다. 따라서 자기동형군은 소위 말하는 위상군(topological group)이 되며, 더 나아가 영역이 유계인 경우에는 유한차원 리군(Lie group)을 이룬다. (이것은 유명한 H. Cartan의[5] 정리이다.)

[5] Henri Cartan (프랑스), 다변수복소함수론.

전통을 다시 짚어 보면, 유계 영역으로서 대칭성이 무척 많은 대상이 먼저 연구되었다. 이제는 유계대칭영역 (bounded symmetric domain)이라는 이름으로 알려진 영역인데, 이 영역의 베르그만 거리를 중심으로 한 관점에서 보면 영역이 동질성 (homogeneity)을 가지고 있는 점 뿐만 아니라 특히 이 거리의 리만 곡률텐서의 공변미분(covariant derivative)가 0 텐서가 되는 특징을 가지고 있는 단순연결 영역이어서—정의는 임의의 점에 대하여 영역과 이 점을 보존하면서 그 점에서의 미분이 $-I$가 되는 자기동형함수가 존재한다는 것이다—자기동형군이 이루는 리군의 리 대수를 잘 이해함으로서 이런 종류의 영역이 분류와 표준화가 발견되고 정립되었다. E. Cartan의 위대한 업적이다.

이보다는 약한 정의이지만 보다 일반적인 대상인 **유계동질영역 (bounded homogeneous domain)**들의 표준화 문제도 연구되었다. 카르탕 교수의 결과보다는 약한 결론이지만, 이들 영역은 반드시 지겔 영역 (Siegel domain)이어야 한다는 유명한 정리가 있는데, 이는 빈베르그/긴디킨/피아테츠키-샤피로 정리이다.[6]

이후의 학자들은 고차원 복소함수론에서 단순연결영역 중에 서로 동격인—두 영역 사이에 쌍대해석함수(biholomorphic map)가 존재하는 경우에 두 영역이 동격(equivalent)이라고 부른다—영역이 많기 때문에 계속하여 단순연결영역 중에서도 대칭성이 많은 영역, 즉 보다 일반적으로 자기동형군이 비 콤팩트인 (유계) 영역을 모두 분류하고 싶어 했다. 이 방향 연구를 망라할 만한 표어(slogan)가 될 만한 문제는

---

[6]Vinberg; Gindikin; Pyatetsky-Shapiro (러시아연방공화국(소련)).

> **어떤 (유계) 영역이 비 콤팩트 자기동형군을 가지는가? 모두 찾아내고 분류하여라.**

가 되겠다. 다음 마디부터 이 ”표어”를 따라 진행된 연구 결과를 소개하려고 한다.

8.5 웡번/로제이 정리

정리 8.5.1 (웡번 정리 (B. Wong)) $\mathbb{C}^n$ 안에 주어진, 매우 준볼록한 유계 영역 Ω의 자기동형군이 비 콤팩트이면, 이 영역은 단위구 영역 B^n과 해석동형(**biholomorphic**)이다.

정리 8.5.2 (웡번/로제이 정리 (B. Wong/J.-P. Rosay)) $\mathbb{C}^n$ 안에 주어진, 유계 영역 Ω의 경계점 $p \in \partial\Omega$의 적절한 열린 근방 V가 존재하여, 그 근방 V 안에서는 경계가 $\mathcal{C}^2$ 급이고 매우 준볼록하며, 또 적절한 점 $q \in \Omega$와 자기동형 함수열 $\{\varphi_j\} \subset \boldsymbol{Aut}\,\Omega$가 존재하여 조건 $\lim_{j\to\infty} \varphi_j(q) = p$를 만족하면, 영역 Ω는 단위구 영역 B^n과 해석동형이다.

보충: 웡/로제이 정리는 단순히 웡의 증명을 다시 쓴 것으로 치부해 버릴 것이 아니다. [Rosay 1979]의 주요 내용인 국소화 방법(localization method)도 기술적인 의미를 가지고 있으나, 그보다 더 중요한 장점은 동질영역의 경계에 대한 보다 깊은 이해를 가능하게 해 준다는 점에 있다.

보충: 이 정리는 유계 조건 없이도 성립하며 [Efimov 1995], 더 나아가 임의의 복소다양체 안에 들어 있는 영역의 경우에도 성립한다 [Gaussier/Kim/Krantz 2002]).

보충: 웡번 교수가 이 정리의 증명으로 구성한 논증은 슈바르츠 보조정리에 대한 우홍시 교수의 일반화를 이용하였는데, 이후 핀추크 교수의 측도확대법을 이용한 논증이 보다 직관적이며 샤라노프, 그리고 김강태/고씨에 정리까지도 모두 적용되는 점이

인정되므로, 이 책에서는 다음 절에서 측도 확대법을 소개하고 이를 이용한 웡번/로제이 정리의 증명까지 함께 소개하려고 한다.

8.6 측도 확대법

1980년 경에 세르게이 핀추크 (Sergey I. Pinchuk) 교수가 사용하기 시작하여 널리 알려지게 된 "측도확대법 (scaling method)"이라는 방법론은, 약간 다른 방법으로 구성된 시드니 프랑켈 (Sidney Frankel) 박사의 측도확대법과 함께 다변복소함수론 연구에 상당한 영향을 끼쳤다. 방법론이 개발된 이후 에릭 베드포드 (Eric Bedford) 교수, 김강태 교수, 에르베 고씨에 (Hervé Gaussier) 교수, 프랑소와 베르텔루 (François Berteloot) 교수 등의 개선을 거쳐 오늘날에는 복소함수론/복소기하학 연구방법론 중 하나로 정립되었다. 이 방법론을 최소한 기초적인 정도로라도 소개하려는 것이 이 마디의 목표이다.

8.6.1 핀추크 측도확대법

Ω를 $\mathbb{C}^n$ 안에 있는 유계 볼록 영역 (a bounded convex domain)이라 하고, 이 영역 안에 있는 점들로 이루어진 수열 $\{p_m : m = 1, 2, \ldots\}$가 영역의 경계점 $\hat{p} \in \partial\Omega$로 수렴한다고 하자. 이것이 핀추크의 측도확대법의 구성을 위해 필요한 환경이다. 측도확대법은 직관적이지만 정교한 구성 과정을 거쳐야 하기 때문에 지금부터 그 구성을 4단계로 설명하려고 한다.

제1 단계: 유니타리 변환 $U_0 : \mathbb{C}^n \to \mathbb{C}^n$을 택하되, 변환 $\psi_0(z) = U(z - \hat{p})$를 정의하고 영역 $\Omega_0 := \psi_0(\Omega)$가, 적당한 $r_0 > 0$과 조건 $\rho_0 \geq 0$를 만족하는 함수 $\rho_0 : \mathbb{C}^n \to \mathbb{R}$에 대하여,

조건

$$\begin{aligned} z = (z_1, \ldots, z_n) \in B^n(0; r_0) \cap \Omega_0 \\ \Leftrightarrow z \in B^n(0; r_0) \ \ \& \ \ \operatorname{Re} z_1 > \rho_0(\operatorname{Im} z_1, z_2, \ldots, z_n) \end{aligned}$$

를 만족하도록 한다.

제2 단계: 충분히 큰 m 값에 대하여 p_m을 고정한다. 조건

$$\|p_m - p_m^*\| \le \|p_m - q\|, \quad \forall q \in \partial\Omega$$

를 만족하는 점 $p_m^* \in \partial\Omega$를 선택하고, 다시 $\mathbb{C}^n$의 유니타리 변환 $U_m \in U(n)$을 선택한 다음 변환 $\psi_m(z) := U_m(z - p_m^*)$를 정의하고

$$\Omega_m := \psi_m(\Omega)$$

로 둔 다음, 적절한 함수 $\rho_m \colon \mathbb{C}^n \to [0, \infty)$에 대하여 아래 두 조건

(1) $z = (z_1, \ldots, z_n) \in B^n(0; r_0/2) \cap \Omega_m$
$\Leftrightarrow z \in B^n(0; r_0/2) \ \ \& \ \ \operatorname{Re} z_1 > \rho_m(\operatorname{Im} z_1, z_2, \ldots, z_n)$가 성립한다.

(2) $\psi_m(p_m) = (\lambda_{m1}, 0, \ldots, 0)$를 만족하는 양수 λ_{m1}이 존재한다.

가 모두 성립하게 한다.

제3 단계: 앞 단계의 m과 그에 연관된 점과 함수 등을 모두 유지한 상태로 벡터 $v_1 := \psi_m(p_m)$에 수직인 벡터를 모두 모은

나머지 직교 공간 (orthogonal complement) $(v_1)^\perp$를 생각하고 $W_{n-1} := \{w + v_1 \colon w \in (v_1)^\perp\}$를 정의한 다음 $\Omega_{m,n-1} := \Omega_m \cap W_{n-1}$를 생각한다. 그러면 $\Omega_{m,n-1}$은 복소 $n-1$차원 공간 W_{n-1}안에 들어 있는 열린 영역이다. 이 상황에서 $\Omega_{m,n-1}$의 경계를 기호 $\partial_{n-1}\Omega_{m,n-1}$로 쓰고, 조건

$$\|v_1 - v_2\| \leq \|v_1 - w\| \quad \forall w \in \partial_{n-1}\Omega_{m,n-1}$$

를 만족하는 $v_2 \in \partial_{n-1}\Omega_{m,n-1}$를 선택한다.

이 과정을 되풀이하여 서로 수직인 벡터 $v_1, \ldots, v_k$를 선택하였다면, 다시 공간 $W_{n-k} := \{w + v_1 \colon w \in \{v_1, \ldots, v_k\}^\perp\}$ 를 정의하고 그 안의 영역 $\Omega_{m,n-k} := \Omega_m \cap W_{n-k}$도 정의한 다음 조건

$$\|v_1 - v_{k+1}\| \leq \|v_1 - w\| \quad \forall w \in \partial_{n-k}\Omega_{m,n-k}$$

를 만족하는 $v_{k+1} \in \partial_{n-1}\Omega_{m,n-1}$을 선택한다. 이 과정을 통해 서로 직교하는 0이 아닌 벡터 $v_1, \ldots, v_n$를 얻는데, 이들은 m에 의해 결정되기 때문에 (유일하게 결정되지는 않지만) 필요하다면 기호

$$v_{m1}, \ldots, v_{mn}$$

으로 쓰면 적절하겠고, 이제 $\lambda_{mj} = \|v_{mj}\|, \forall j = 1, 2, \ldots, n$도 정의하기로 하자.

이제까지의 구성 과정으로부터 우선 알 수 있는 바는

$$\lim_{m \to \infty} \lambda_{m1} = 0 \tag{8.2}$$

가 성립하는 것이겠고, $\mathbb{C}^n$ 의 표준기저 (standard basis) $e_1 = (1, 0, \ldots, 0), \cdots, e_n = (0, \ldots, 0, 1)$ 과 이루는 대응관계

$$\frac{v_{mj}}{\|v_{mj}\|} \mapsto e_j, \quad j = 1, \ldots, n \tag{8.3}$$

로부터 생성되는 선형함수인 유티타리 함수를 V_m 이라 쓴다면, 유니타리군 $U(n)$ 이 콤팩트 군이기 때문에 부분수열을 택하며 여전히 같은 기호를 유지하는 방법을 통해

$$\lim_{m \to \infty} V_m = \hat{V} \tag{8.4}$$

를 만족하는 $\hat{V} \in U(n)$ 이 존재하게 됨도 알 수 있게 된다. 다시 한 번 부분수열을 택하는 기법을 쓰면 ψ_m 도 전단사 1차함수 (bijective affine linear map) 로 수렴하게 할 수 있다. 여기에 함수

$$\Delta_m(z_1, \ldots, z_n) = \left(\tfrac{z_1}{\lambda_{m1}}, \ldots, \tfrac{z_n}{\lambda_{mn}}\right) \tag{8.5}$$

를 정의한 다음, 이제까지 전개한 이론으로부터 만들어지는 함수열

$$\Lambda_m := \Delta_m \circ V_m \circ \psi_m \colon \mathbb{C}^n \to \mathbb{C}^n, \quad m = 1, 2, \ldots \tag{8.6}$$

는 발산하는 함수열이지만 적절한 자연수 N 에 대하여 아래 4개

조건

(확1) $\Lambda_m(p_m^*) = \mathbf{0} = (0, \ldots, 0)$

(확2) $\Lambda_m(p_m) = (1, 0, \ldots, 0)$

(확3) 점 $\mathbf{0}, e_1 + e_2, \ldots, e_1 + e_n$ 들은 모두 영역 $\Lambda_m(\Omega)$의 경계에 속한다.

(확4) n개의 원반 $D_j := \{e_1 + \zeta e_j : \zeta \in \mathbb{C}, |\zeta| < 1\}$, $(j = 1, \ldots, n)$들이 모두 영역 $\Lambda_m(\Omega)$에 포함된다.

를 모두 만족하게 된다. 이 함수열을 **확대열 (stretching sequence)**이라고 부르는 것은 자연스럽다.[7]

제4 단계: 핀추크 식 측도확대법. 처음으로 돌아가서 영역 Ω가 자기동형 (automorphism), 즉 1대 1 함수로서 전사함수 (one-to-one and onto map)이며 자신과 역함수가 모두 해석함수 (holomorphic function)인 함수들 $\varphi_m : \Omega \to \Omega$을 많이 가지는 경우를 생각해 보자. 특히 특정한 점 $q \in \Omega$가 존재하여 앞의 1단계부터 등장했던 점들이 이루는 수열 $\{p_m\}$이 조건

$$p_m = \varphi_m(q), \quad \forall m = 1, 2, \ldots$$

[7]이 확대열은 핀추크 교수가 원래 구성하였던 함수열과 다르지만 직관적으로 받아들이기 쉽고, 그 효과는 핀추크 교수의 확대열과 이론적으로 동일하다. 다만 계산이라는 면에서 조금 차이가 있는데, 그 점은 이어지는 내용, 즉 웡-로제이 정리, 김강태 정리, 베드포드-핀추크 정리 등의 증명을 다룰 때에, 보다 자세히 설명하도록 하겠다.

를 만족하며 주어진 경우라면, 핀추크 식 측도확대법은 **측도확대 함수열 (scaling sequence)**이라는 이름을 가진 함수열

$$\sigma_m(z) := \Lambda_m \circ \varphi_m : \Omega \to \mathbb{C}^n$$

에 의존한다. 의미 있는 결론을 얻기 위해서는, 물론 이 함수열이 좋은 성질을 가져야 한다. 이를 정리로 정립시켜 보기로 하자.

> **정리 8.6.1 (볼록영역의 측도확대 정리, I)** Ω가 $\mathbb{C}^n$ 속에 있는 영역, 즉 연결된 열린 집합이라고 하자. 특히 이 영역이 유계 볼록 영역이며 점 $q \in \Omega$와 자기동형 함수열 $\varphi_m \in \boldsymbol{Aut}\,\Omega$에 의해 주어지는 점열 $p_m := \varphi_m(q)$이 적절한 경계점 $\hat{p} \in \partial\Omega$에 대해 조건 $\lim_{m\to\infty} p_m = \hat{p}$를 만족한다고 가정하자. 그러면 위의 네 단계를 거쳐 구성된 함수열
>
> $$\sigma_m := \Lambda_m \circ \varphi_m : \Omega \to \mathbb{C}^n$$
>
> 가, 『임의의 부분함수열이 임의의 콤팩트 집합 위에서 고르게**(uniformly)** 수렴하는 부분함수열을 가질 뿐만 아니라, 그렇게 얻어진 극한함수는 영역 Ω를 그 영상**(image)**으로 주어지는 영역에 대응시키는 해석동형 **(biholomorphic map)**이 된다.』 라는 성질을 가진다.

증명.[8] 먼저 영역들이 이루는 수열 $\{\sigma_m(\Omega) : m = 1, 2, \ldots\}$

[8]핀추크의 원래 구상은 일반적인 유계 영역에 대해 이 정리의 결론의 상당 부분이 성립하게 하려는 것이었다. 그러나 차원에 관계 없이 가장 효율적인 경우는 볼록영역의 경우로 밝혀졌고, 볼록이 아닌 경우에는 2차원 유한접촉형 영역에 적용될 수 있었다. 그래서 이 책에서는 우선 볼록영역의 경우를 다룬다.

을 생각하기로 하자. 먼저 $\varphi_m(\Omega) = \Omega$가 성립하기 때문에

$$\sigma_m(\Omega) = \Lambda_m(\Omega)$$

가 m의 모든 자연수 값에 대하여 성립하는데, Λ_m이 전단사 복소 1차함수(bijective complex-affine map)이어서, 이 영역들은 모두 볼록하다.

영역 수열 $\{\sigma_m(\Omega)\colon m = 1, 2, \ldots\}$의 수렴 여부를 다루려 하는데, 이들이 볼록영역들로 이루어져 있어서 수렴성을 다루기가 쉬운 편이다. 후에 보다 일반적인 경우에 적용될 수렴 개념을 소개하겠지만 지금은 볼록집합에 쉽게 적용할 수 있는 **하우스돌프 거리 (Hausdorff distance)** 개념을 소개할 것이다. 양수 ϵ에 대하여 정의되는 $\mathbb{C}^n$ 안에 있는 유계 볼록 영역 A의 **ϵ-근방 (ϵ-neighborhood)**은

$$\mathcal{N}_\epsilon(A) := \{x \in \mathbb{C}^n\colon \inf_{y\in A} \|x - y\| < \epsilon\}$$

로 주어지는 집합으로 정의하고, 유계 볼록 영역 A와 B 사이의 거리는

$$d_H(A, B) = \inf\{\epsilon > 0\colon A \subset \mathcal{N}_\epsilon(B), B \subset \mathcal{N}_\epsilon(A)\}$$

로 정의하기로 한다. 이렇게 하면 d_H가 유계 볼록 영역들을 모아놓은 집합 위에 거리 개념을 주게 되는데, 이를 확인하는 것은 독자에게 연습문제로 남겨 두기로 한다. 이 개념 d_H를 보통

이 증명은 김강태/크란츠 [Kim/Krantz 2001]의 논증을 사용하고 있다.

하우스돌프 거리라고 부른다.[9]

정착된지 이미 100년이 넘은 **블라슈케 선택정리 (Blaschke selection theorem)**에 의하면[10] 유계 볼록영역들로 이루어진 수열은 어느 것이든 하우스돌프 거리 개념을 기준으로 수렴하는 부분수열을 가진다. 이 정리를 적용하려면 준비가 더 필요하다. 우리의 관심 대상인 $\Lambda_m(\Omega)$가 계속 커져서 극한 영역이 비 유계 영역이 될 것이기 때문이다. 하지만 이 난점은 어렵지 않게 해결된다. 즉 임의의 자연수 N마다 $\{\Lambda_m(\Omega) \cap B^n(0; N)\}_m$이 유계 볼록영역들로만 이루어진 수열이므로 수렴하는 부분열이 존재하게 되고, 계속해서 대각 부분열 (diagonal subsequence)를 택하는 기법에 의해 $\Lambda_m(\Omega)$의 부분열이 존재하되 임의의 $R > 0$에 대해서도 $B^n(0; R)$ 안에서는 공통부분이 하우스돌프 거리 개념을 기준으로—극한 영역이 비 유계임에도 불구하고 아무 문제 없이—수렴하는 좋은 성질을 가지게 되기 때문이다. 그러므로 부분 수열을 택하여 $\sigma_m(\Omega)$가 위와 같은 의미에서 영역 $\hat{\Omega}$로 수렴하도록 한다.

한편, 앞에서 정의하였던 원반들 $E_j := \Lambda_m(D_j)$ 들은

$$
\begin{aligned}
E_1 &:= \{(z_1, 0, \ldots, 0) \in \mathbb{C}^n : |z_1 - 1| < 1\}, \\
E_k &:= \{(1, 0, \ldots, 0, z_k, 0, \ldots, 0) \in \mathbb{C}^n : |z_k| < 1\}, \\
&\qquad\qquad k = 2, \ldots, n
\end{aligned}
$$

로 주어진다는 점을 기억하자. 그리고 이들 원반들이 모두 m

---

[9]일반적으로 하우스돌프 거리는 (유계) 완비공간 또는 닫힌 집합들에 관하여 정의하는 것이 보통이고 적절하다. 하지만 유계볼록영역에도 잘 적용된다.

[10]W. Blaschke (1885-1962 오스트리아), 미분기하학 및 복소함수론.

의 값에 관계 없이 $\sigma_m(\Omega)$에 항상 포함되므로 $\bigcup_{j=1}^{n} E_j$와 그의 **볼록포장(convex hull)**인

$$F = \Big\{ \sum_{j=1}^{n} r_j x_j \colon x_j \in E_j, r_j \geq 0,\ (\forall j = 1, \ldots, n) \\ \& \sum_{j=1}^{n} r_j \leq 1 \Big\}$$

도 $\sigma_m(\Omega)$에 포함되고 따라서 $F \subset \hat{\Omega}$가 성립하게 된다. 따라서 극한영역(limit domain) $\hat{\Omega}$는 공집합이 아니며 점 $\mathbf{1} := (1, 0, \ldots, 0)$을 포함한다.

$F \subset \hat{\Omega}$라는 성질에는 또다른 묘용이 있다. 이를 이해하기 위해서는 F가 구성된 과정을 거슬러올라가 검토해 볼 필요가 있다. F의 경계점들인 $\mathbf{0}, e_1 + e_2, \ldots, e_1 + e_n$들은 핀추크 측도 확대 함수열 구성 제3 단계에 등장하는 $\mathbf{0}, v_1 + v_2, \ldots, v_1 + v_n$들로부터 시작되는데, 특히 이들이 영역 Ω_m의 경계점들이었음을 기억하자. Ω_m이 볼록집합이므로 이들 각 점에서 이 영역 Ω_m를 한 쪽에 두는 실 여차원 (real codimension)이 1인 **버팀 초평면 (supporting hyperplane)**

$$L_{m1}, \ldots, L_{mn}$$

들을 선택할 수 있다. (이들 버팀 초평면들이 유일하게 결정되지는 않지만 그냥 위의 경계점을 지나도록 하나씩 선택한다.) Λ_m이 전단사 1차함수이므로

$$\Lambda_m(L_{m1}), \ldots, \Lambda_m(L_{mn})$$

들이 경계점인 $\mathbf{0}, e_1 + e_2, \ldots, e_1 + e_n$ 들을 각각 지나며 영역 $\Lambda_m(\Omega)$를 버티게 된다. 고정된 점을 지나는 초평면들도 콤팩트 집합을 이루므로 (단위 직교 벡터들의 집합이 콤팩트이기에) 다시 한 번 부분수열을 택하면 이들 초평면들의 극한 초평면

$$\hat{L}_1, \ldots, \hat{L}_n$$

들이 각각 $\mathbf{0}, e_1 + e_2, \ldots, e_1 + e_n$을 지나며 $\hat{\Omega}$의 초평면을 이루게 된다. 그런데 이들은 동시에 F의 버팀 초평면이 되기 때문에 이제까지의 구성 과정을 검토해 보면 이들 초평면이 (또는 그들의 단위 직교 벡터들이) 서로 1차 독립 관계에 있게 된다. 따라서 영역 $\hat{\Omega}$는 완비 코바야시 쌍곡 영역 (complete Kobayashi hyperbolic domain)이 된다. 따라서 다시 한 번 부분수열을 택하면

$$\lim_{m\to\infty} \sigma_m = \hat{\sigma}$$

를 만족하는 해석함수(holomorphic map) $\hat{\sigma}\colon \Omega \to \hat{\Omega}$가 존재하게 된다.

이제 $\hat{\Omega}$의 임의의 콤팩트 부분집합 H를 택하자. 그러면 적절한 $m_H > 0$가 존재하여 $H \subset \Lambda_m(\Omega)$가 조건 $m > m_H$를 만족하는 임의의 자연수 m에 대하여 성립하므로

$$\sigma_m^{-1}(H) \subset \Omega, \quad \forall m > m_0$$

가 성립하게 된다. Ω가 유계영역이므로, 부분수열을 또 택하면

$$\lim_{m\to\infty} \sigma_m = \hat{\sigma}$$

가 여전히 성립하면서도 동시에

$$\lim_{m\to\infty} \sigma_m^{-1}\big|_H = \tau_H$$

가 성립하게 된다. 이제 H를 키우며 대각부분수열을 택하는 기법을 사용하면 이 과정이 해석함수 $\hat{\tau}\colon \hat{\Omega} \to \Omega$를 정의하게 되며 $\hat{\Omega}$의 임의의 콤팩트 부분집합 H에 대하여 조건 $\hat{\tau}\big|_H = \tau_H$를 만족하게 해 준다.

이제까지의 구성에 의해 $\hat{\sigma}$와 $\hat{\tau}$가 서로 역함수가 된다는 것이 쉽게 확인된다. 그러므로 $\hat{\sigma}\colon \Omega \to \hat{\Omega}$가 전단사 해석함수 (biholomorphic map)라는 결론이 얻어지고, 이로써 **정리 8.6.1**의 증명이 완결된다. □

8.6.2 웡번/로제이 정리, 측도확대법으로 증명

앞 마디에서 소개한 측도확대법으로 웡번/로제이 정리 (정리 8.5.2)의 증명을 구성하려고 한다. 독자의 편의를 위해 정리의 내용을 여기에 다시 적는다.

> **웡번/로제이 정리 (B. Wong/J.-P. Rosay):** $\mathbb{C}^n$ 안에 주어진, 유계 영역 Ω의 경계점 $p \in \partial\Omega$의 적절한 열린 근방 V가 존재하여, 그 근방 V 안에서는 경계가 $\mathcal{C}^2$ 급이고 매우 준볼록하며, 또 적절한 점 $q \in \Omega$와

자기동형 함수열 $\{\varphi_j\} \subset \mathbf{Aut}\,\Omega$가 존재하여 조건 $\lim_{j\to\infty}\varphi_j(q) = p$ 를 만족하면, 영역 Ω는 단위구 영역 B^n과 해석동형 (biholomorphic) 이다.

먼저 웡번/로제이 정리의 대상인 유계 영역 Ω에는 볼록성이 가정된 적이 전혀 없었음을 밝혀 둔다. 하지만 볼록성이 처음부터 주어지지 않았더라도 다른 이유 때문에 측도확대법의 적용이 가능한데, 그 방법을 설명하면서 증명을 시작하려고 한다.

<u>국소화 (localization) 기법</u>

짜임새 있는 설명을 위해, 좌표계 $z = (z_1, \ldots, z_n)$와 함께 쓰이는 기호 $z' = (z_2, \ldots, z_n)$, $\|z\|^2 = |z_1|^2 + \ldots + |z_n|^2$ 등을 사용하기로 하자.

국소화 1단계; 볼록화. 도움정리 2.4.1에 의해 경계점 p의 근방 V를 필요한 만큼 줄여 잡으면, 택하여 조건 $\Phi(p) = 0$을 만족하는 단사 해석함수 $\Phi\colon V \to \mathbb{C}^n$이 존재하여,

(가) $\Phi\colon V \to \Phi(V) = \tilde{V}$는 해석동형 (biholomorphic map) 이다.

(나) 국소좌표 표현

$$\zeta = (\zeta_1, \ldots, \zeta_n) = \Phi(z)$$

을 따라

$$\begin{aligned} \zeta \in & U \cap \Phi(\Omega) \Leftrightarrow \\ & \operatorname{Re}\zeta_1 > |\zeta_2|^2 + \ldots + |\zeta_n|^2 + R(\operatorname{Im} z_1, z') \end{aligned} \tag{8.7}$$

가 성립하게 하며, 원점 주변에서 보이는 성장(growth) 조건 $R(\mathrm{Im}\,\zeta, z') = o(|\mathrm{Im}\,\zeta_1| + \|z'\|^2)$를 만족하는 실수값을 가지는 연속함수 R이 존재한다.

국소화 2단계; 버팀함수(support function) 조성. 이제 U를 조정하여 원점을 중심으로 하는 충분히 작은 영역 $U := B^n(0, \epsilon)$로 대치한 다음 V도 $V = \Phi^{-1}(U)$로 재조정하기로 하자. 여전히 $\Phi\colon V \to U$는 위의 두 조건 (가)와 (나)를 만족하며, $\Phi(\Omega \cap V)$는 이제 매우 볼록한(strictly convex) 영역이고, 함수 $h(\zeta) = e^{-\zeta_1}$와 $\tilde{h}(z) := h \circ \Phi(z)$는

$$\tilde{h}(p) = 1 \;\&\; |\tilde{h}(z)| < 0,\ \forall z \in V \cap \overline{\Omega} \setminus \{p\}$$

를 만족한다. 이런 조건을 만족하는 함수를 Ω의 경계점 p에서 봉우리를 가지는 **해석 국소버팀함수 (holomorphic local-support function)**라고 부른다.

국소화 최종 단계. 지금까지 구성된 환경에서 아래 보조정리가 국소화 기법을 완성하게 된다.

도움정리 8.6.2 (로제이 국소화 기법) 영역 Ω와 모든 조건을 윙번/로제이 정리의 가정과 같게 하고 이제까지의 구성을 모두 받아들이기로 할 때, 점 p의 임의의 열린 근방 N과 임의의 콤팩트 부분집합 $F \subset \Omega$에 대하여 조건 $m > m_F$를 만족하기만 하면

$$\varphi_m(F) \subset N$$

가 성립하게 하는 상수 $m_F > 0$가 존재한다.

증명. 결론을 부정하면, 어떤 콤팩트 부분집합 $F \subset \Omega$과 점 p의 열린 근방 N이 존재하여 임의의 양수 m_0에 대하여 조건 $m > m_0$를 만족하는 자연수 m과 점 $a_m \in F$가 존재하여 $\varphi_m(a_m) \in \Omega \setminus N$이 성립하게 된다. 이제 가정에 모순이라는 결론을 끌어내면 증명이 완결될 것이다.

F가 콤팩트이므로 부분수열을 택하여 $\lim_{m\to\infty} a_m = \hat{a} \in F$ 라고 가정하여도 논증의 일반성을 잃지 않는다. Ω가 유계영역이어서 다시 한 번 부분수열을 택하면 $\{\varphi_m \colon \Omega \to \overline{\Omega}\}$이 임의의 콤팩트 부분집합 위에서 특정한 해석함수 $\hat{\varphi} \colon \Omega \to \overline{\Omega}$로 수렴하게 된다. 그렇다면 $\hat{\varphi}(\hat{a}) \in \overline{\Omega} \setminus N$이 성립하게 되고 동시에 $\hat{\varphi}(q) = p$가 성립하므로, $\hat{\varphi}$는 상수함수가 아니다.

한편, $\{\varphi_m\}$이 콤팩트 집합 위에서 고르게 수렴하기 때문에 $m > m_1$을 만족하기만 하면 항상 $\varphi_m(B^n(q;r)) \subset V \cap \Omega$가 성립게 되는 m과 무관한 양수 r이 존재하게 된다. 이제 $\tilde{h} \circ \varphi_m\big|_{B^n(q;r)}$의 공변역(co-domain)이 단위원영역 $D = \{z \in \mathbb{C} \colon |z| < 1\}$이므로 이 함수열은 수렴하는 정규족이고 극한함수를 $g \colon B^n(q;r) \to \overline{D}$라 두면, $g(q) = \tilde{h}(p) = 1$라는 성질때문에, 최대절대값 정리 (maximum modulus principle)에 의해 $g \equiv 1$이 성립한다. 논증에 참여한 함수들의 구성을 검토해 보면 이로부터 $\hat{\varphi}(z) \equiv p$가 임의의 $z \in B^n(q,r)$에 대해 성립해야 한다. 그러면 해석함수의 유일확장정리 (unique continuation principle)에 의해 $\hat{\varphi} \colon \Omega \to \overline{\Omega}$가 상수함수일 수밖에 없다. 하지만 이것은 모순이고, 따라서 증명이 완결되었다. □

웝번/로제이 정리의 증명

앞에서 사용하였던 점 p의 근방 V와 원점 0의 영역 근방 $U = B^n(0, \epsilon)$, 그리고 양방향 해석함수 $\Phi\colon V \to U$를 그대로 사용한다. $p_m = \Phi \circ \varphi_m(p)$라 두고 p_m^*가 $\Phi(\partial\Omega \cap U)$의 점들 중에서 p_m에 가장 가까운 것으로 하고 (이번에는 p 점 주변에서 Ω의 경계가 $\mathcal{C}^2$급이기 때문에, 충분히 큰 m에 대해서는 p_m^*가 유일하게 결정된다!) 영역 $\Phi(V \cap \Omega)$에 대하여 핀추크 측도확대법을 구성할 ψ_m을 구성한다. 물론 $\mathbb{C}^n$의 원점인 $\Phi(p)$와 p_m^*와의 미세한 차이가 있지만 U의 반지름을 약간 조정하고 m이 충분히 큰 경우만 생각하면 아무 문제 없이 ψ_m이 구성되며, 조건 $\lim_{\|\zeta\| \to 0} \frac{|R_m(\zeta)|}{|\mathrm{Im}\,\zeta_1| + \|\zeta'\|^2} = 0$를 만족하는 R_m에 대해서

$$\begin{aligned} \zeta \in\ & U \cap \psi_m \circ \Phi(V \cap \Omega) \Leftrightarrow \\ & \zeta \in U \ \&\ \mathrm{Re}\,\zeta_1 > \|\zeta'\|^2 + R_m(\mathrm{Im}\,\zeta_1, \zeta') \end{aligned} \tag{8.8}$$

가 성립한다.

측도확대법의 과정 중 $v_1, \ldots, v_n$과 $\lambda_1, \ldots, \lambda_n$을 택할 시점이다. 지금은 $\Phi(\Omega)$의 정의함수가 원점 주변에서 (8.8)으로 주어져 있어서 $\frac{v_j}{\|v_j\|} = e_j$가 모든 $j = 1, \ldots, n$에 대해 성립하도록 v_j들을 잡으면 되고, 이어서

$$\lambda_{mj} \sim \sqrt{\lambda_{m1}},\ \forall j = 2, \ldots, n \tag{8.9}$$

를 얻게 된다. 따라서 수렴성과 해석동형을 얻으려는 이 증명의

목적을 위해서는

$$\lambda_{mj} = \sqrt{\lambda_{m1}},\ \forall j = 2, \ldots, n \tag{8.10}$$

를 택하고 $\Delta_m(z) = (\lambda_1 z_1, \ldots, \lambda_n z_n)$로 두면 적절하다.

$$\begin{aligned}
\lim_{m\to\infty} \Lambda_m(V \cap \Omega) &= \lim_{m\to\infty} \Delta_m \circ \psi_m(U \cap \Phi(\Omega)) \\
&= \lim_{m\to\infty} \{\zeta \in \mathbb{C}^n : \\
&\qquad \operatorname{Re}\lambda_1\zeta_1 > \|\sqrt{\lambda_1}\zeta'\|^2 + o\big(\lambda_1(|\operatorname{Im}\zeta_1| + \|\zeta'\|)\big)\} \\
&= \{\zeta \in \mathbb{C}^n : \operatorname{Re}\zeta_1 > \|\zeta'\|^2\}
\end{aligned}$$

도 확인된다. 이제 국소화 방법론을 여기에 적용하면, 임의의 콤팩트 부분집합 $K \Subset \Omega$에 대하여 상수 $m_K > 0$가 존재하여

$$\varphi_m(K) \subset V \cap \Omega,\ \forall m > m_K$$

가 성립하게 되므로, 영역 $\mathcal{S}_1 = \{\zeta : \operatorname{Re}\zeta_1 > \|\zeta'\|^2\}$에 대하여

$$\Lambda_m \circ \Phi \circ \varphi_m\big|_K : K \to \mathcal{S}_1$$

가 정규족을 이루게 된다.

이번엔 역으로 임의의 콤팩트 부분집합 $\tilde{K} \Subset \mathcal{S}_1$을 택하자. 그리고 영역

$$\mathcal{S}_{1,\delta} := \{\zeta : \operatorname{Re}\zeta_1 > \delta|\operatorname{Im}\zeta_1| + (1+\delta)\|\zeta'\|^2\}$$

를 생각하면 $\Lambda_m(\mathcal{S}_{1,\delta}) = \mathcal{S}_{1,\delta}$ 가 항상 성립하며 또 $\tilde{K} \subset \mathcal{S}_{1,\delta}$ 를 만족하는 적절한 $\delta > 0$ 가 존재한다. 그러므로 충분히 큰 m 에 대해서는 $\Lambda_m^{-1}(\tilde{K}) \subset U \circ \Phi(\Omega)$ 가 성립하므로 함수

$$\varphi_m^{-1} \circ \Phi^{-1} \circ \Lambda_m^{-1}\big|_{\tilde{K}} : \tilde{K} \to \Omega$$

가 잘 정의되고 또 정규족을 이루며 $p \in \Omega$ 와 $\mathbf{1} = (1, 0, \ldots, 0) \in \mathcal{S}_1$ 을 대응시킨다. 이제 부분수열을 필요한 만큼 여러 번 택하고 (δ 도 0으로 수렴하게 하고) 극한을 택하면 극한함수

$$\lim_{m \to \infty} \Lambda_m \circ \Phi \circ \varphi_m$$

가 영역 Ω 와 $\mathcal{S}_1$ 사이에 양방향 해석함수를 정의하게 된다. 한편, $\mathcal{S}_1$ 은 일차분수함수(linear fractional map)에 의해 단위구 영역 $B^n(0,1)$ 과 해석 동형 관계에 있으므로, 최종적으로 웡번/로제이 정리의 증명이 완결되었다. □

보충 8.6.1 이 유명한 정리는 1977년 웡번 (Wong, Bun)교수에 의해 처음 증명되었고, 위에 소개한 개선은 1979년 장-피에르 로제이 (Rosay, J.-P.)에 의해 소개되었다. 이들의 증명은 코바야시/아이젠만 부피원소(Kobayashi-Eisenmann volume measure) 대비 카라테오도리(Carathéodory) 부피원소의 비가 *1*이 되는 유계영역의 내부점이 있으면 영역이 단위구 영역과 해석동형이라는 우홍시의 정리 (정리 7.2.2)를 이용한 것이었다. 하지만, 여기 실은 증명은 1981년 세르게이 핀추크(Sergey Pinchuk) 교수가 *Math. Sbornik*에 출판한 논문에 있는 측도확대법 방법을 따랐다.

이 방향을 따른 이유는 측도확대법 증명이 매우 준볼록한 영역들에 관한 연구의 범주를 넘어 보다 넓은 범위에 속하는 영역을 다루는데 유용하다고 보기 때문이다.

8.7 단젤로 유한접촉형과 베드포드-핀추크 정리

이제, $\bar{\partial}$ 노이만(Neuman) 문제에 관한 이론을 포함한 고차원 복소함수론의 연구대상인 $\mathcal{C}^\infty$ 급 매끄러운 경계를 가지는 유계 해석영역의 연구에 존 단젤로(J. P. D'Angelo) 교수의 연구의 결과로 소개된 유한접촉형 개념을 잠시 소개하기로 하자. 매끄러운 경계면은 $\mathbb{C}^n$ 안에 포함된 실 초곡면, 즉 실 여차원(real codimension)이 1인 매끄러운 곡면이다. 이 곡면 M 이 점 $p \in \mathbb{C}^n$ 를 지난다면 이 점의 적절한 근방 V 에 정의된 $\mathcal{C}^\infty$ 급 실함수 $\rho\colon V \to \mathbb{R}$ 이 주어져서

$$M \cap V = \{z \in V : \rho(z) = 0\}$$

와

$$d\rho|_z \neq 0, \forall z \in M \cap V$$

가 성립하게 된다.

이제 영역 $B^1(0; r) = \{z \in \mathbb{C}\colon |z| < r\}$ 위에 정의된 해석함수 $h(\lambda) = (h_1(\lambda), \ldots, h_n(\lambda)$ 중에서 상수함수가 아니면서 조건

$$h(0) = p$$

를 만족하는 것을 생각한다. 이런 함수를 보통 점 p 를 지나는 해석곡선(holomorphic curve at p)이라 부른다. 이들 해석곡선의 집합을 $\mathcal{C}_{\text{hol}}(p, \mathbb{C}^n)$ 이라 표시하기로 하자.

일반적으로 $B^1(0, r)$ 에 정의된 해석함수 $f(\lambda)$ 가 0함수가 아니면 조건 $f_1(0) \neq 0$ 을 만족하는 해석함수 f_1 에 대하여 $f(\lambda) = \lambda^k f_1(\lambda)$ 를 만족하는 정수 $k \geq 0$ 이 유일하게 정의된다. 이 k 값

을 원점에서의 f 의 **차수 (order)**라 부르기로 하고, 기호 $\nu(f,0)$ 로 나타내기로 하자. 그러면 해석곡선 $h=(h_1,\ldots,h_n)$ 의 점 p 에서의 차수는

$$\nu(h-p,0)=\min\{\nu(h_j-p_j,0)\colon j=1,\ldots,n\}$$

로 결정하면 되겠다.

$\mathcal{C}^\infty$ 급 함수인 $g:=\rho\circ h$ 의 차수도 정의된다. 지금은 테일러 전개식을 염두에 두고, k 의 음이 아닌 정수값마다 $k=|(p,q)|:=p_1+\ldots+p_n+q_1+\ldots+q_n$ 를 만족하는 다중차수(multi-index) $(p,q)=(p_1,\ldots,p_n;q_1,\ldots,q_n)$ 에 대하여 미분값 $\frac{\partial^k g}{\partial z_1^{m_1}\ldots\partial z_n^{m_n}}\Big|_0$ 을 계산하여 0이 아닌 항이 존재할 경우에

$$\min\left\{|(p,q)|\colon \exists\ \frac{\partial^k g}{\partial z_1^{p_1}\ldots\partial z_n^{p_n}\partial\bar{z}_1^{q_1}\cdots\partial\bar{z}_n^{q_n}}\Big|_0\neq 0\right\}$$

를 $g=\rho\circ h$ 의 **원점에서의 차수 (vanishing order at the origin)** 로 정의하면 적절하다.

그러면 이제

$$\tau_p(M)=\sup_{h\in\mathcal{C}_{\rm hol}(p,\mathbb{C}^n)}\frac{\nu(\rho\circ h,0)}{\nu(h-p,0)}$$

가 정의되는데, 이것이 M 의 점 p 에서의 **단젤로 유한접촉도 (D'Angelo finite type of M at p)** 개념이다.[11] 물론 유한 접촉

[11]단젤로의 업적은 단순히 이 정의를 만든 데에서 멈추지 않았다. 그의 논문과 책은 이 정의를 기준으로 하여, $\bar\partial$ 노이만 문제와 정칙성(regularity)을 비롯한 다변복소함수론/복소미분기하학 및 복소대수기하학적인 여러 중요한 관점에서 쓸 수 있도록 매끄러운 경계를 가지는 각종 실초곡면 (real hypersurface)

도가 존재하지 않는 경우에는 이를 **무한접촉형 (of infinite type)** 이라고 불렀다.

무한접촉형 실 초곡면의 예는 많은데, 가장 쉽게 들 수 있는 것은 레비 평탄형 (즉 레비 형식이 모든 점에서 0인 경우) 초곡면을 들 수 있겠다.

단젤로 교수의 저서 [D'Angelo 1993]에 상세히 쓰여 있는 바와 같이 준볼록 영역의 경계가 유한접촉형인 경우에는 경계면의 단젤로 유한접촉도는 짝수이며, 매우 준볼록인 경우는 접촉도가 2이고 이것이 가장 낮은 접촉도이다. 따라서 웡번/로제이 정리 이후의 발전을 꾀하려면 당연히 유한접촉형의 경우를 생각해야 할 것이다. 이런 관점에서라면 아래 정리를 개발하려는 노력은 당연하고도 중요하다.

정리 8.7.1 (베드포드/핀추크 (E, Bedford/S. Pinchuk)) **복소 *2*차원 유클리드 공간 $\mathbb{C}^2$ 안에 있는 유계 준볼록 영역 Ω가 실해석가능 경계를 가지고, 동시에 자기동형군이 비 콤팩트이면, 이 영역 Ω는 적당한 자연수 m에 대하여 정의되는 툴렌영역 $E_m := \{(z_1, z_2) \in \mathbb{C}^2 \colon |z_1|^2 + |z_2|^{2m} < 1\}$와 해석동형이다.**

이 정리의 증명을 단순화한 것이 앞 절의 웡번/로제이 정리 증명이라고 보면 되겠다.[12] 증명이 그리 어렵지는 않지만 자세한 증명은 참고문헌을 찾아 관심 있는 독자 스스로 공부하기로 하고,

---

을 분류하고 특성화하는 넓고도 깊은 분석을 제공하였다.

[12]정확히 말하자면 앞 절의 증명은 핀추크 교수가 축도확대법을 1980년경에 처음 제시하고 그 응용으로 제공한 것이다. 베드포드/핀추크 정리는 1986년에 구성되었으며 여러 차례 개선되었고 1992년이 되어서야 정립되었다.

여기에는 증명의 개요를 소개하려 한다. 이 정리의 의미와 관련된 연구에 관한 토의는 이 마디의 끝으로 미룬다.

증명의 개요. 이 정리는 복소 2차원의 경우만 다룬다는 점에 주목하자. 우선 유계 영역의 자기동형군이 비 콤팩트이면, 웡번의 정리의 경우와 마찬가지로 내부점 $q \in \Omega$, 경계점 $p \in \partial\Omega$ 그리고 자기동형 수열 $\varphi_m \in \mathrm{Aut}\,\Omega$가 존재하여 조건

$$\lim_{m\to\infty} \varphi_m(q) = p \tag{8.11}$$

가 성립하게 된다.[13] 지금 $p = 0 = (0, \ldots, 0)$로 가정하여도 논증의 일반성을 잃지 않으므로 그렇게 두고, 캐틀린 (D. Catlin)의 연구 결과를 따라 원점의 적절한 근방 U, V를 잡은 후 해석동형 $\Phi\colon V \to U$를 찾아

$$\begin{aligned}(z,w) \in\, & U \cap \Phi(\Omega \cap V) \Leftrightarrow \\ & (z,w) \in U \ \&\ \mathrm{Im}\, w > \sum_{j+\ell=2k} A_{j\bar\ell} z^j \bar z^\ell + R(\mathrm{Re}\, w, z)\end{aligned}$$

를 만족하게 하고, R은

$$\lim_{\|(z,w)\|\to 0} \frac{R((\mathrm{Re}\, w, z)}{|w|+|z|^{2k}} = 0$$

는 성질을 가지게 할 수 있다. (여기에서 $2k$는 영역의 경계 $\partial\Omega$의 원점 p에서의 단젤로 유한접촉도이다.)

[13] 궤적 (orbit)과 등방부분군 (isotropy subgroup)이 모두 콤팩트이면 군도 콤팩트가 된다는 군의 작용 (group action)에 관한 위상수학적인 정리 때문이다.

우선, [Diederich/Fornæss 1978]에 의해 이 영역의 어느 점이든 모두 유한접촉형이며 (유계 영역이고 경계가 실해석적이므로) [Bedford/Fornaess 1978]의 연구에 의하면 (2차원 영역이라는 점이 여기에 또 작용하여) 각 경계점에 해석 버팀함수가 존재한다. 그러므로 앞에서 소개한 로제이의 국소화 논증이 그대로 적용된다.

이제 수열 $Q := \{\varphi_m(q)\}$를 이용한 측도확대 수열을 잡으면 점열 Q를 미세조정하는 ψ_m 때문에 직접 계산에 의해

$$
\begin{aligned}
&\lim_{m\to\infty} \Lambda_m(\Omega)) \\
&\qquad = \lim_{m\to\infty} \Lambda_m(\Omega \cap V) \\
&\qquad = \{(z,w) \in \mathbb{C}^2 \colon \operatorname{Im} w > \sum_{j+\ell \le 2k} \hat{A}_{j\bar{\ell}} z^j \bar{z}^\ell\}
\end{aligned}
$$

가 얻어진다. (물론, 부분수열을 필요한 만큼 여러 번 선택해야 하지만 그것은, 유한 번 선택하는 범위 내에서는, 이 대목은 물론 이 증명의 끝까지 전혀 어려움이 없다.) 최종 결과로 얻어진 영역을 $\hat{\Omega}$로 두자. 이 영역의 정의함수에 차수가 $2k$보다 작은 항들이 생겨나 있음에 유의하자. 이것이 미세조정 함수열 ψ_m에 의해 생겨난 것인데 그냥 무시할 수 있는 항이 아니다. 그래서 베드포드/핀추크의 원래 논문[Bedford/Pinchuk 1989]에서는 일단 그대로 두고 논의를 진행시켰다.

영역 $\hat{\Omega}$가 유계 영역이 아니므로 함수열 $\sigma_m \colon \Lambda_m \circ \varphi_m \colon \Omega \to \mathbb{C}^2$가 정규족임을 주장할 근거가 아직 없지만, 일단 영역 $\hat{\Omega}$의 콤팩트 부분집합 K를 임의로 선택하여도 양수 m_K가 존재하여 $\sigma_m^{-1}(K) \subset \Omega$가 성립하게 된다. Ω가 유계영역이므

로 $\{\sigma_m^{-1}|_K : K \to \Omega \mid m > m_K\}$가 정규족이 된다. 한편 $\mathbf{i} := (\sqrt{-1}, 0) \in \hat{\Omega}$가 존재하고, $\sigma_m(q) = \mathbf{i}, \forall m > m_K$가 성립하므로 부분함수열의 선택과 무관하게 그 극한은 1-1 해석함수가 된다는 결론을 얻게 된다.

σ_m 자신이 정규족이 되면 웡번/로제이 경우처럼 Ω와 $\hat{\Omega}$가 해석 동형 관계에 있게 될 것이다. 이 부분은 [Berteloot/Cœuré 1991] (베르텔루/쾨레)의 연구결과로 증명되어 있으므로 그것을 쓰기로 하자.

이제 $\hat{\Omega}$가 E_m과 해석적으로 동형이면 증명이 완결되겠지만 그것은 분명치 않다. 따라서 증명은, 최소한 이 시점에서는, 아직 완결되지 않았다. 베드포드/핀추크의 원래 논문에서는 임의의 실수 s에 대하여 함수 $\tau_s(z, w) = (z, w + s)$가 영역 $\hat{\Omega}$의 자기동형 함수임에 착안하였다. 이들이 이루는 1-매개변수 부분군 (one parameter subgroup)은 원래 영역 Ω의 자기동형군의 부분군을 이루며 이들은, 벨/리고츠카 정리에 의해 모두 경계면까지 확장된다 [Bell/Ligocka 1980]. 이들이 생성시키는 해석벡터장이 경계를 정의하는 정의함수에 작용하는 점을 이용하여 계산을 수행하면 (이 부분은 원래 논문을 참조해야 한다) 처음 시작했던 정의함수는 물론 $\Phi(\Omega \cap V)$의 경계함수가

$$\operatorname{Im} w > |cz|^{2k} + R(\operatorname{Re} w, z)$$

형태가 되고, 이제 한번 더 마지막으로 측도확대법을 여기에 시행하면 $\hat{\Omega}$가

$$\mathcal{S}_k := \{(z, w) \in \mathbb{C}^2 : \operatorname{Im} w > |z|^{2k}\}$$

와 해석동형이라는 결론에 도달하게 된다. 이 마지막 영역이 툴렌 영역

$$E_k := \{(z, w) \in \mathbb{C}^2 : |z|^{2k} + |w|^2 < 1\}$$

과 해석동형임은 잘 알려져 있으므로—케일리(Cayley) 변환에 의해—이것으로 이 유명한 정리의 증명의 개요가 완결된다. □

보충 8.7.1 이 정리에서 보듯이 측도확대법 자체는 아주 넓은 범위에 적용되어야 할 것으로 예상될 만큼 일반적인 모습을 하고 있지만 실제로 그 수렴 여부는 볼록 영역이나 매우 준볼록, 또는 복소 *2*차원 유한 접촉형 경계를 가지는 경우와 같이 극히 제한적인 경우에만 알려져 있다. 이 범위를 넘어서는, 특히 2차원을 넘는 경우나, 보다 일반적인 영역에 관하여 측도확대법을 구성하는 함수열의 수렴성 여부에 관한 이론을 만들 수 있다면 무척 유용할 것인데, 이 난제는 측도확대법이 소개된 1980년 이후 지금까지 미해결로 남아 있다.

보충 8.7.2 측도 확대법을 이루는 함수열은 유일하지 않다. 극한 함수가 해석동형을 이루는 구성에 약간 "유연성"이 있기 때문이다. 실제로 우리가 소개한 함수열과 핀추크 교수가 원래 소개한 함수열은 다르지만 극한에서는 본질적으로 아무런 차이가 없다. 이 점에 대해서는 이후에 다시 토의할 예정이다.

8.8 이중원반 정리

웡번/로제이 정리와 베드포드/핀추크 정리를 거치며 정립된 이론들 외에 더 연구되어야 하고 아직 정립되지 못한 연구 대상이 많이 있음을 보게 되었다. 특히 유계 영역의 경계점 중 유한접촉형이 아닌 매끄러운 경계점에 자기동형군의 궤적이 집적되는 경우는 어떤가? 매끄럽지 않은 특이 경계점에 집적된다면? 이 방향에도 정립된 이론이 있으므로 그것을 소개한다.

정리 8.8.1 ([Kim K.-T. 1992]) $\mathbb{C}^n$ **안에 주어진, 유계 볼록 영역** Ω**의 경계가 구분적으로 레비 평탄형(piecewise Levi flat)이고 자기동형군이 비 콤팩트이면, 이 영역은 단위원영역과 또 다른 볼록영역의 데카르트 곱으로 주어지는 영역과 해석동형이다. 특히** $n = 2$**인 경우에는** Ω**가 이중원반 영역 (bidisc)과 해석동형이다.**

증명의 개요. 유계 영역 Ω의 자기동형군이 비 콤팩트라는 조건은 앞의 경우와 마찬가지로 내부점 $q \in \Omega$, 경계점 $p \in \partial\Omega$ 그리고 자기동형 함수열 $\varphi_m \in \text{Aut}\,\Omega$에 의해 조건 $\lim_{m\to\infty} \varphi_m(q) = p$가 성립하게 한다. 이제 각각의 m에 대해 핀추크 측도 확대열을 구성하기로 하자. 그러면 확대 함수열 $\Delta_m(z) = (z_1/\lambda_{m1}, \ldots, z_n/\lambda_{mn})$은 (적절한 부분수열은 앞 두 절의 경우와 마찬가지로 필요한 경우 택하는 것으로 이해야여 따로 설명하지 않겠다.) m에 의존하지 않는 적절한 상수 k가 존재하여

$$\lim_{m\to\infty} \lambda_{mj} = 0, \forall j = 1, \ldots, k$$

와

$$\lim_{m\to\infty} \lambda_{mj} = 1, \forall j = k+1, \ldots, n$$

이 성립하도록 택할 수 있다. 이 경우 k의 값은 영역 Ω의 경계에 포함되는 최대 복소해석다양체(maximal complex analytic variety)로서 점 p를 지나는 것의 차원이 ℓ이라면 $k = n - \ell$로 주어진다. 복소평면 $\mathbb{C}$ 안에 있는 위쪽 반평면 (upper half plane)을 $\mathbb{H}$로 표시하자. 그리고 이 상황에서 핀추크 측도확대법을 적용하여 추론하면 적절한 볼록영역 $\Omega' \in \mathbb{C}^{n-k}$이 존재하여 Ω가 $\mathbb{H}^k \times \Omega'$과 해석동형 관계에 있음을 추론할 수 있다. 보다 자세한 것은 논문 [Kim K.-T. 1992]를 참조하기 바란다. □

보충 8.8.1 이 정리는 볼록하지 않은 경우인 표준적인(generic) 유계 해석다각형(analytic polyhedron)의 경우로 확장되었다. 하지만, 여전히 위 증명이 가치 있다고 보고 여기에 소개하였다.

8.9 프랑켈 측도확대법

핀추크의 측도확대법이 소개된 것은 1980년 전후이고, 핀추크 교수에 따르면 그이가 측도확대법을 복소함수론 연구에 도입한 이유는 고유 해석함수 (proper holomorphic mapping)의 반사원리(reflection principle)에 쓰기 위함이었다고 한다. 하지만 방법론을 수립한 직후부터 이 방법이 (유계) 영역의 자기동형군 연구에 적용될 수 있음을 깨달았고, 그 결과물은 앞에서 소개한 바와 같다.

한편, 1986년 경 미국의 스탠퍼드(Stanford) 대학교를 졸업한 프랑켈 박사(Sidney Frankel)는 자신의 박사학위논문에서 비슷하지만 다른 특성이 있는 측도확대법을 발표하였다. 여기 그 이론을 소개하려 한다.

정리 8.9.1 ([Frankel 1989]) **복소 유클리드 공간 $\mathbb{C}^n$ 안의 유계 볼록영역 Ω와 자기동형들로 이루어진 수열 $\{\varphi_j : j = 1, 2, \ldots\}$이 주어졌다고 하자. 그러면 임의의 점 $p \in \Omega$에 대하여**

$$\omega_j(z) := (d\varphi_j|_p)^{-1}(\varphi_j(z) - \varphi_j(p))$$

로 주어지는 $\omega\colon \Omega \to \mathbb{C}^n$이 이루는 함수열은 콤팩트 부분 집합마다 고르게 수렴하는 부분수열을 가진다. 뿐만 아니라 부분수열의 극한함수는 모두 각각 단사 해석함수가 된다.

핀추크 방법론과 비교할 때 이 정리는 처음부터 볼록성을 가정하고 시작한 점이 보다 제한적이기는 하다. 그러나 핀추크의 방법론은 볼록성을 가정하지 않으면 측도확대 함수열의 수렴성을 주장할 수 없었으나[14] 프랑켈 이론은 처음부터 측도확대 함수열 자체가 정규족을 이루며, 따라서 수렴하는 부분수열이 항상 존재한다는 좋은 성질을 보여 주었다. 뿐만 아니라 리고 영역들이 항상 볼록하기 때문에 국소 하우스돌프 수렴성을 가지고 있어서 집합 $\omega_j(\Omega)$들의 부분수열의 극한으로 나타나는 영역과 함수열 ω_j의 수렴하는 부분수열의 극한함수 $\hat{\omega}$의 치역인 $\hat{\omega}(\Omega)$가—아래 증명 개요에서 언급하겠지만—일치하게 되는 좋은 성질을 가진다. 그런 점에서 약간은 제한적으로 보이지만 그런 만큼 장점을 지니고 있다.

증명. 아래 호환 도표가 증명의 중요한 단계이다.

$$
\begin{array}{ccc}
\Omega \times \Omega & \xrightarrow{\omega_j \times \omega_j} & \omega_j(\Omega) \times \omega_j(\Omega) \\
{\scriptstyle F_j}\big\downarrow & & {\scriptstyle \mu}\big\downarrow \\
\Omega & \xleftarrow{\omega_j^{-1}} & \omega_j(\Omega)
\end{array}
\tag{8.12}
$$

여기에 등장한 함수를 명확히 해 둘 필요가 있다. 먼저 임의의 점 $(z, w) \in \Omega \times \Omega$에 대하여

$$\omega_j \times \omega_j(z, w) := (\omega_j(z), \omega_j(w))$$

로 정의하는데, 그 다음 순서에 등장하는 함수

---

[14]볼록성이 있으면 핀추크 측도확대 함수열도 정규족이 된다. 그러나 이 결과는 후에 김강태와 크란츠에 의해 밝혀졌다.

$\mu\colon \omega_j(\Omega) \times \omega_j(\Omega) \to \omega_j(\Omega)$는

$$\mu(z, w) := \frac{z+w}{2}$$

로 정의한다. 이 함수가 주어진 정의역과 치역을 가지는 이유는 $\varphi_j(\Omega) = \Omega$가 성립하기 때문에 영역 $\omega_j(\Omega)$가 조건

$$\omega_j(\Omega) = (d\varphi_j|_p)^{-1}(\Omega - \varphi_j(p))$$

를 만족하여, 당연히 볼록성을 가지기 때문이다. 이제 남은 화살표를 따라가면

$$F_j(z, w) = \omega_j^{-1}\Big(\frac{1}{2}(\omega_j(z) + \omega_j(w)\Big)$$

가 성립하게 되는 것은 당연하고 이로부터 $F_j(z, z) = z$, $\forall z \in \Omega$와

$$\omega_j(z) + \omega_j(w) = 2\omega_j \circ F_j(z, w) \tag{8.13}$$

를 얻는다. 이제 이 등식을 z_k와 z_ℓ로 두 번 미분하고 그 값을 (z, z)에서 계산하고, 그 다음 z_k와 w_ℓ로 연달아 미분하여 값을

(z, z)에서 계산하여 보자. 그러면

$$[\omega_j]_{z_k z_\ell}(z) = 2 \sum_{a,b=1}^{n} [\omega_j]_{z_a z_b}(z)\ [F_j^a]_{z_k}(z,z)\ [F_j^b]_{z_\ell}(z,z) + \sum_{\nu=1}^{n} [\omega_j]_{z_\nu}(z)\ [F_j^\nu]_{z_a z_b}(z,z) \tag{8.14}$$

$$\begin{aligned} 0 &= [\omega_j]_{z_k w_\ell}(z) + [\omega_j]_{z_k w_\ell}(z) \\ &= 2 \sum_{a,b=1}^{n} [\omega_j]_{z_a z_b}(z)\ [F_j^a]_{z_k}(z,z)\ [F_j^b]_{w_\ell}(z,z) + \sum_{\nu=1}^{n} [\omega_j]_{z_\nu}(z)\ [F_j^\nu]_{z_a w_b}(z,z) \end{aligned} \tag{8.15}$$

을 얻는데, 함수 F_j의 구성 때문에 첨수 $b, \ell \in \{1, \ldots, n\}$에 대하여

$$[F_j^b]_{z_\ell}(z,z) = [F_j^b]_{w_\ell}(z,z),\ \forall z \in \Omega$$

가 성립하고, 또 Ω가 유계영역이므로 몽텔(Montel)의 정리로부터 $F_j : \Omega \times \Omega \to \Omega$들이 정규족을 이룬다는 결론도 얻게 된다. 따라서 위의 두 식으로부터 미분부등식

$$\|D^2 \omega_j(z)\| \le \|D^2_{zz} F_j(z,z) - D^2_{zw} F_j(z,z)\| \|D\omega_j(z)\|$$

를 얻게 되고, 이로부터 임의의 콤팩트 부분집합 $K \Subset \Omega$에 대하여 적절한 상수 $C = C(K, \Omega)$와 그론월(Gronwall) 형 부등식

$$\|D^2 \omega_j(z)\| \le C \|D\omega_j(z)\|, \quad z \in K$$

를 얻게 된다. 이제 $\omega_j(q) = q, d\omega_j|q = I$가 모든 j 값에 대해 성립하기 때문에 그론월 부등식 이론 (상미분방정식의 응용)에 의하여 ω_j가 정규족이 된다는 결론을 바로 얻어낼 수 있다.

이로써 가장 어려운 부분의 논증이 끝났다. 나머지는 거의 연습문제 수준이다. 우선 ω_j를 수렴하는 부분수열로 대치하고 극한함수는 $\hat{\omega}$라고 적고, 영역 $\omega_j(\Omega)$들이 이루는 수열을 고려하자. 그러면 이들이 모두 볼록영역이므로 블라슈케의 선택정리가 적용되어 국소 하우스돌프 수렴 개념에 의해 볼록영역 $\hat{\Omega}$로 수렴하는 부분수열이 존재하게 된다. 따라서 해당 부분수열로 대치하는 방법을 사용하여 원래 ω_j가 수렴하는 정규족이며 $\omega_j(\Omega)$들이 볼록영역 $\hat{\Omega}$로 수렴하게 된다. 이제 임의의 콤팩트 부분집합 $\tilde{K} \Subset \hat{\Omega}$를 택하면 충분히 큰 번호 k에 대해서는 $\omega_k^{-1}(\tilde{K}) \subset \Omega$가 성립하게 된다. 따라서, Ω가 유계영역임을 이용하여, 다시 부분수열을 택하면 ω^{-1}들이 임의의 $\tilde{K} \Subset \hat{\Omega}$에서 고르게(uniformly) 수렴하는 정규족 함수열이 된다. 이제 이 함수열의 극한을 취하면 $\tilde{\Omega}$를 Ω로 보내는 해석함수를 얻는다. 이를 τ라고 쓰자. 이제 이들 극한함수들이 $\hat{\omega}\colon \Omega \to \hat{\Omega}$와 $\tau\colon \hat{\Omega} \to \Omega$들이고, $\hat{\omega}(q) = 0$와 $\tau(0) = q$, 그리고 $(\tau \circ \hat{\omega})|_q = I$등을 모두 만족한다. 이들을 모두 종합하고 고차원 정규족 이론을 사용하면 $\hat{\omega}$와 τ가 서로 역함수 관계에 있음이 명백하다. 따라서 증명이 완결되었다. □

보충 8.9.1 프랑켈의 측도 확대 함수열은 그 구성이 자연스러운 점이 눈에 띄지만, 영역이 볼록이 아닌 경우에는 일반적으로 수렴하지 아니한다. 구체적인 예도 알려져 있으므로 무턱대고 일반적인 영역으로 확장하려는 노력은 성공할 수 없다. 한편, 볼록 영역의 경우에, 프랑켈 측도확대법은 핀추크 측도확대법과 동등하다고 할 수 있다. 김강태와 크란츠에 의해 알려진 이 결과에 의하면 두 측도확대법의 극한 영역은 서로 복소 아핀 함수 (1차함수)에 의해 일대 일 대응관계를 가진다.

보충 8.9.2 핀추크 측도확대 함수열에는 자기동형군이 제공하는 섭열을 조정하는 소위 중심이동 함수열 (앞에서는 유니타리 함수를 이용하여 구성하였다)이 들어 있는데, 이 함수열이—얼른 간과하기 쉽지만—사실은 중요한 역할을 하고 있다. 영역이 볼록이 아닌 경우에는 이들의 역할이 더욱 중요하다.

프랑켈 측도확대 함수열에도 핀추크의 중심이동 함수열 기법을 가미하여 함수열을 조정할 수 있는데, 이 경우 프랑켈 함수열의 수렴성 여부와 핀추크 측도확대 함수열의 수렴성 여부는 서로 논리적으로 동치 관계에 있다. 뿐만 아니라 일반적인 영역에서 이들 측도확대 함수열들, 즉 핀추크 함수열과 조정된 프랑켈 함수열의 극한 영역들이 복소 1차 아핀 함수에 의해 서로 해석동형 관계를 가짐이 증명되어 있다. 이는 볼록영역의 경우 증명되었던 김강태/크란츠의 결과를 확장한 결과이며, 주승로에 의해 2018년에 증명되었다 [Joo S. 2018].

8.10 베드포드-다독-새렌스-제임 정리

이 정도에 이르면 아마도 현명한 독자께서 영역의 자기동형군이 콤팩트인 경우에 대한 정리가 없느냐고 물으실 것 같다. 자연스러운 질문이 아닐 수 없다.

물론 좋은 정리가 있다. 사실은 자기동형군이 비 콤팩트인 경우는 영역 자체가 강체성(rigidity)을 지니며 이 성질이 앞의 정리들로 나타났다. 아직도 비 콤팩트 자기동형군을 가지는 영역의 완벽한 이해와 분류는 더 많은 연구를 필요로 하지만, 콤팩트 자기동형군에 관한 정리로서 아래 정리가 매우 적절하며 또 넓은 범위를 덮는 것으로 보인다. 이제 베드포드/다독 그리고 거의 같은 시기에 출판된 새렌스/제임 정리를 소개한다.

> **정리 8.10.1 (베드포드/다독 정리 (Bedford-Dadok))** G가 콤팩트 리군이라면, ***Aut*** (Ω)가 리군으로서 G와 동형이라는 조건을 만족하게 하는 실해석가능 경계를 가지는 매우 준볼록한 영역 Ω가 적절한 차원의 복소 유클리드 공간 $\mathbb{C}^N$에 존재한다.

정리의 증명은 그리 쉽지 않지만 독자가 필자의 기하학연구서 세 권의 내용을 공부하였다면 그 지식을 바탕으로 논증 전체를 충분히 이해할 만하다고 본다. 그러므로 참고 문헌으로 [Greene/Kim/Krantz 2010]만 소개하는 정도로 이 마디를 맺는다.

9

후기

앞 장 까지 쓰고 나니 조금 미진한 감이 있어 몇 가지 주요 정리에 대해 최소한 보충이라도 할 생각으로 마지막 몇 자를 더 적는다.

9.1 클렘벡/김강태/위지예 정리

$\mathbb{C}^n$ 안에 있는 유계 영역 Ω의 베르그만 거리 β^Ω의 해석곡률 (holomorphic sectional curvature)이라는 변량의 임계 행동을 조사하려고 한다.[1] 그러면 아래 정리가 성립한다.

정리 9.1.1 (클렘벡//김강태/위지예) Ω가 $\mathbb{C}^n$ 안에 있는 유계 준볼록 영역이면서 특정한 경계점 $p \in \partial\Omega$의 근방에서는 경계가 $\mathcal{C}^2$ 급이며 매우 준볼록(strictly pseudoconvex)하다고 가정하자. 그러면 임의의 $\epsilon > 0$에 대하여, $q \in V \cap \Omega$가 성립하기만 하면, 이 영역의 베르그만 거리의 해석곡률 텐서 $S^\Omega(q, v)$가 부등식

$$\sup_{v \in T_q\Omega} \left| S(q, v) - \frac{-4}{n+1} \right| < \epsilon$$

[1] $g := \operatorname{Re}\beta$가 리만 거리이므로 영역의 점 $q \in \Omega$와 0이 아닌 벡터 $v \in T_q\Omega$가 생성하는 복소 1차원 벡터공간에 해당하는 실수 2차원 평면에 대한 리만 단면곡률(Riemann sectional curvature)이 $(q, v) \in T_q\Omega$에 해당되는 베르그만 거리의 해석곡률이다.

를 만족하게 하는 점 p의 근방 V가 존재한다.

이 정리는 1978년에 클렘벡에 의해 경계가 p점 근방에서 $\mathcal{C}^\infty$ 급인 경우에 처음 증명되었고, 보다 최적화 된 위의 형태로는 1997년 김강태/위지예의 논문에서 만들어졌는데, 증명 방법이 클렘벡의 논증과는 달리 페퍼만 임계 전개식을 사용하지 않으며 보다 직관적이고 간결해졌다.

개략적인 증명. 자세한 증명은 [Greene-Kim-Krantz 2011]의 제 10장에 있지만 독자들의 편의를 위해 증명의 줄거리만 여기에 간단히 적는다.

제1 단계: 국소화. 이 단계는 경계점 p가 매우 준볼록한 점임을 이용한다. 그러면 p의 근방 V_1을 먼저 선택한 다음, 임의의 상수 $\epsilon_1 > 0$에 대하여 $q \in V_2$를 만족하기만 하면

$$\sup_{v \in T_q\Omega} \left| \frac{2 - S_\Omega(q,v)}{2 - S_{\Omega \cap V_1}(q,v)} \right| < \epsilon_1$$

가 성립하게 하며 조건 $p \in V_2 \subset V_1$을 만족하는 열린 근방 V_2가 존재한다.

이 단계의 증명은 매우 준볼록한 점에 따라오는 해석 버팀함수 (barrier function/support function/peak function)를, 베르그만의 최소 적분(minimum integral) 개념과 베르그만 핵함수, 거리 및 곡률 등에 관한 공식과 $\bar{\partial}$ 방정식 등에 교묘하게 적용하여 얻어진다.

제2 단계: 경계점 근처의 임계 행동을 내부 안정성 문제로 변환. 이 단계는 측도확대법의 또 다른 묘용을 보여 주는 것으로

1989년 경에 발표된 김강태의 착상을 따른다.

이 방법론은 앞서 이 책에서 보여 준 웡번의 정리 증명과 비슷하게 시작하는데, 제1 단계에 등장한 V_1을 충분히 작게 잡았다면, 경계점 p로 수렴하는 점열 $q_\nu \in \Omega$를 기준으로 하며, 해석동형 $\psi_\nu\colon V_1 \to \psi(V_1) \subset \mathbb{C}^n$을 구성하되, $|\zeta| \sim 0$인 환경에서 계측 $R(\zeta) = o(|\zeta_1|+|\zeta_2|^2+\dots|\zeta_n|^2)$를 만족하는 함수 R이 존재하여 논리적 동치관계

$$\begin{aligned} z =&(z_1, \dots, z_n) \in V_1 \cap \Omega \\ &\Leftrightarrow\ \zeta = (\zeta_1, \dots, \zeta_n) \in \psi_\nu(V_1 \cap \Omega \ \& \\ &\qquad \operatorname{Re}\zeta_1 > |\zeta_2|^2 + \dots + |\zeta_n|^2 + R(\zeta) \end{aligned} \tag{9.1}$$

가 성립하게 할 수 있다. 이 시점에서는 ψ_ν들이 고르게 수렴하는 해석함수열이어서 $\mathcal{C}^\infty$ 급으로 또 다른 해석동형 $\psi_\infty\colon V_1 \to \mathbb{C}^n$으로 수렴하고, 충분히 큰 ν 값에 대하여는 원점의 고정된 근방 U가 존재하며 $U \subset \psi_\nu(V_1)$이 항상 성립하고, $\psi_\nu(q_\nu) = (\lambda_\nu, 0, \dots, 0)$도 성립하게 만들 수 있다.

여기에 선형함수

$$\Delta_\nu(\zeta_1, \dots, \zeta_n) := \Big(\frac{\zeta_1}{\lambda_\nu}, \frac{\zeta_2}{\sqrt{\lambda_\nu}}, \dots, \frac{\zeta_n}{\sqrt{\lambda_\nu}}\Big)$$

를 생각하고, $\Lambda_\nu := \Delta_\nu \circ \psi_\nu$로 두기로 하자.

이제 $\mathbf{1} := (1, 0, \ldots, 0)$로 두자. 그러면 단순 계산에 의해

$$\begin{aligned}\lim_{\nu\to\infty} S_{\Omega\cap V_1}(q_\nu, v_\nu) &= \lim_{\nu\to\infty} S_{\Lambda_\nu(\Omega\cap V_1)}\big(\Lambda_\nu(q_\nu), d\Lambda_\nu|_{q_\nu}(v_\nu)\big) \\ &= \lim_{\nu\to\infty} S_{\Lambda_\nu\left(\Omega\cap V_1\right)}\big(\mathbf{1}, d\Lambda_\nu|_{q_\nu}(v_\nu)\big)\end{aligned}$$

가 성립하는데, 단면 곡률의 값은 단면에만 의존할 뿐 벡터의 길이에 의존하지 아니하는 성질을 기억하면 위의 단순한 계산을 통해 베르그만 곡률의 임계행동 문제가 영역이 섭동하는(perturbing) 상황에서 (해석단면이 움직이고 있기는 하지만) 베르그만 해석곡률의 내부 안정성 문제와 직결되도록 변환된 것을 볼 수 있다.

제3 단계: 영역의 수렴. 영역들이 이루는 수열 $\{\Lambda_\nu(\Omega \cap V_1) : \nu = 1, 2, \ldots\}$은 웡번의 정리 논증과 마찬가지로 지겔 영역으로 수렴한다. 그러나 이 경우에는 좀 더 나은 의미로 수렴하는데, 지겔 영역 $\mathcal{S}_1 := \{z \in \mathbb{C}^n : \mathrm{Re}\, z_1 > |z_2|^2 + \ldots + |z_n|^2\}$를 단위구 영역 $B^N(0;1)$과 해석동형적으로 대응시키는 케일리 변환 (Cayley transform)

$$\Psi(z) = \Big(\frac{z_1 - 1}{z_1 + 1}, \frac{2z_2}{z_1 + 1}, \ldots, \frac{2z_n}{z_1 + 1}\Big)$$

와 함께

『조건 $1 > \epsilon > 0$을 만족하는 임의의 상수 ϵ에 대하여 조건 $\nu > N$을 만족하기만 하면 항상

$$B^n(0; 1 - \epsilon) \subset \Phi \circ L_\nu(\Omega \cap V_1) \subset B^n(0; 1 + \epsilon)$$

가 성립하게 하는 상수 N이 존재한다.』

를 얻게 된다. 여기에 소위 **라마다노프 정리 (Ramadanov's theorem)**로 알려진 결과를 개선한 정리를 적용하면 (필요할 때마다 부분수열을 택하여)

$$\begin{aligned}\lim_{\nu\to\infty} S_{\Lambda_\nu\left(\Omega\cap V_1\right)}\big(\mathbf{1}, d\Lambda_\nu|_{q_\nu}(v_\nu)\big) &= S_{B^n(0;1)}\big(\mathbf{0}, d\Lambda_\nu|_{q_\nu}(v_\nu)\big)\\ &= -\frac{4}{n+1}\end{aligned}$$

를 얻게 된다.

제4 단계: 결론. 매우 준볼록한 경계점 $p \in \partial\Omega$로 수렴하는 점열 $\{q_\nu \in \Omega\}_\nu$와 해석단면을 생성시키는 벡터열 $\{v_\nu \in T_{q_\nu}\Omega\}_\nu$가 주어졌다면, 어떤 부분열을 택하더라도 그 부분열이 클렘벡/김강태/위지예 정리의 결론을 만족하는 부분열을 가지게 된다. 따라서 정리의 논증이 완결된다.

여기에 소개한 증명의 개요에는 영역의 수렴과 측도확대법을 적용한 부분에 관한 자세한 계산도 생략된 데가 많고, 개선된 '라마다노프 정리'의 증명도 빠져 있다. 관심있는 독자는 [Greene/Kim/Krantz]의 10.1에 수록된 보다 자세한 논증을 공부하기 바란다. □

9.2 거리 동형의 복소해석성

카라테오도리, 베르그만, 코바야시 거리 등을 소개하면서 그 외에 알려진 주요 거리 개념들은 캘러-아인슈타인, 시보니, 아주카와 거리 등을 잘 소개하지 않은 점도 이 책의 선택이겠지만, 앞에서는 해석동형 (biholomorphism) 함수들이 이들 거리 개념의 거리동형 (isometry)가 됨을 언급하고 증명하였을 뿐, 그 역명제의 사실 여부에 관한 토의 역시 거의 하지 않았다. 이제 이 방향 연구의 일부를 설명하려고 한다.

> **정리 9.2.1 (코바야시/노미즈//그린/크란츠)** $\mathbb{C}^n$ **안에 있는 유계 영역** Ω_1, Ω_2**가 주어졌고, 각각이** $\mathcal{C}^2$ **급 경계를 가지고 있다고 가정하자. 만일 이들의 베르그만 거리계에 대하여 매끄러운 함수** $f\colon \Omega_1 \to \Omega_2$**가 거리 동형이라면, 이 함수** f **자신, 또는 그 켤레** $\bar{f}$**가 해석동형이다.**

이 정리는, 보다 더 일반적인 상황, 즉 적절한 비분해 조건 (irreducibility condition) 만을 가정하면 연결된 캘러 다양체의 경우, 거리동형군의 자명성분 (the identity component)이 해석동형으로만 이루어져 있음을 증명한 코바야시/노미즈의 1958년 나고야 수학학술지 논문의 결과의 따름정리이다. 위 정리는 코바야시/노미즈 정리와 증명을 인지하지 못하고 그린/크란츠 두 교수가 1980년대에 구성한 것인데, 그 증명이 직관적이며 일반 독자들에게 잘 받아들여지는 장점이 있으므로 이를 여기 소개한다.

증명 개요. 영역 Ω_1 안에 한 점 $p \in \Omega_1$이 있어서, 그 점에서 베르그만 거리 β_1의 해석곡률(holomorphic sectional curvature)

이 음의 상수 $-k < 0$라고 가정하자. (이런 점이 항상 존재하는지는 알 수 없으므로, 이 가정은 상당한 어거지(!)로 느껴지겠지만, 이 점에 대한 토의는 일단 이 증명의 후반부로 미루기로 하자.) 그러면 코바야시-노미즈 공식에 의해 접공간 $T_p(\Omega_1)$의 실수 2차원 평면 Π의 리만 단면곡률 $K_{\beta_1}(p, \Pi)$은

$$K_{\beta_1}(p, \Pi) = -\frac{k}{4}(1 + 3\cos^2\alpha)$$

로 계산된다. 여기서 α는 평면 Π와 복소 1차원 평면이 이루는 각 중에서 가장 작은 값이어서 해석 곡률이 0이 아닌 상수의 경우에 캘러 거리의 리만 단면곡률은 상수가 될 수 없고, 단면곡률의 최대 절대값은 해석단면에 속한다는 것을 알 수 있다.

한편, 베르그만 거리동형 $f\colon \Omega_1 \to \Omega_2$는 곡률 값을 보존해야 하기 때문에, 그 미분함수인 $df_p\colon T_p(\Omega_1) \to T_{f(p)}(\Omega_2)$는 복소 1차원 평면을 다른 복소 1차원 평면에 대응시킨다. 이제 $\mathbb{C}^n$의 복소구조(complex structure) 텐서 J는 영역 Ω_1, Ω_2의 복소구조와 같고, 영역의 복소구조는 각 접벡터를 접공간 안에서 90도 회전시키는 효과를 가지고 있다. 따라서

$$\|J_{f(p)}df_p(v) - df_p(J_p(v))\| = \begin{cases} 0 \\ 2\|v\| \end{cases}$$

가 각 접벡터 $v \in T_p(\Omega_1)$에 대해 성립해야 한다. 한편, 단위벡터의 집합이 연속이며 $v \to \|J_{f(p)}df_p(v) - df_p(J_p(v))\|$가 연속

함수이므로 $T_p(\Omega_1)$ 전체에서

$$J_{f(p)} \circ df_p = df_p \circ J_p$$

가 성립하거나, 아니면

$$J_{f(p)} \circ df_p = -df_p \circ J_p$$

가 성립해야 한다. 이제 임의의 점 $q \in \Omega_1$ 을 선택하고 p 에서 q 까지 매끄러운 곡선 $\gamma_1 \colon [0,1] \to \Omega_1$ 으로 연결하자. 그러면 $\gamma_2 := f \circ \gamma_1$ 는 물론 Ω_2 안에서 점 $f(p)$ 와 $f(q)$ 를 연결한다. 캘러 거리동형이 캘러 평행이동을 보존하며, 캘러 평행이동이 복소구조 텐서를 보존하기 때문에, 그리고 영역들이 연결된 캘러 다양체(베르그만 거리를 기준으로)이기 때문에, 이를 모두 종합하면

$$J_{f(q)} \circ df_q = df_q \circ J_q, \quad \forall q \in \Omega_1$$

이 성립하거나, 아니면

$$J_{f(q)} \circ df_q = -df_q \circ J_q, \quad \forall q \in \Omega_1$$

가 성립한다는 결론을 얻으므로, 함수 f 또는 그 켤레함수 $\bar{f}$ 가 복소해석이라는 결론에 도달하게 된다.

이제 억지로(!) 설정했던 가정으로 돌아가 보기로 하자. 유계영역 Ω_1 의 경계가 모든 점에서 $\mathcal{C}^2$ 급이라는 가정 때문에 매우 볼록한 경계점이 반드시 존재하게 된다. 원점으로부터 가장 먼 경계점이 만드시 존재해야 하며, 이 점이 매우 볼록한 경계점이

되기 때문이다. 또한 매우 볼록한 경계점을 q라 두면 이 점에서 경계 $\partial\Omega_1$는 $\mathcal{C}^2$급이며 매우 준볼록하다. 따라서 앞 절의 클렘벡/김강태/위지예 정리에 의해 이 점으로 수렴하는 점열 $\{q_\nu \in \Omega_1\}_\nu$를 따라 베르그만 해석 단면 곡률은 상수 $-k := -\frac{4}{n+1}$로 수렴하게 된다.

이제 앞에서 했던 논증을 이 경우에 맞게 고쳐보도록 하자. 각 점 q_ν 가 전반부의 p를 대체하도록 하면 영역의 각 점 q에서

$$\|J_{f(q)} \circ df_q - df_q \circ J_q\| = (\sim 0)$$

이 성립하거나, 아니면

$$\|J_{f(q)} \circ df_q - df_q \circ J_q\| = (\sim 1)$$

가 성립해야 할 것이고, 이제 ν를 무한대로 보내면 두 우변 값은 각각 0과 1로 수렴하게 될 것이다. 연속성 등을 이용하면 이제 원하던 결론을 얻게 된다. 이것으로 증명 개요 설명을 마친다. □

9.3 유계 기하 조건과 조임함수 연구

조임함수(squeezing function)라는 개념은 최근 몇 년 사이에 연구되고 있는 대상이다. 복소 n차원 복소다양체 M과 그 위의 점 p가 주어졌다고 하자. 그러면 조건 $f(p) = 0$를 만족하는 단사 해석함수 (injective holomorphic mapping) $f\colon M \to B^n(0,1)$ 들을 모아놓은 집합을 $\mathcal{F}_1(M)$으로 쓰기로 하자. 이제 $f \in \mathcal{F}_1(M)$에 대하여

$$s_f(p) := \sup\{r > 0\colon B^n(0,r) \subset F(M)\}$$

를 정의하고, 동시에

$$s_M(p) := \sup_{f\in\mathcal{F}_1(M)} s_f(p)$$

로 $s_M\colon M \to \mathbb{R}$을 정의하면, 이 함수가 곧 M의 **조임함수 (squeezing function)**이다.

우선, 다양체 M의 차원과 단위구 $B^n(0,1)$의 차원이 같기 때문에 $f \in \mathcal{F}_1(M)$의 영상(Image)인 $f(M)$은 $B^n(0,1)$의 열린 부분집합이며 M과 해석동형 관계에 있고, 따라서 조임함수가 의미를 가지는 경우는 복소다양체 M 자신이 유계영역과 해석동형이므로, 이 이론의 중심 예는 모두 유계영역에서 얻어진다고 해도 어폐가 없다 하겠다.

특히 조임함수가 주어진 복소다양체 (또는 유계영역) 전체에서 양수 하한 (positive lower bound)를 가지는 경우를 **고르게 조여지는 (uniformly squeezing) 영역** 또는 **다양체**라고 부르는데

(간단한 표현을 위해 “USq 영역”, 또는 “USq 다양체” 라는 용어를 사용하는 경우가 많다), 이 USq 조건은, 주어진 캘러 다양체의 단사반경 (injectivity radius)이 고른 하한을 가지며 이 하한 안에서 캘러 거리와 적정 차수까지의 공변 미분(covariant differentiation up to a certain designated order) 값이 모두 유한일 조건, 즉 청-야오의 캘러-아인슈타인 거리계를 구성하였던 1989년 논문에 소개하였던 ”유한기하 조건 (bounded geometry condition)” 이 성립하기 위한 충분조건이다.

따라서 조임함수와 고른 조임(USq) 조건 등을 공부하는 연구에 의미가 부여되었고 최근 복소함수론과 복소미분기하학 분야의 일류 연구자들이 가세하면서 연구가 활발해졌다.

비교적 모든 것이 최근에 이루어진 연구 분야이므로 질문 또한 분야의 성장기에 해당하는 질문들이 연구되고 있다.

1. 어떤 영역들이 USq (고른조임 조건을 만족하는) 영역이겠는가?
2. USq 영역의 경우에는 어떤 기하학적/해석학적 현상이 고찰되는가?
3. USq 조건이 성립하지 않는 영역의 특성은 어떠한가?

우선 이 정도 범위에서 토의해 보기로 하자. 먼저 유계영역이면서 적절한 콤팩트 부분집합 A에 대하여 해석동형으로 이루어진 자기동형군 G에 의한 궤적 집합 $GA := \{g(a) \colon g \in G, a \in A\}$의 집적점들이 경계 전체인 경우 (즉, 유사 동질성 (pseudo-homogeneity)을 보여주는 경우)를 들 수 있겠다. 자기동형군이 거의 자명군인 일반적인 매우 볼록한 유계 영역 (strongly convex bounded domain)의 경우에도 USq 영역인데, 이것은 이 영역과 경계점을 공유하며 영역을 포함하는 구(ball) 영역과 구의 자기 동형들을 이용하여 밝혀졌다. (S. K. Yeung). 이 외의 경우 매우 준볼록인 유계영역의 경우 B. Fridman/D. Ma의 옛 논문의 방법론을 이용하여 USq임이 증명되었고 (F. Deng/Q. Guan), 일반적인 유계 유한차원 볼록 영역 역시 USq라는 사실은 측도확대법을 이용하여 밝혀졌다. (김강태/장리우).

조임함수의 정의가 단위구와 구형(spherical) 영역에 의해 주어진 것을 보며 기준 영역을 다중원반 영역 (polydisc)으로 대치한 새로운 조임함수를 소개할 수 있는지에 관한 의문도 제기되었으나, 이 질문은 가치가 없는 것으로 밝혀졌다. 1970년대 이후 활발히 수행되었던 영역과 더 나아가 슈타인 다양체의 "해석적 채움(holomoprhic exhaustion)" 현상에 대한 J. E. Fornaess/E. L. Stout 교수 등의 연구를 보면 이 의견을 이해할 수 있을 것이다.

조임함수를 이용하여 USq 영역의 경우 각종 불변거리의 비교정리 또한 얻어졌고 [S. K. Yeung, 덩푸셩/관치안/장리우], 클렘벡/김강태/위지예 정리의 계량적 부등식도 얻어졌다. [장리우]

한편, 조임함수의 값은 항상 0과 1사이에 있으나 유계 영역의 경우 매우 볼록인 경계점을 가지고 있고, 그 경계점 근방으로 한없이 접근해 가면 조임함수의 값도 1로 수렴한다. [덩/관, 김강태/장리우]

그렇다면 "그 역도 성립하겠는가?" 라는 질문이 2015년에 J. E. Fornaess에 의해 제기되었고, $\mathcal{C}^\infty$ 급 볼록 유계영역의 경우에 긍정적인 답이 발표되었다. [A. Zimmer] $\mathcal{C}^1$ 급의 경우에 부정적인 답이 알려졌으며 [E. F. Wold/J.E. Fornaess], 3차원 이상의 유한접촉형 경계를 가지는 유계영역의 경우에도 부정적인 답이 발표되었다. [Fornaess/Rong]. 2차원 유한접촉형 유계영역의 경우에는 그러나 긍정적인 답이 발표되었고 [김강태/주승로], 3차원 이상 semiregular 경계를 가지는 유계영역의 경우로 이 정리와 방법론이 확장되었다. [Nikolov].

이 글을 쓰는 동안에도 세계 각국의 유수 연구자들에 의해 여러 결과가 활발히 발표되고 있다. 이제까지 약식으로 인용한 문헌/논문들은 모두 http://www.arxiv.org에서 무료로 얻을 수 있다.

9.4 자기동형군의 반연속 정리

기원 전 알렉산드리아의 유클리드(Euclid BC 3-4세기)가 기하학의 기원을 열었던 시절 이전에도 존재했던 것으로 보일 만큼 대칭 개념의 역사는 깊다. 현대의 유클리드 공간의 벡터 공간으로서의 구조와 내적(inner product) 개념 등에 의존하는 강체운동(rigid motion) 개념에 의해 주어지는 유클리드 공간의 경우 소위 콤팩트 강체 (compact body)의 대칭성이란, 이 강체가 이루는 집합을 보존하는 강체운동들의 집합이고, 이들이 이루는 군의 크기로 이해하는 것이 보통이다. 그렇다면 20세기의 시작과 더불어 보다 널리 연구되기 시작한 군의 작용 (group action)의 입장에서, 특히 위상군의 작용(topological group action), 또는 더 나아가 리군의 작용(Lie group action)등을 대칭성을 이해하는 환경 또는 방법론으로 사용하는 것이 적절해 보인다는 선진 수학자들의 생각은 널리 받아들일 만하였다. 복소기하학의 입장에서는 주어진 영역(또는 복소다양체)의 자기동형군이 대칭성 개념의 전통을 이었다고 보면 적절하겠다.

이런 관점에서 볼 때, 군 작용의 반연속성(semicontinuity) 연구를 영역의 자기동형군 연구에 도입한 생각은 매우 자연스럽다. 이 방향을 잠시 설명해 보기로 하자.

유클리드 강체의 경우 반연속성의 설명은 아래와 같다. 예를 들어 $\mathbb{R}^3$ 안에 있는 콤팩트 부분집합 K가 주어졌다고 하자. 이제

$$\begin{aligned}\mathcal{S}(K) := \{\psi\colon \psi(x) = Ax + b,\\ A \in \mathrm{SO}(3), b \in \mathbb{R}^3, \psi(K) = K\}\end{aligned}$$

를 생각하면 이 집합은 역함수와 함수의 합성에 의해 군을 이룬다. 이 군이 K 의 **대칭군 (the group of symmetries of** K**)**이며 동시에 위에서 언급한 K 의 대칭성을 나타낸다. 이제 콤팩트 집합(강체)들이 이루는 수열 $\mathcal{K} := \{K_\mu \colon \mu = 1, 2, \ldots\}$가 주어졌고 앞에서 언급하였던 하우스돌프 거리 개념을 기준으로

$$\lim_{\mu \to \infty} K_\mu = \hat{K}$$

가 성립한다고 하자. 그러면 대칭군의 반연속성이란 $K \to \mathcal{S}(K)$를 함수관계로 보았을 경우의 위쪽 반연속성 (upper seminconti-nuity)에 해당하는 것으로, 아래 명제

> **"$\mu > N$을 만족하는 임의의 정수 μ에 대하여 1대 1 군 준동형 (group homomorphism)** $h_\mu \colon \mathcal{S}(K_m) \to \mathcal{S}(\hat{K})$ **이 존재한다."**

가 성립하는 것을 말한다.

이 성질을 군의 작용 이론에 접목시키고 적용하는 것은 무척 자연스러운 일이므로 따로 더 쓰지는 않겠지만 1900년 이후 리 군의 작용에 대하여 유명한 결과로 M. H. A. Newman의 정리와 이를 발전시킨 D. Montgomery/ L. Zippin의 1940년대 논문을 들 수 있으므로 관심 있는 독자들을 위해 간단히 언급해 둔다.

이제 아래 정리를 보면 이 방향 연구의 전통을 영역의 자기동형군 연구에 접목하여 잇고 있음을 볼 수 있을 것이다.

정리 9.4.1 (Greene/Krantz // Greene/김강태) $\mathbb{C}^n$ 안의 $\mathcal{C}^2$ 급 매우 준볼록한 유계영역 Ω의 자기동형군이 콤팩트라고

가정하자. 만일, 역시 $\mathcal{C}^2$ 급 매우 준볼록한 유계영역들로 구성된 수열(sequence) $\{\Omega_\nu : \nu = 1.2. \ldots\}$ 가 $\mathcal{C}^\infty$ 급 의미로 영역 Ω 로 수렴한다면, 조건 $\nu > N$ 를 만족하는 정수 ν 는 어느 것이든 일대 일 리군 준동형 ψ: *Aut* $(\Omega_\nu) \rightarrow$ *Aut* (Ω) 가 존재하게 하는 자연수 N 이 존재한다.

이 정리는 1980년대에 발표된 그린-크란츠 정리에 필요했던 경계의 매끄러운 정도가 대폭 줄어든 것이며, 증명 방법론도 현저히 개선되었다. 그 결과로 매우 준볼록한 영역의 범주에서만 증명되었던 원래 정리의 권역을 넘어 보다 일반적인 준볼록 영역을 포함하고 있다. 증명이나 증명의 개요는 여기에 싣지 않지만 관심 있는 독자들을 위해 참고 문헌만 남겨 둔다 [Greene/Kim 2014].

참고 문헌

[Ahlfors 1938] Ahlfors, L.: An extension of Schwarz's lemma, *Trans. Amer. Math. Soc.* 43(1938), 359–364.

[Ahlfors 1978] Ahlfors, L.: *Complex Analysis*, 3rd ed., McGraw-Hill, New York, 1978.

[Ahn/Gaussier/Kim 2016] Ahn, T.; Gaussier, H.; Kim, K.-T.: Positivity and completeness of invariant metrics. *J. Geom. Anal.* 26 (2016), no. 2, 1173–1185.

[Barrett/Bedford/Dadok 1989] Barrett, D. E., Bedford, E., and Dadok, J.: T^n-actions on holomorphically separable complex manifolds, *Math. Z.* 202(1989), 65–82.

[Barth 1972] Barth, T. J.: The Kobayashi distance induces the standard topology, *Proc. Amer. Math. Soc.* 35(1972), 439–441.

[Barth 1977] Barth, T. J.: Some counterexamples concerning intrinsic distances, *Proc. Amer. Math. Soc.* 66(1977), 49–53.

[Bedford/Dadok 1987] Bedford, E. and Dadok, J.: Bounded domains with prescribed group of automorphisms, *Comment. Math. Helvetici* 62(1987), 561–572.

[Bedford/Fornaess 1978] Bedford, E. and Fornæss, J. E.: A construction of peak functions on weakly pseudoconvex domains. *Ann. of Math.* (2) 107 (1978), no. 3, 555–568.

[Bedford/Pinchuk 1989] Bedford, E. and Pinchuk, S.: Domains in $\mathbb{C}^2$ with noncompact holomorphic automorphism group (translated from Russian), *Math. USSR-Sb.* 63(1989), 141–151.

[Bedford/Pinchuk 1991] Bedford, E. and Pinchuk, S.: Domains in C^{n+1} with noncompact automorphism group, *J. Geom. Anal.* 1(1991), 165–191.

[Bell 1981] Bell, S. R.: Biholomorphic mappings and the $\bar{\partial}$-problem, *Ann. of Math.* 114(1981), 103–113.

[Bell/Ligocka 1980] Bell, S. and Ligocka, E.: A simplification and extension of Fefferman's theorem on biholomorphic mappings, *Invent. Math.* 57(1980), 283–289.

[Bergman 1970] Bergman, S.: *The Kernel function and conformal mapping*, Mathematical Surveys, No. V, Amer. Math. Soc. 1970.

[Berteloot 1994] Berteloot, F.: Characterization of models in $\mathbb{C}^2$ by their automorphism groups, *International J. Math.* 5(1994), 619–634.

[Berteloot/Cœuré 1991] Berteloot, F. and Cœuré, G.: Domaines de $\mathbb{C}^2$, pseudoconvex et de type fini ayant un groupe non compact d'automorphismes, *Ann. Inst. Fourier* (Grenoble) 41(1991), 77–88.

[Boas 1986] Boas, H.: Counterexample to the Lu Qi-Keng conjecture, *Proc. Amer. Math. Soc.* 97(1986), no. 2, 374–375.

[Bochner/Montgomery 1945] Bochner, S. and Montgomery, D.: Groups of differentiable and real or complex analytic transformations, *Ann. of Math.* 46(1945), 685–694.

[Bochner/Montgomery 1946] Bochner, S. and Montgomery, D.: Locally compact groups of differentiable transformations, *Ann. of Math.* 47(1946), 639–653.

[Brody 1978] Brody, R.: Compact manifolds in hyperbolicity, *Trans. Amer. Math. Soc.* 235(1978), 213–219.

[Burns/Shnider/Wells 1978] Burns, D., Shnider, S., and Wells, R.: On deformations of strictly pseudo-convex domains, *Invent. Math.* 46(1978), 237–253.

[Carathéodory 1912] Carathéodory, C.: Untersuchungen über die konformen Abbildungen von festen und veräderlichen Gebieten, *Math. Ann.* 72(1912), 107–144.

[Cartan 1930] Cartan, H.: Les transformations analytiques des domaines cerclés les uns dans les autres, *Compt. Rendus de l'Académie des Sciences de Paris* 190(1930), 718–720.

[Cartan 1935] Cartan, H.: Sur les groupes de tranformations analytiques, *Exposes Math. IX, Acualites Sci. Industr.*, no. 198, Hermann, Paris, 1935.

[Catlin 1983] Catlin, D.: Necessary conditions for subellipticity of the $\overline{\partial}$-Neumann problem, *Ann. of Math.* (2) 117(1983), no. 1, 147–171.

[Catlin 1989] Catlin, D.: Estimates of invariant metrics on pseudoconvex domains of dimension two, *Math. Z.* 200(1989), 429-466.

[Cheng/Yau 1980] Cheng, Shiu-Yuen and Yau, Shing-Tung: On the existence of a complete Kahler metric on noncompact complex manifolds and the regularity of Fefferman's equation, *Comm. Pure Appl. Math.* 33(1980), no. 4, 507–544.

[Chern/Moser 1974] Chern, S. S. and Moser, J.: Real hypersurfaces in complex manifolds, *Acta Math.* 133(1974), 219–271.

[Chirka 2005] Chirka, E.: Variations of the Hartogs theorem, (Russian) Tr. Mat. Inst. Steklova 253. Kompleks. Anal. i Prilozh., 232–240 (2006).

[D'Angelo 1993] D'Angelo, J. P.: *Several complex variables and the geometry of real hypersurfaces*. Studies in Advanced Mathematics. CRC Press, Boca Raton, FL, 1993.

[Diederich 1973] Diederich, K.: Uber die 1. und 2. Ableitungen der Bergmanschen Kernfunktion und ihr Randverhalten, *Math. Ann.* 203(1973), 129–170.

[Diederich/Fornæss 1978] Diederich, K. and Fornæss, J. E.: Pseudoconvex domains with real analytic boundary, *Ann. Math.* 107(1978), 371–384.

[Docquier/Grauert 1960] Docquier, F. and Grauert, F.: Levisches Problem und Rungescher Satz für Teilgebiete Steinnische Mannigfaltigkeiten, *Math. Ann.* 140(1960), 94–123.

[Duren 1983] Duren, Peter L: *Univalent functions*, Grundl. Math. Wiss., 259. Springer-Verlag, New York, 1983.

[Ebin 1968] Ebin, D. G.: On the space of Riemannian metrics, *Bull. Amer. Math. Soc.* 74(1968), 1001–1003.

[Efimov 1995] Efimov, A. M.: A generalization of the Wong-Rosay theorem for the unbounded case (Russian), *Mat. Sb.* 186(1995), no. 7, 41–50; translation in Sb. Math. 186(1995), no. 7, 967–976.

[Eisenmann 1970] Eisenman, D. A.: Holomorphic mappings into tight manifolds, *Bull. Amer. Math. Soc.* 76(1970), 46–48.

[Fefferman 1974] Fefferman, C.: The Bergman kernel and biholomorphic mappings of pseudoconvex domains, *Invent. Math.* 26(1974), 1–65.

[Fisher 1983] Fisher, S.: *Function Theory on Planar Domains: A Second Course in Complex Analysis*, John Wiley & Sons, New York, 1983.

[Folland/Kohn 1972] Folland, G. B. and Kohn, J. J.: *The Neumann Problem for the Cauchy–Riemann Complex*, Princeton University Press, Princeton, 1972.

[Forelli 1977] Forelli, F.: Pluriharmonicity in terms of harmonic slices. Math. Scand. 41(2), (1977), 358– 364.

[Fornæss 1976] Fornæss, J. E.: An increasing sequence of Stein manifolds whose limit is not Stein, *Math. Ann.* 223(1976), 275–277.

[Fornæss/Sibony 1981] Fornæss, J. E. and Sibony, N.: Increasing sequences of complex manifolds, *Math. Ann.* 255(1981), 351–360.

[Frankel 1989] Frankel, S.: Complex geometry of convex domains that cover varieties, *Acta Math.* 163(1989), no. 1-2, 109–149.

[Frankel 1991] Frankel, S.: Applications of affine geometry to geometric function theory in several complex variables, I: Convergent rescalings and intrinsic quasi-isometric structure, *Several Complex Variables and Complex Geometry*, Part 2 (Santa Cruz, CA, 1989), 183–208, *Proc. Sympos.*

Pure Math., 52, Part 2, Amer. Math. Soc., Providence, RI, 1991.

[Fricke/Klein 1897] Fricke, R. and Klein, F.: *Vorlesungen über die Theorie des Automorphen Funktionen*, Teubner, Leipzig, 1897.

[Fridman 1979] Fridman, B.: A class of analytic polyhedra, *Soviet Math. Dokl.* 19-5(1979), 1258–1261.

[Fridman 1983] Fridman, B.: Biholomorphic invariants of a hyperbolic manifold, *Trans. Amer. Math. Soc.* 276(1983), 685–698.

[Fridman/Ma/Poletsky 2003] Fridman, B. L.; Ma, D. and Poletsky, E. A.: Upper semicontinuity of the dimensions of automorphism groups of domains in $\mathbb{C}^N$, *Amer. J. Math.* 125(2003), no. 2, 289–299.

[Fu/Isaev/Krantz 1996] Fu, S., Isaev, A. V. and Krantz, S. G.: Examples of domains with noncompact automorphism groups, *Math. Res. Lett.* 3(1996), 609–617.

[Fu/Isaev/Krantz 1996a] Fu, S., Isaev, A. V. and Krantz, S. G.: Reinhardt domains with noncompact automorphism groups, *Math. Res. Lett.* 3(1996), 109–122.

[Fu/Wong 1997] Fu, S. and Wong B.: On strictly pseudoconvex domains with Kähler-Einstein Bergman metrics, *Math. Res. Lett.* 4:5(1997), 697–703.

[Fuks 1963] Fuks, B. A.: *Introduction to the Theory of Analytic Functions of Several Complex Variables*, Translations of Mathematical Monographs, American Mathematical Society, Providence, RI, 1963.

[Fuks 1965] Fuks, B. A.: *Special Chapters in the Theory of Analytic Functions of Several Complex Variables*, Translations of Mathematical Monographs, American Mathematical Society, Providence, RI, 1965.

[Gaussier/Kim/Krantz 2002] Gaussier, H., Kim, K.-T., and Krantz, S. G.: A note on the Wong–Rosay theorem in complex manifolds, *Complex Var. Theory Appl.* 47(2002), no. 9, 761–768.

[Graham 1975] Graham, I.: Boundary behavior of the Carathéodory and Kobayashi metrics on strongly pseudoconvex domains in $\mathbb{C}^n$ with smooth boundary, *Trans. Am. Math. Soc.* 207(1975), 219–240.

[Grauert 1958] Grauert, H.: On Levi's problem and the imbedding of real analytic manifolds, *Ann. Math.* (2) 68(1958), 460–472.

[Grauert/Fritzsche 1976] Grauert, H. and Fritzsche, K.: *Several complex variables*, Graduate Texts in Mathematics 38, Springer-Verlag, New York, 1976.

[Grauert/Reckziegel 1965] Grauert, H. and Reckziegel, H.: Hermitesche Metriken und normale Familien holomorpher Abbildungen, *Math. Z.* 89(1965), 108–125.

[Greene 1987] Greene, R. E.: Complex differential geometry, *Differential Geometry* (Lyngby, 1985), 228–288, Lecture Notes in Math., 1263, Springer, Berlin, 1987.

[Greene 1987a] Greene, Robert E.: Some recent developments in Riemannian geometry, *Recent Developments in Geometry* (Los Angeles, CA, 1987), 1–30, Contemp. Math., 101, Amer. Math. Soc., Providence, RI, 1989.

[Greene/Kim 2014] Greene, Robert E., and Kim, K.-T.: Stably-interior points and the semicontinuity of the automorphism group. *Math. Z.* 277 (2014), no. 3-4, 909–916.

[Greene/Kim/Krantz 2010] Greene, Robert E., Kim, K.-T. and Krantz, S. G. : *The geometry of complex domains*, Progr. Math. 291, Birkhäuser-Verlag, Boston, MA, 2011.

[Greene/Krantz 1981] Greene, R. and Krantz, S.: Stability properties of the Bergman kernel and curvature properties of bounded domains, *Recent Developments in Several Complex Variables*, Annals of Math. Studies, Princeton Univ. Press, Princeton, NJ, 1981.

[Greene/Krantz 1982] Greene, R. and Krantz, S.: Deformation of complex structures, estimates for the $\bar{\partial}$ equation, and stability of the Bergman kernel, *Adv. Math.* 43(1982), 1–86.

[Greene/Krantz 1982a] Greene, R. and Krantz, S. G.: The automorphism groups of strongly pseudoconvex domains, *Math. Ann.* 261(1982), 425–446.

[Greene/Krantz 1985a] Greene, R. E. and Krantz, S. G.: Characterization of complex manifolds by the isotropy subgroups of their automorphism groups, *Indiana Univ. Math. Jour.* 34(1985), 865–879.

[Greene/Krantz 1985b] Greene, R. E. and Krantz, S. G.: Normal families and the semicontinuity of isometry and automorphism groups, *Math. Z.* 190 (1985), 455-467.

[Greene/Krantz 1991] Greene, R. and Krantz, S.: Invariants of Bergman geometry and results concerning the automorphism groups of domains in $\mathbb{C}^n$, *Proceedings of the 1989 Conference in Cetraro* (D. Struppa, ed.), 1991.

[Greene/Krantz 2002] Greene, R. and Krantz, S.: *Function Theory of One Complex Variable*, American Mathematical Society, Providence, RI, 2002.

[Greene/Wu 1977] Greene, R. E. and Wu, H.: *Function Theory on Manifolds which Possess a Pole*, Springer Lecture Notes, v. 699, Springer-Verlag, New York, 1977.

[Greiner/Stein 1977] Greiner, P. and Stein, E. M.: *The $\bar{\partial}$-Neumann Problem on a Strongly Pseudoconvex Domain*, Princeton University Press, Princeton, 1977.

[Grove/Karcher 1973] Grove, K. and Karcher, H.: How to conjugate C^1-close group actions, *Math. Z.* 132(1973), 11–20.

[Hahn 1978] Hahn, K. T.:

[Hamilton 1977] Hamilton, R.: Deformation of complex structures on manifolds with boundary, I, The stable case, *J. Differential Geometry* 12(1977), no. 1, 1–45.

[Hartogs 1906] Hartogs, F.: Math. Ann. (1906)

[Harvey/Lawson 1975] Harvey, F. R. and Lawson, H. B. Jr.: On boundaries of complex analytic varieties. I., *Ann. Math.* (2) 102(1975), 223–290.

[Heins 1946] Heins, M.: On the number of 1-1 directly conformal maps which a multiply-connected plane region of finite connectivity $p(> 2)$ admits onto itself, *Bull. Amer. Math. Soc.* 52(1946), 454–457.

[Hörmander 1965] Hörmander, L.: L^2 estimates and existence theorems for the $\overline{\partial}$ operator, *Acta Math.* 113(1965), 89–152.

[Hörmander 1990] Hörmander, L.: *An Introduction to Complex Analysis in Several Variables* (3rd ed. Revised), North Holland, Amsterdam, 1990.

[Isaev 2007] Isaev, A. V.: *Lectures on the automorphism groups of Kobayashi hyperbolic manifolds*, Springer, Berlin and New York, 2007.

[Isaev/Krantz 1999] Isaev, A. V. and Krantz, S. G.: Domains with noncompact automorphism group: A survey, *Adv. Math.* 146(1999), 1–38.

[Isaev/Kruzhilin 2002] Isaev, A. V. and Kruzhilin, N. G.: Effective actions of the unitary group on complex manifolds, *Canad. J. Math.* 54(2002), 1254–1279.

[Jarnicki/Pflug 1993] Jarnicki, M. and Pflug, P.: *Invariant Distances and Metrics in Complex Analysis*, Walter de Gruyter, Berlin, 1993.

[Joo S. 2018] Joo, Seungro: JMAA 2018

[Joo/Kim/Schmalz 2013] Joo, J.-C., Kim, K.-T., Schmalz, G.: A generalization of Forelli's theorem. *Math. Ann.* 355 (2013), no. 3, 1171–1176.

[Joo/Kim/Schmalz 2016] Joo, J.-C., Kim, K.-T., Schmalz, G.: On the generalization of Forelli's theorem. Math. Ann. 365 (2016), no. 3-4, 1187–1200.

[Joo/Kim 2017] Joo, Seungro and Kim, K.-T.: On the boundary point at which the squeezing function approaches one, *J. Geom. Anal.* To appear in 2017.

[Kaneyuki 1971] Kaneyuki, S.: *Homogeneous Domains and Siegel Domains*, Springer Lecture Notes #241, Berlin, 1971.

[Kaup/Matsushima/Ochiai 1970] Kaup, W., Matsushima, Y., and Ochiai, T.: On the automorphisms and equivalences of generalized Siegel domains, *Amer. J. Math.* 92(1970), 475–498.

[Kiernan 1970] Kiernan, P.: On the relations between taut, tight and hyperbolic manifolds, *Bull. Amer. Math. Soc.* 76(1970), 49–51.

[Kim K.-T. 1990] Kim, K.-T.: Complete localization of domains with noncompact automorphism group, *Trans. Amer. Math. Soc.* 319(1990), 139–153.

[Kim K.-T. 1992] Kim, K.-T.: Domains in C^n with a piecewise Levi flat boundary which possess a noncompact automorphism group, *Math. Ann.* 292(1992), no. 4, 575–586.

[Kim K.-T. 2015a] 김강태: **리만기하학** [Lectures on Riemannian Geometry (in Korean)] 기하학연구서 시리즈 1, 교우사 2015.

[Kim K.-T. 2015b] 김강태: **미분다양체론** [Lectures on differentiable manifolds (in Korean)] 기하학연구서 시리즈 2, 교우사 2015.

[Kim/Krantz 2001] Kim, K.-T. and Krantz, S. G.: Complex scaling and domains with noncompact automorphism group, *Illinois J. Math.* 45(2001), 1273–1299.

[Kim/Krantz/Spiro 2005] Kim, K.-T., Krantz, S. G. and Spiro, A. F.: Analytic polyhedra in $\mathbb{C}^2$ with a noncompact automorphism group, *J. Reine Angew. Math.* 579(2005), 1–12.

[Kim/Lee 2010] Kim, K.-T. and Lee, Hanjin: Schwarz lemma from a differential geometric viewpoint, *Indian Inst. Science (IISc) Lecture Note Series 2, World Scientific Publ.* 2011.

[Kim/Poletsky/Schmalz 2009] Kim, K.-T., Poletsky, E. V., and Schmalz, G.:Functions holomorphic along holomorphic vector fields. *J. Geom. Anal.* 19 (2009), no. 3, 655–666.

[Kim/Yu 1996] Kim, K.-T. and Yu, J.: Boundary behavior of the Bergman curvature in strictly pseudoconvex polyhedral domains, *Pacific J. Math.* 176(1996), 141–163.

[Kim Y. 1987] Kim, Y. W.: Semicontinuity of compact group actions on compact differentiable manifolds, *Arch. Math.* 49(1987), 450–455.

[Klembeck 1978] Klembeck, P.: Kähler metrics of negative curvature, the Bergman metric near the boundary and the Kobayashi metric on smooth bounded strictly pseudoconvex sets, *Indiana Univ. Math. J.* 27(1978), 275–282.

[Klingenberg/Pinchuk 1991] Klingenberg Jr., W. and Pinchuk, S.: Normal families of proper holomorphic correspondences, *Math. Z.* 207(1991), 91–96.

[Kobayashi 1970] Kobayashi, S.: *Hyperbolic Manifolds and Holomorphic Mappings*, Marcel Dekker, New York, 1970.

[Kobayashi 1976] Kobayashi, S.: Intrinsic distances, measures and geometric function theory, *Bull. Amer. Math. Soc.* 82(1976), 357–416.

[Kobayashi 1998] Kobayashi, S.: *Hyperbolic Complex Spaces*, Grundlehren der Math. Wissenschaften, 318, Springer, Berlin, 1998.

[Kobayashi/Nomizu 1957] Kobayashi, S. and Nomizu, K.: On automorphisms of a Kahlerian structure, *Nagoya Math. J.* 11(1957), 115–124.

[Kobayashi/Nomizu 1963] Kobayashi, S. and Nomizu, K.: *Foundations of Differential Geometry*, Interscience Publ., New York, Vol. I (1963), Vol. II (1969).

[Kodaira 1986] Kodaira, K.: *Complex manifolds and deformation of complex structures*, Grund. Math. Wiss. 283, Springer-Verlag, Berlin, 1986.

[Kodama 1991] Kodama, A.: Characterizations of certain weakly pseudoconvex domains in $\mathbb{C}^n$ from the viewpoint of biholomorphic automorphism groups, *Several Complex Variables and Complex Geometry*, Part 2 (Santa Cruz, CA, 1989), 291–296, Proc. Sympos. Pure Math., 52, Part 2, Amer. Math. Soc., Providence, RI, 1991.

[Kodama 1992] Kodama, A.: A characterization of generalized complex ellipsoids in $\mathbb{C}^n$ and related results, *Indiana Univ. Math. J.* 41(1992), 173–195.

[Kodama 1995] Kodama, A.: A characterization of certain domains with good boundary points in the sense of Greene–Krantz. III, *Osaka J. Math.* 32(1995), 1055–1063.

[Kodama 1999] Kodama, A.: A characterization of certain weakly pseudoconvex domains, *Tohoku Math. J.* (2) 51(1999), no. 1, 55–64.

[Kodama 2000] Kodama, A.: A remark on generalized complex ellipsoids with spherical boundary points, *J. Korean Math. Soc.* 37(2000), 285–295.

[Krantz 1983] Krantz, S. G.: Characterizations of smooth domains in $\mathbb{C}$ by their biholomorphic self maps, *Amer. Math. Monthly* 90(1983), 555–557.

[Krantz 1987] Krantz, S. G.: A compactness principle in complex analysis, Division de Matematicas, *Univ. Autonoma de Madrid Seminarios*, vol. 3, 1987, 171–194.

[Krantz 2001] Krantz, S. G.: *Function Theory of Several Complex Variables*, 2nd ed., Amer. Math. Soc., Providence, RI, 2001.

[Krantz 2004] Krantz, S. G.: *Complex Analysis: The Geometric Viewpoint*, 2nd ed., Math. Assoc. Amer., Washington, D.C., 2004.

[Krantz 2008] Krantz, S. G.: The Carathéodory and Kobayashi metrics and applications in complex analysis, *Amer. Math. Monthly* 115(2008), 304–329.

[Krantz/Parks 2002] Krantz, S. and Parks, H.: *The Implicit Function Theorem*, Birkhäuser, Boston, MA, 2002.

[Kruzhilin 1989] Kruzhilin, N. G.: Holomorphic automorphisms of hyperbolic Reinhardt domains (translated from Russian), *Math. USSR-Izv.* 32(1989), 15–38.

[Kwack 1969] Kwack, M. H.: Generalization of the Big Picard theorem. *Ann. Math.* 90 (1969), 9–22.

[Lelong 1951] Lelong, P.: On a problem of M. A. Zorn. *Proc. Amer. Math. Soc.* 2, (1951). 11–19.

[Lempert 1981] Lempert, L.: La métrique de Kobayashi et la representation des domaines sur la boule, *Bull. Soc. Math. France* 109(1981), 427–474.

[Lu Q.-K. 1966] Lu, Qi-Keng: On Kähler manifolds with constant curvature, *Acta. Math. Sinica* 16(1966), 269–281 (Chinese) (= Chinese Math. 9(1966), 283–298).

[Massey 1967] Massey, W.: *Algebraic Topology, An Introduction*, Springer-Verlag, New York, 1967.

[McNeal 1992] McNeal, J.: Lower bounds on the Bergman metric near a point of finite type, *Ann. of Math.* (2) 136(1992), no. 2, 339–360.

[Min, B.-L. 2009] Min, B.-L.: Domains with prescribed automorphism group, *J. Geom. Anal.* 19(2009), 911–928.

[Mok/Yau 1983] Mok, N. and Yau, S.-T.: Completeness of the Kähler-Einstein metric on bounded domains and the characterization of domains of holomorphy by curvature conditions, *The mathematical heritage of Henri Poincare*, Part 1 (Bloomington, Ind., 1980), 41–59, *Proc. Sympos. Pure Math.*, 39, Amer. Math. Soc., Providence, RI, 1983.

[Montgomery/Zippin 1942] Montgomery, D. and Zippin, L.: A theorem on Lie groups, *Bull. Amer. Math. Soc.* 48(1942), 448–452.

[Montgomery/Zippin 1955] Montgomery, D. and Zippin, L.: *Topological Transformation Groups*, Interscience Publishers, New York, 1955.

[Narasimhan 1960] Narasimhan, R.: Imbedding of holomorphically complete complex spaces, *Amer. J. Math.* 82(1960), 917–934.

[Narasimhan 1971] Narasimhan, R.: *Several Complex Variables*, University of Chicago Press, Chicago, IL, 1971.

[Nemirovskii/Shafikov 2006] Nemirovskii, S. Y., and Shafikov, R. G.: Conjectures of Cheng and Ramadanov, *Russian Math. Surveys*, 61:4(2006), 780–782.

[Nguyen/Pflug 2010] Nguyen, V. A. and Pflug, P.: Cross theorems with singularities. *J. Geom. Anal.* 20 (2010), no. 1, 193–218.

[Ochiai/Takahashi 1976] Ochiai, T. and Takahashi, T.: The group of isometries of a left-invariant metric on a Lie group, *Math. Ann.* 223(1976), 91–96.

[Oeljeklaus K. 1993] Oeljeklaus, K.: On the automorphism group of certain hyperbolic domains in $\mathbb{C}^2$, *Astérisque* 217(1993), 193–216.

[Ohsawa 1981] Ohsawa, T.: A remark on the completeness of the Bergman metric, *Proc. Japan Acad.*, Ser. A, Math. Sci., 57(1981), no. 4, 238–240.

[Oka 1939] Oka, K.: Sur les fonctions des plusieurs variables, III: Deuxi'eme problème de Cousin, *J. Sc. Hiroshima Univ.* 9(1939), 7–19.

[Ourimi 2000] Ourimi, N.: A local version of Wong–Rosay's theorem for proper holomorphic mappings, (English summary) *Proc. Amer. Math. Soc.* 128(2000), 831–836.

[Pflug 1975] Pflug, P.: Quadratintegrable holomorphe Funktionen und die Serre-Vermutung, *Math. Ann.* 216(1975), 285–288.

[Pinchuk 1975] Pinchuk, S. I.: On the analytic continuations of holomorphic mappings, *Mat. Sb.* 98(1975), 375–392; Mat. USSR Sb. 27(1975), 416–435.

[Pinchuk 1978] Pinchuk, S. I.: Proper holomorphic mappings of strictly pseudoconvex domains, (Russian): *Dokl. Akad. Nauk SSSR* 241(1978), no. 1, 30–33; (English transl.): *Soviet Math. Dokl.* 19(1978), no. 4, 804–807 (1979).

[Poletskii/Shabat 1989] Poletskii, E. A. and Shabat, B. V.: Invariant metrics (translated from Russian), *Encycl. Math. Sci.* 9—Several Complex Variables III, Springer-Verlag, 1989, 63–111.

[Ramadanov 1967] Ramadanov, I.: Sur une propriete de la fonction de Bergman (French), *C. R. Acad. Bulgare Sci.* 20(1967) 759–762.

[Ree 1949] Ree, Rimhak: On a problem of Max A. Zorn. *Bull. Amer. Math. Soc.* 55, (1949). 575–576.

[Remmert 1956] Remmert, R.: Sur les espaces analytiques holomorphiquement separables et holomorphiquement covexes, *C. R. Acad. Sci. Paris*, Ser. A, 243(1956), 118–121.

[Remmert 1998] Remmert, R.: *Classical Topics in Complex Function Theory*, Springer-Verlag, New York, 1998.

[Remmert/Stein 1960] Remmert, R. and Stein, K.: Eigentliche holomorphe Abbildungen, (German) *Math. Z.* 73(1960), 159–189.

[Rosay 1979] Rosay, J.-P.: Sur une caractérisation de la boule parmi les domaines de $\mathbb{C}^n$ par son groupe d'automorphismes, *Ann. Inst. Fourier* (Grenoble) 29(1979), 91–97.

[Royden 1971] Royden, H.: Remarks on the Kobayashi Metric, *Several Complex Variables II*, Maryland 1970, Springer, Berlin, 1971, 125–137.

[Saerens/Zame 1987] Saerens, R. and Zame, W.: The isometry groups of manifolds and the automorphism groups of domains, *Trans. Amer. Math. Soc.* 301(1987), 413–429.

[Shimizu 1987] Shimizu, S.: Automorphisms of Bounded Reinhardt domains, *Proc. Japan Acad.*, 63, Ser. A (1987), 354–355.

[Shimizu 1988] Shimizu, S.: Automorphisms and equivalence of bounded Reinhardt domains not containing the origin, *Tohoku Math. J.* (2) 40(1988), no. 1, 119–152.

[Shimizu 1989] Shimizu, S.: Automorphisms of bounded Reinhardt domains, *Japan J. Math.* 15(1989), 385–414.

[Sibony 1981] Sibony, N.: A class of hyperbolic manifolds, *Ann. of Math. Stud.* 100(1981), 357–372,

[Spanier 1966] Spanier, E. H.: *Algebraic Topology*, McGraw-Hill, New York, 1966.

[Sunada 1974] Sunada, T.: On bounded Reinhardt domains, *Proc. Japan Acad.* 50(1974), 119–123.

[Sunada 1978] Sunada, T.: Holomorphic equivalence problem for bounded Reinhardt domains, *Math. Ann.* 235(1978), 111–128.

[Tanaka 1965] Tanaka, N.: On the equivalence problems associated with a certain class of homogeneous spaces, *J. Math. Soc. Japan*, 17(1965), 103–139.

[Thullen 1931] Thullen, P.: Zu den Abbildungen durch analytische Funktionen zweier komplexen Veranderlichen. Die Starrheit der nicht uberall pseudokonvexen Gebiete (German), *Math. Ann.* 104(1931), no. 1, 373–376.

[Webster 1979] Webster, S.: Biholomorphic mappings and the Bergman kernel off the diagonal, *Invent. Math.* 51(1979), 155–169.

[Winkelmann 2004] Winkelmann, J.: Realizing connected Lie groups as automorphism groups of complex manifolds, *Comment. Math. Helv.* 79(2004), no. 2, 285–299.

[Wong 1977] Wong, B.: Characterization of the unit ball in $\mathbb{C}^n$ by its automorphism group, *Invent. Math.* 41(1977), 253–257.

[Wu H. 1967] Wu, H.: Normal families of holomorphic mappings, *Acta Math.* 119(1967), 193–233.

[Wu H. 1993] Wu, H.: Old and new invariant metrics on complex manifolds, *Several Complex Variables* (Stockholm, 1987/1988), 640–682, Math. Notes, 38, Princeton Univ. Press, Princeton, NJ, 1993.

[Yang 1982] Yang, P.: Automorphisms of tube domains, *Amer. J. Math.* 104(1982), 1005–1024.

[Yau 1977] Yau, S.-T.: Calabi's conjecture and some new results in algebraic geometry, *Proc. Nat. Acad. Sci. U.S.A.* 74(1977), no. 5, 1798–1799.

[Yau 1978] Yau, S.-T:, On the Ricci curvature of a compact Kähler manifold and the complex Monge-Ampere equation. I, *Comm. Pure Appl. Math.* 31(1978), no. 3, 339–411.

[Yau 1978a] Yau, S.-T.: A general Schwarz lemma for Kahler manifolds, *Amer. J. Math.* 100(1978), no. 1, 197–203.

[Zorn 1947] Zorn, M.: Note on power series. *Bull. Amer. Math. Soc.* 53, (1947). 791–792.

찾아보기

한글 용어 찾아보기

지은이 **김 강 태**

University of California at Los Angeles 박사 (수학)
Brown University (미국) 수학과 조교수
포항공과대학교 제1대 권경환 석좌교수
현재, 포항공과대학교 수학과 교수
현재, Journal of Geometric Analysis 편집위원
현재, Complex Analysis and Synergies 편집이사
현재, 선도연구센터 기하학연구센터 센터장

복소해석기하학

-다변복소함수론 -

초판발행 2018년 3월 30일

지은이 김강태 **펴낸이** 오판근
펴낸곳 (주) 교우
주 소 서울시 동대문구 약령시로 8 교우빌딩 2층 (주)교우
전 화 02-925-2861 / **팩 스** 02-925-2860, **편집부** 02-925-2825
홈페이지&북스토어 www.kyowoo.co.kr / 이메일 kyowoo@kyowoo.co.kr

등 록 1994년 3월 24일 제1994-000013호
ISBN 979-11-251-0240-3 (94410) / 979-11-251-0067-6 (세트)

Published by Kyowoo Co., Ltd. Printed in Korea

값 25,000원

교우미디어는 (주) 교우의 Imprint 사입니다.
수학정원·과학정원은 (주) 교우의 새로운 브랜드명입니다.